从枝菌根对阿特拉津胁迫生理及分子响应

宋福强　著

科　学　出　版　社

北　京

内 容 简 介

阿特拉津是世界范围内被广泛使用的一种三嗪类长残效除草剂，由于其使用方便、价格低廉、效果好，博得广大用户的青睐。而阿特拉津的大量使用，对土壤、水体造成了严重的污染。关于阿特拉津环境污染的修复与治理已引起了科学家及地方政府的高度重视。作者采用菌根生物技术对阿特拉津污染土壤进行了修复研究，获得了大量的试验数据，并把研究结果整理成册，与广大同行分享。本书开篇为绪论部分，介绍了阿特拉津的使用现状、危害及丛枝菌根(AM)在生态系统中的作用；然后开展了黑龙江省阿特拉津残留土壤中AM真菌的多样性研究，筛选到优势AM真菌菌株；继而以优势菌株和蒺藜苜蓿(*Medicago truncatula*)三室共生培养体系为研究对象，从生理学、酶学、转录组学、蛋白质组学和代谢组学的角度进一步深入揭示菌根共生体对阿特拉津胁迫的响应。

本书可供微生物生态学、分子生态学及环境和农业等领域的广大科研、教学、专业技术人员及相关专业研究生参阅。

图书在版编目(CIP)数据

丛枝菌根对阿特拉津胁迫生理及分子响应 / 宋福强著. —北京：科学出版社，2019.1

ISBN 978-7-03-059536-2

Ⅰ. ①丛…　Ⅱ. ①宋…　Ⅲ. ①丛枝菌属-菌根菌-应用-莠去津-土壤污染-生态修复-研究　Ⅳ. ①Q949.329.08 ②X530.5

中国版本图书馆CIP数据核字(2018)第258116号

责任编辑：岳漫宇 / 责任校对：严　娜
责任印制：张　伟 / 封面设计：图阅盛世

科学出版社出版
北京东黄城根北街16号
邮政编码：100717
http://www.sciencep.com
北京虎彩文化传播有限公司印刷
科学出版社发行　各地新华书店经销
*
2019年1月第一版　开本：720 × 1000 1/16
2019年1月第一次印刷　印张：15
字数：302 400

定价：118.00元

前　言

我国从 20 世纪 80 年代初开始使用阿特拉津，它是我国玉米生产中最重要的除草剂品种之一，使用量与使用面积都很大。虽然近几年使用量有下降的趋势，但仍居较高水平。尽管阿特拉津是一种低毒除草剂，然而在实践中，由于阿特拉津的连年施加，其半衰期长，易通过降水、淋溶、地表径流等途径转移进入地表和地下水体，可对植物、鱼类，以及包括人类在内的哺乳动物造成危害。因此对阿特拉津降解行为的研究是预防和缓解其对生态环境危害的主要途径。

阿特拉津污染土壤可以通过化学法、物理法和生物法进行修复，并且生物法是目前对环境最为友好的去除阿特拉津的方法。作者在国家自然科学基金项目(No.31270535)和黑龙江省自然科学基金重点项目(No.ZD201206)的资助下，创新地开展了微生物与植物联合修复技术，即利用菌根生物技术对阿特拉津污染土壤进行修复的研究工作。研究结果表明，优选的丛枝菌根真菌对阿特拉津污染土壤具有高效的修复功能，同时我们从酶学、转录组学、蛋白质组学和代谢组学等角度揭示了丛枝菌根对阿特拉津的降解机制。本书内容开辟了长残效农药污染土壤修复的新途径，为阿特拉津污染土壤的生物修复提供了理论基础及实践依据，同时也进一步揭示了菌根在生态系统中的作用。

在此，感谢国家自然科学基金委员会和黑龙江省科技厅对研究项目的资助，感谢黑龙江大学对本书出版的支持，感谢范晓旭老师和研究生吴奇、于美迪、王辰、李季泽、贾婷婷、贺文员、张童等在开展科学研究和书稿整理过程中给予的帮助。

本书如能成为广大读者的良师益友，共同推动我国修复生态学的研究和发展，作者将感到莫大的欣慰。书中难免存在不足之处，恳请同行专家、学者和广大读者批评指正。

宋福强

2017 年秋季于哈尔滨

目　录

1 绪　论

1.1　阿特拉津概述

阿特拉津(2-chloro-4-ethylamino-6-isopropylamino-s-triazine，AT)又名莠去津，是一种广泛使用在农田中，用来防治阔叶杂草和禾本科杂草的通用、广谱、长效性除草剂，在农作物玉米、高粱和甘蔗中应用广泛(Zhang et al.，2014)。阿特拉津对植物的胁迫作用主要是由于植物根部吸收环境中的阿特拉津，并将其转移至植物体内，破坏植物的光合作用，从而导致植物枯萎甚至死亡。阿特拉津自 1959 年起开始投入生产并广泛使用，截至 2018 年已经有近 60 年历史，由于阿特拉津的广泛使用及其极低的生物降解率和较长的半衰期，现已成为农药污染的主要物质之一。

阿特拉津纯品为无色结晶，相对分子质量为 215.68，密度为 1.187 g/ml(20℃)，熔点为 173～175℃，蒸气压为 0.399×10^{-7} kPa(20℃)，难溶于水、微溶于多数有机溶剂，在弱酸和弱碱环境中能稳定存在，相对密度为 1.2(20℃)。其化学结构如图 1-1 所示。

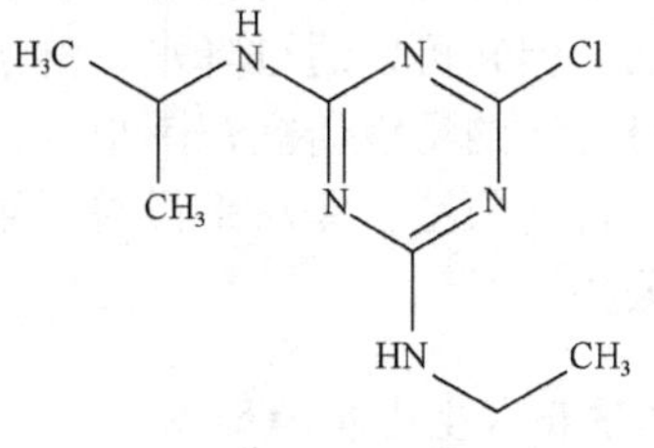

图 1-1　阿特拉津分子结构

Figure 1-1　The molecular structure of atrazine

1.1.1　阿特拉津分布及使用现状

近几年，许多国家对土壤及地下水进行监测时发现有高浓度的阿特拉津残留(Van Der Kraak et al.，2015)。在美国内布拉斯加州，曾经在砂壤土上使用阿特拉津，经过研究发现，总施加量为 0.07%的阿特拉津能够渗透到 1.5 m 以下的土壤中，美国井水中阿特拉津检出浓度最高能够达到 25 μg/L，河流中达到 102 μg/L，小溪中达到 224 μg/L，阿特拉津被美国定为地表水和地下水的第二号污染物(Ji et al.，2015)。在对加拿大亚马斯卡河口附近水域进行调查研究后，发现阿特拉津浓度严重超标。瑞典的湖泊中阿特拉津监测浓度最高达到 4 μg/L，地下水中达到 22 μg/L，地表水中达到 42 μg/L。1991 年德国已经停止使用阿特拉津，但是在施加地的地下水和土壤中仍然能够监测到阿特拉津及其降解产物(Zhang et al.，2015；Douglass et al.，2014)。

我国开始使用阿特拉津的时间为 20 世纪 80 年代初期，据不完全统计，我国阿特拉津的年产量在 4.7 万 t 左右(闫彩芳等，2011)。当前，我国使用阿特拉津作为除草剂的地区主要分布在华北和东北。在我国最重要的商品粮食生产基地之一的东北寒地黑土区，阿特拉津的使用面积占该区玉米田除草剂使用面积的 80%以上。我国是粮食种植大国，在玉米种植上使用大量的阿特拉津作为除草剂，导致农田中存在严重的农药污染。长江、黄河、辽河及各大湖泊中均检测到阿特拉津，太湖中阿特拉津最高含量为 0.613 μg/L，官厅水库阿特拉津含量最高达到 3.9 μg/L (Hu and Cheng，2014；Jones et al.，2014)。阿特拉津对白菜、黄瓜等农作物具有很强的杀伤作用，尤其是对处于幼苗期的作物伤害最大(Song et al.，2014)。我国专家建议玉米地施加除草剂每年不应超过 200 g，但实际中每年在玉米地施加的阿特拉津要超过 400 g，这导致土壤中阿特拉津残留量最高可达 300 mg/kg，污染的土壤不仅会对作物产生毒害作用，其中的阿特拉津会随着土壤的淋溶作用进入地下水和地表径流，严重威胁人类健康(Deep and Saraf，2014)。

1.1.2　阿特拉津的危害

阿特拉津对生态系统产生的消极影响不仅表现在农作物的产量和品质上，还表现在环境生态系统的质量上。阿特拉津对生态环境的危害是全球性的，尽管阿特拉津在水中的溶解度极低，但它可以通过降水、淋溶、地表径流等方式进行全球性转移。各国学者对阿特拉津的毒性研究范围很广，涉及毒理学、生理学、环境学、生物学等多个领域，目前阿特拉津污染日益严重，这引起学术界和公众对阿特拉津污染研究的广泛关注。

1.1.2.1　阿特拉津对水质和水生生物的影响

在水环境可持续管理的理论内涵和基本原则中(图 1-2)，更加注重工业废水和生活污水的有效处理，同时将多资料融合和多学科交叉以共同推进生态的可持续发展成为管理趋势(王晓峰等，2016)。但是，在我国很多地区的河流、湖库和海域中均发现阿特拉津及其代谢产物(李明锐等，2016；瞿梦洁等，2016；Wu et al.，2012)。任晋等(2002)利用固相萃取-高效液相色谱-质谱联用的方法直接分析水中超痕量的内分泌干扰剂阿特拉津，结果在官厅水库的水体中检测到阿特拉津残留，虽未超出我国地表水现行标准，但是却超出了欧美标准(0.1～3 μg/L)，由于该地区是北京市饮用水的重要来源，长期低剂量作用也会对人体的免疫系统和内分泌系统造成危害。除草剂的广泛使用也对水生生态系统造成严重的威胁，Zhu 等(2016)发现在阿特拉津环境下的斜生栅藻的光合作用显著下降，尽管阿特拉津的浓度不足以影响藻类的生长，但是却增加了整个水域中被草食动物捕食的风险，破坏了整个群落结构。韩杰和许人骥(2010)通过密封三角瓶口法研究阿特拉津对鲫鱼抗缺氧能力的影响，结果发现，当阿特拉津浓度较高时，鲫鱼的抗缺氧能力显著降低，说明水体中的阿特拉津可能会引起鲫鱼体内抗氧化酶活性的下降，使其表现为持续低活性状态。Chen 等(2015)研究鲤鱼在不同农药(阿特拉津和毒死蜱)及不同浓度梯度下的抗氧化酶系的变化，同时借助透射电子显微镜和实时荧光定量 PCR(quantitative real-time PCR，qPCR)技术，证明了诱导型一氧化氮合酶(inducible nitric oxide synthase，iNOS)参与阿特拉津和毒死蜱的解毒过程，并首次揭示了在阿特拉津和毒死蜱胁迫时鲤鱼的由氧化应激诱导的自噬作用。此外，研究者还发现，不仅阿特拉津对鱼类的生长和生理产生消极影响，其代谢物二氨基氯三嗪(diaminochlorotriazine，DACT)、脱乙基阿特拉津(deethylatrazine，DEA)和脱异丙基阿特拉津(deisoproopylatrazine，DIA)也对鱼类产生消极的影响，与阿特拉津的毒性相比，其毒性甚至更大(Liu et al.，2016)。

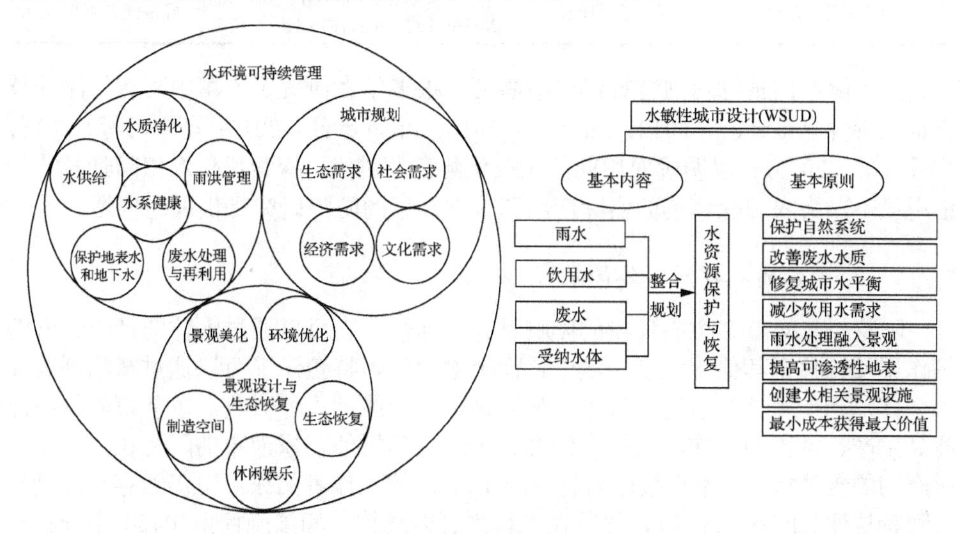

图 1-2 水环境可持续管理的理论内涵和基本原则图

Figure 1-2 Theoretical connotation and basic principle diagram of sustainable management of water environment

1.1.2.2 阿特拉津对土壤和植物的影响

阿特拉津在土壤中的半衰期很长，通常在土壤中的持留时间为几天到几个月(魏建辉等，2010)，阿特拉津半衰期受环境因素影响较大，主要受到土壤的理化性质、先前耕作历史、农作物特性和土著微生物种类的影响(Fan and Song，2014)。商品化的阿特拉津在德国、意大利、澳大利亚、荷兰等国家已经被禁止使用了，但是在我国阿特拉津仍被投入生产并广泛使用，这使其对土壤和环境造成的危害日益严重。表 1-1 列举出了我国重大阿特拉津污染事故，这些事故造成了巨大的经济损失，使得生态环境严重受损，在几年甚至几十年内不能完全恢复，这些“历史遗留问题”引起我们深深的思考。

表 1-1 我国阿特拉津污染事故举例

Table 1-1 Examples of atrazine pollution accidents in China

事故突发年份	事故地点	事故情况	事故损失
1989(陈林观等，1989)	天津市静海区大邱庄	在种植过玉米的田地中播种小麦，小麦受到阿特拉津残留影响严重，幼芽长势弱、叶色浅、分蘖少、缺苗断垄，2000 亩[①]小麦最终枯死至毁耕	未提及
1988、1992、1993(李萃义和焦晓娟，1996)	河北宣化、下花园	10 万亩水稻被阿特拉津污染的河流灌溉后大面积受损	经济损失 3000 万元
1995、1996(李剑峰，2010)	辽宁省沈阳市、辽中区	阿特拉津对果树、蔬菜及大豆的药害作用	未提及
1997(王辉等，2005)	辽宁省昌图县	属于特大水田污染事故，2800 hm^2 水稻苗受到阿特拉津污染后死亡	经济损失 4000 万元

为了解不同植物对阿特拉津的敏感度，很多学者研究了土壤中阿特拉津的植物毒理特性(Ma et al.，2012；Lu et al.，2016；Jiang et al.，2016；蒋煜峰等，2016；马兵兵等，2015)，以明确农田间的主要优势杂草种类，探索优化农田阿特拉津的使用策略，为农田除草剂的实际应用和抗性杂草的防除研究提供理论依据。

1.1.2.3 阿特拉津对人体的危害

阿特拉津对整个生态环境的影响具有全球性，它可以通过水体的径流、淋溶等作用被转移至其他水域或土壤中，而土壤中的阿特拉津又可以通过植物呼吸和水分挥发等作用被扩散到大气中，如此循环，最终被人体吸收。以从事阿特拉津商品生产、维护的工作者为例，研究人员通过分析他们尿液中的阿特拉津及其代谢产物的含量得知，不再接触阿特拉津 12 h 后的工作者的尿液中仍然存在高剂量的阿特拉津(Hyun，2010)，尽管在人体内肝微线粒体和细胞色素 P450 中降解阿特拉津的机制已经明确，但是作为内分泌干扰物的阿特拉津对人体的危害问题仍然不可忽视(Mendaš et al.，2012)，最新的研究报道还指出，环境中的阿特拉津甚至能增加出现早产儿和畸形儿的风险。阿特拉津污染问题迫在眉睫，减少农药的使用量和进行农药修复是目前研究热点中的关键。

1.1.3 土壤中阿特拉津的生物修复技术

阿特拉津降解有诸多不同的途径，会形成很多不同的代谢物，如脱乙基阿特拉津(deethylatrazine，DEA)、脱异丙基阿特拉津(deisoproopylatrazine，DIA)、羟基阿特拉津(hydroxyatrazine，HA)等(Deng et al.，2005)，所有的降解途径最终都会形成氰尿酸，并进一步矿化形成 CO_2、H_2O 和 NH_3。生物方法降解阿特拉津主要依赖酶的作用，图 1-3 列举了阿特拉津的降解基因及途径。*atzA*、*atzB*、*atzC*、

① 1 亩≈666.7 m^2

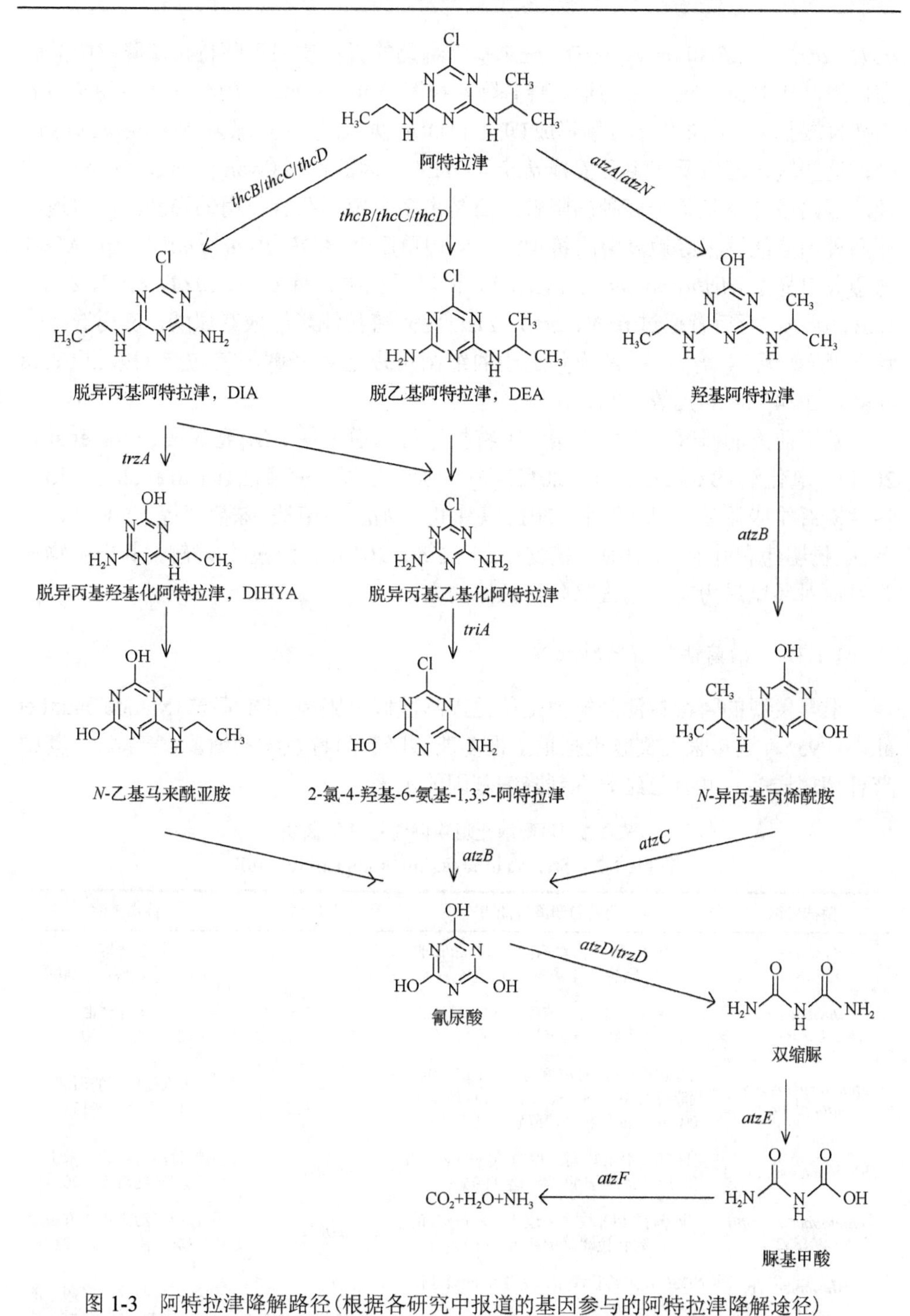

图 1-3 阿特拉津降解路径(根据各研究中报道的基因参与的阿特拉津降解途径)

Figure 1-3 Atrazine degradation pathway (Various routes for degradation of atrazine indicating genes reported in the pathway)

atzD、*atzE*、*atzF* 和 *trzN*、*trzD*、*trzF* 基因编码的蛋白质用于阿特拉津降解中的脱卤作用，其中 *atzA*/*trzN* 参与形成羟基阿特拉津(Yang et al.，2014)。微生物参与的乙基N端脱卤和脱异丙基分别形成DEA和DIA。据报道，在红球菌(*Rhodococcus* sp.)中，这些氧化还原反应主要依赖 *thcB* 与 *atzA* 基因的作用(Wang et al.，2014)。这种降解路线并不是单个菌种的降解，而是由多个菌体联合作用的降解。据报道，有两种细菌能够很好地降解阿特拉津，即假单胞菌 ADP(*Pseudomonas* sp. ADP)与金黄节杆菌(*Arthrobacter aurescens*)，前者质粒中含有 *atzA*、*atzB*、*atzC*、*atzD*、*atzE*、*atzF*，而后者通过 *trzN*、*atzB*、*atzC* 将阿特拉津降解成氰尿酸，应用选择性培养基(如无 N 培养基)来培养上述的细菌可以达到降解阿特拉津的效果(Yola et al.，2014；李一凡等，2012)。

基于前人的研究，发现土壤中阿特拉津可以通过化学法[光解法(Bohn et al.，2011)、氧化法(Baranda et al.，2012)等]、物理法[离子交换法(Khan et al.，2013)、活性炭纤维吸附法(肖晓杏等，2013)等]和生物法[细菌法(陈蓓蓓等，2007)、真菌法(杨明伟和叶非，2010)、植物法(王辰等，2015)和菌根法]降解，其中生物法是目前对环境最为友好的去除阿特拉津的方法。

1.1.3.1 细菌法降解阿特拉津

最早发现的阿特拉津降解菌是革兰氏阴性假单胞菌 ADP 菌株(Mandelbaum et al.，1995)，近年来的文献也报道了很多能够降解阿特拉津的细菌(表 1-2)，其中节杆菌属居多，并且已经研究到降解基因的水平。

表 1-2 可降解土壤中阿特拉津的菌株

Table 1-2 Strains of atrazine in degradable soil

菌株名称	阿特拉津降解能力	基因	菌株来源
Arthrobacter sp. GZK-1	该菌在 14 天内对浓度为 22 mg/L 的阿特拉津降解率为 90%		甘蔗种植厂(Getenga et al.，2009)
Arthrobacter sp. T3AB1	该菌在 72 h 内对浓度为 500 mg/L 的阿特拉津降解率为 99%		玉米种植地(刘春光等，2010)
Stenotrophomonas maltophilia 1	该菌在 36 h 内对浓度为 0.2 mg/L 的阿特拉津降解率为 96.7%，在 72 h 内对浓度为 100 mg/L 的阿特拉津降解率达 99.8%		污水处理厂的污泥(孙雪莹，2013)
Arthrobacter sp. SD41	该菌在 48 h 内对浓度为 1000 mg/L 的阿特拉津降解率达 94.95%	*atzBC*、*trzN*	阿特拉津污染的玉米田表层土(李红梅等，2014)
Acinetobacter lwoffii DNS32	该菌在 48 h 内对浓度为 100 mg/L 的阿特拉津降解率为 97.63%	*atzBC*、*trzN*	阿特拉津污染的北方黑土(郭火生等，2012)
Arthrobacter sp. AD30 *Pseudomonas* sp. AD39	AD30 在阿特拉津浓度为 200 mg/L 时降解率为 96.7% AD39 菌在阿特拉津浓度为 1500 mg/L 时降解率为 95.2%且有耐盐性	*atzBC*、*trzN*	生产阿特拉津的农药厂的废水和污泥混合物(郑柳柳等，2009)

续表

菌株名称	阿特拉津降解能力	基因	菌株来源
Arthrobacter sp. FM326	该菌在72 h内对浓度为1000 mg/L的阿特拉津的降解率为95%，降解率受土壤中含水率的影响		昆明农药厂富民分厂的土和污泥（李明锐等，2011，2016）
Ensifer sp.	该菌在30 h内对浓度为100 mg/L的阿特拉津的降解率为100%，降解率受土壤外界温度的影响	*atzA*、*atzB*、*atzC*、*atzD*、*atzE*、*atzF*	浙江省长兴县阿特拉津生产厂地表深度为1～10 cm的土壤（Ma et al.，2012）

1.1.3.2 真菌法降解阿特拉津

除了细菌，真菌是参与阿特拉津代谢的第二大微生物（梁海晶，2013）。烟曲霉（*Aspergillus fumigatus*）、串珠镰孢菌（*Fusarium monilifome*）、绿色木霉（*Trichoderma viride*）和白腐菌（white rot fungi）等都能降解环境中的阿特拉津（林志伟，2008）。利用丝状真菌降解阿特拉津的优势在于可传递一些重要的元素（营养、水、污染物本身等）。在众多真菌中，担子菌也是最重要的降解菌之一，在未消毒且低水分的土壤中，云芝（*Trametes versicolor*）能够降解阿特拉津（Bastos and Magan，2009），此外，研究发现将细菌、白腐菌、采绒革盖菌3种微生物混合培养后，阿特拉津去除率高达98%（Hai et al.，2012）。尽管真菌法降解阿特拉津效率很高，并且在极端环境下降解效果也比较好（Zhao et al.，2015），但是，关于真菌法在降解酶及基因水平对阿特拉津降解的研究进展却比较缓慢。未来，需要加强分子水平的研究。

1.1.3.3 植物法降解阿特拉津

植物可以通过吸附（邓建才等，2005）、挥发（Aken et al.，2010）、转移（Zhang et al.，2014）和降解（Zhang et al.，2016）等过程排除污染物（Kawahigashi，2009）。目前，已有很多关于阿特拉津对植物生理影响的研究，不仅可以找到阿特拉津敏感植物对农药的耐受点，还可以筛选出可防御和降解阿特拉津的高效植株，对土壤的生态修复和农业可持续发展具有重要意义。尽管有很多研究表明，植物能够在污染的土壤中生长并且具有修复外源污染物的能力，这在阿特拉津的原位修复上是一个很有前景的方法，但是大规模利用植物进行生物修复仍然存在许多障碍。例如，合适植物的选取，污染水平的评估，吸收有机污染物植株的处理，来自土壤、地下水、大气中污染物的挥发量等，这些障碍有待我们进一步解决。提高植物修复能力最直接有效的方法就是表达一些参与污染物代谢、吸收、转移的功能基因，这些功能基因可来源于植物、动物和人类。表1-3、表1-4列举出了几种可降解土壤中阿特拉津的植物，表1-3为可降解阿特拉津的自然植物，表1-4为可降解阿特拉津的转基因植物。尽管有很多研究证明转基因植物确实能够提高植物降解外源有机污染物的能力，但是要考虑转基因土壤种子库带来的扩散污染问题、转基因作物和环境适应性问题、转基因植物的抗性进化等问题，所以利用转基因植物进行污染物的修复技术并未得到实际上的应用。

表 1-3 可降解土壤中阿特拉津的自然植物

Table 1-3 Atrazine natural plants in degraded soil

植物	降解阿特拉津能力	降解机制
Lolium multiflorum	该植物具有耐药性(1 mg/kg)，降解阿特拉津效率比自然降解率高 20%	通过细胞色素 P450 解毒(Merini et al.，2009)
Gramineae	该植物在 60 天内对浓度为 50 mg/kg 的阿特拉津降解率达 41.70%	阿特拉津降解率与生物量和根冠比呈正相关关系，但尚未阐明降解机制(陈建军等，2014)
Medicago sativa	该植物的根部和茎部在 6 天内对浓度为 0.1 mg/L 的阿特拉津转运系数分别为 2.194 和 0.973	通过糖基转移酶和谷胱甘肽 *S*-转移酶解毒(Zhang et al.，2014)
Pennisetum hydridum	该植物具有耐药性(50 mg/kg)，但随土壤中阿特拉津浓度增大，降解阿特拉津能力降低	与土壤中的微生物群落有关，但是尚未阐明降解机制(陈建军等，2011)

表 1-4 可加强阿特拉津降解的转基因植物

Table 1-4 Transgenic plants capable of enhancing atrazine degradation

目标植物	基因	酶	来源	转基因效果
Oryza sativa	*CYP1A1*	P450	人	提高降解阿特拉津和西玛津的能力(Kawahigashi et al.，2005)
Nicotiana tabaccum *Medicago sativa* *Arabidopsis thaliana*	*p-atzA*	阿特拉津氯水解酶	*Pseudomonas* sp.	提高抵抗阿特拉津的能力(Wang et al.，2005)
Solanum tuberosum	*CYP1A1*、*CYP2B6*、*CYP2C9*、*CYP2C19*	P450 单氧化酶	人	提高降解阿特拉津的能力(Inui and Ohkawa，2005)
Brassica juncea	*γ-ECS*、*GS*	γ 型谷氨酰半胱氨酸合成酶	*Brassica juncea*	提高抵抗阿特拉津、菲、1-氯-2,4-二硝基苯(1-chloro-2,4-dinitrobenzene, CDNB)和异丙甲草胺的能力(Flocco et al.，2004)

1.1.3.4 菌根法降解阿特拉津

目前已有学者开展了菌根降解土壤中阿特拉津的相关研究。宋福强等(2010)利用菌根化高粱降解土壤中的阿特拉津，其降解率高达 91.6%，其中菌根效应占 22.6%；菌根化苜蓿在阿特拉津施加量为 20 mg/kg 时，阿特拉津的降解率高达 74.65%(Song et al.，2016)。Huang 等(2007，2009)研究发现丛枝菌根真菌(AM 真菌)在玉米积累及代谢阿特拉津的过程中也起到了重要作用，并通过建立间隔培养体系研究另一种 AM 真菌对土壤中阿特拉津降解的特性，得到了相似的结论。菌根化植物降解阿特拉津的研究多在实验室进行，而自然条件下土壤的多样性又更加复杂，如何将实验室中的有效菌根应用到实际生态环境中是目前应该解决的问题。

1.2 丛枝菌根真菌概述及其多样性

1.2.1 丛枝菌根真菌的结构

丛枝菌根真菌可以产生典型的“泡囊”(vesicle)和“丛枝”(arbuscule)结构，所以在研究初期被称为泡囊-丛枝菌根(versicle-arbuscular mycorrhiza，VAM)(Buggraaf and Beringer，1989)。后来发现，一些真菌在植物根内不产生泡囊，但具有丛枝结构，因此将这类真菌统称为丛枝菌根真菌(AM 真菌)。如图 1-4 所示，其形态学结构包括内生菌丝、外生菌丝、丛枝、泡囊及孢子等(高晓杰等，2010)。

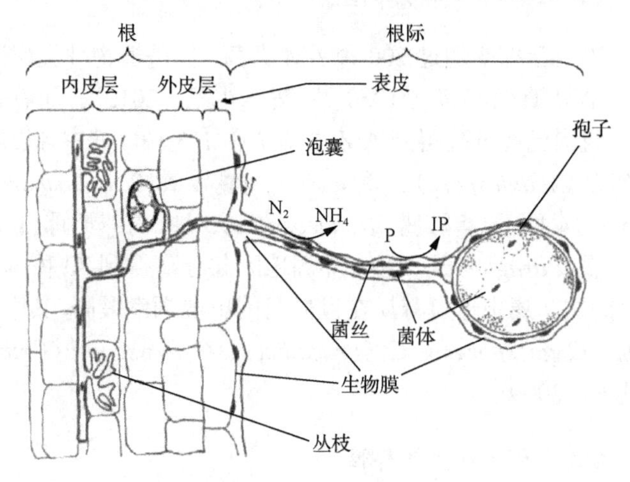

图 1-4 丛枝菌根结构示意图

Figure 1-4 The diagram of arbuscular mycorrhizal structure

1) 内生菌丝位于宿主植物根部细胞内或者分布于细胞间的空隙，能附着于根系表面。内生菌丝负责物质和能量的传递，起运输管道的功能，外生菌丝散布于宿主植物根际土壤中，协助宿主吸收水分和养分，并能在土壤有机物的间隙中穿行，使土壤结构保持稳定(Morton，1990)。

2) 丛枝是菌丝侵染成功后在根皮层细胞内连续分枝生长形成的多分枝树枝状结构(White and Cole，1985)，是判断 AM 真菌侵染宿主植物根系成功与否的首要条件，也是植物与 AM 真菌进行物质交换的场所。

3) 泡囊是由菌丝顶端膨胀或者分生出来的椭圆形结构，存在于皮层细胞内部，不同的 AM 真菌，其泡囊形状的大小、结构和内含物均不相同。泡囊具有繁殖功能，能释放出具有侵染能力、休眠状态的生命体；也具有调节营养存储、交换营养的作用(Dekker and Vander，2001)。

4) 孢子是 AM 真菌外部菌丝在土壤中或者根系内顶端形成的大厚垣结构，由于不同菌种所形成的孢子的结构、形状等不尽相同，成为分类学的重要依据(Bonfante et al.，1994)。孢子在条件适宜的环境中能独自萌发。某些AM真菌具有孢子果结构，即多个孢子按串珠状排列或辐射状分布、菌丝包裹在外形成的结构。

1.2.2 AM真菌多样性的研究

AM真菌占土壤中微生物总生物量的5%～50%(刘润进和陈应龙，2007)，并且可以与地球上绝大多数植物共生，对农业及生态环境具有十分重要的意义，在保持土壤物质循环、能量流动方面发挥着不可替代的作用。

1.2.2.1 AM真菌的物种多样性

全世界范围内已探明超过200种AM真菌，但是植物种类超过30万种，据此推算，地球上AM真菌应超过1250种(贺学礼等，2012)。随着国内对AM真菌研究的兴起，我国已经分离得到AM真菌7属113种，其中球囊霉属(*Glomus*)65种、无梗囊霉属(*Acaulospora*)22种、盾巨孢囊霉属(*Scutellospora*)15种、巨孢囊霉属(*Gigaspora*)4种、原囊霉属(*Archaeospora*)3种、内养囊霉属(*Entrophospora*)3种和类球囊霉属(*Paraglomus*)1种；非洲地区共分离得到70种AM真菌。研究发现，已分离出的这7属中球囊霉属在世界范围出现频率最高，其中*Glomus clarum*、*G. etunicatum*、*G. geosporum*、*G. intraradices*、*G. mosseae*、*G. sinuosum*出现频率最高(刘润进等，2009)。

1.2.2.2 AM真菌的宿主多样性

AM真菌是专性活体营养微生物，其繁殖方式属于无性繁殖，80%以上的陆生植物都能与其共生，进而产生丛枝结构；不仅是未驯化的植物，其在栽培作物中也有很高的侵染率。但在不同的生态环境中其对宿主植物的亲和性存在差异，因此植物制约着AM真菌的生长和繁殖(王昶等，2009；孙羽，2011)。

1.2.2.3 AM真菌的生境多样性

不同植物生长的环境并不相同，而AM真菌与不同植物的亲和性、选择性和适应性不同，因此其分布被环境因子限制(李登武等，2011)。Wirsel(2004)以现代分子技术研究了湿地环境中芦苇根系AM真菌群落多样性，结果显示土壤因子在一定程度上制约了AM真菌群落多样性。Batten等(2006)发现，随着海拔的升高，植被的覆盖度降低，宿主植物的多样性减少，AM真菌的多样性随之减少。

1.2.3 AM真菌与土壤结构

菌根真菌的一个重要的功能就是在生态系统层面对土壤结构有着极大的贡

献，土壤结构是指分布于三维空间的有机或无机复合体的空间结构，该参数通常作为间接地量化土壤颗粒分布或土壤稳定性的依据(Sun et al.，2012)。土壤颗粒通常根据其大小被分为小颗粒(＜250 μm)和大颗粒(＞250 μm)。在许多土壤中，有机质是主要的黏合剂，而鉴别不同土壤的标准也主要依赖初级粒子和有机质的含量(Rillig et al.，2005)。作为土壤的基本特性，土壤结构影响土壤中物理、化学和生物的各种特性，而这与农业生态系统的稳定性息息相关。土壤团聚体被认为是重要的非农业生态系统的构成之一，在防止水土流失、全球变化和土壤碳储存中发挥着重要作用(Smith et al.，2000)。许多物理、化学和生物因素都能够对土壤团聚体产生重要作用，但是在生物方面，菌根发挥着极其重要的作用。

1.2.3.1 AM 真菌能够在不同尺度影响土壤的结构

菌根真菌能够在不同水平上影响土壤的团聚，包括植物群落水平、植物个体水平和植物根部水平，而这些都是由真菌引导的，AM 真菌通过改变自身生长策略而改变植物体，在每个水平上都有不同的运行机制，但是这 3 个层次是同时进行的(Artursson et al.，2006)。不仅不同土壤 AM 真菌分泌的球囊霉素对土壤的团聚是以层次来进行的，土壤本身的团聚过程也是以分层的方式来进行的(从初级颗粒到小颗粒和大颗粒)。根据 Tisdall 和 Oades 的分级理论，AM 真菌和其他真菌对土壤的作用主要集中在土壤团聚体中大颗粒水平，其中最重要的作用是真菌菌丝的直接参与的过程，虽然有很多研究证实 AM 真菌对土壤的作用主要是对大颗粒的作用，但是也有一部分研究人员认为其作用有助于小颗粒有机物的形成(Driver et al.，2005)。即使直接证明这个观点的研究不多，但菌根真菌的菌丝能够直接并强烈地影响比大颗粒略小的团聚。此外，小颗粒被认为最有可能形成大颗粒，AM 真菌能够促进大颗粒的稳定性，即 AM 真菌能够直接促进小颗粒形成大颗粒团聚体(Enkhtuya and Vosatka，2005)。

AM 真菌能够对植物群落及初级生产产生影响(群落水平)，在土壤真菌中，AM 真菌通过其完善的能力影响着植物群落的成员，如提供更好的资源供给(Bogeat-Triboulot et al.，2004)。在土壤团聚层面，植物的种类也受 AM 真菌的影响，主要表现为农业生态系统中的农作物与自然群落中的植物是不同的，其结果是对植物群落组成的改变可以转化为对土壤结构的影响。此外，有学者表明 AM 真菌及其多样性对植物群落的生产率具有十分重要的影响，这是通过其对植物群落组成的控制来实现的(Caesar-Tonthat，2002)。

AM 真菌对植物的根部(即个体水平)有重要影响，由根部引导的影响土壤结构的作用可分为：根部物理作用力/渗透、土壤水分变化、根际沉积、根部分解、根部与土壤颗粒的缠绕。通过对植物根际生物量的控制，AM 真菌能够影响植物根部的生物过程。许多因素都会产生强烈的协同作用，如根际沉积有助于微生物的活动，可以为缠绕形态的根部提供物理网络和局部干燥的空间，从而增强了根部与土壤之间的接触，但是在实际生物过程中，这些因素很难通过实验而进行分离。外生菌根通常能够通过形成根尖包围幔来改变植物根部结构，而AM真菌的侵染可能会导致根系形态发生变化，现今的研究主要是侵染后植物的表现及AM真菌的生态功能。根部可以产生压力和剪切应力，这可能会达到200 MPa，导致土壤局部压缩并沿着根切面土壤颗粒的方向进行重新排列，土壤局部压缩用于消除团聚体形成的空间限制，根部结构的不同也决定了根部的渗透压及根缠绕的差异(Gebbink et al.，2005)。土壤含水量随时间变化，植物生长能够强烈影响土壤干湿循环的大小和频率，这也都能够对土壤结构产生影响。土壤含水量降低能够导致初级颗粒之间接触机会的增多和有机质的增加，因此能够提高土壤团聚和强度。靠近根部的局部土壤干燥可能促进根系分泌物与土壤颗粒结合，直接促进微团聚体的形成。

AM真菌不仅能够影响植物整体生长的变化，还能促进植物与非菌根化植物之间的不同水分变化。例如，在菌根的协助下产生更高的气孔导度与更强的蒸腾作用，菌根会协助植物进行更加有效的水分吸收，这会导致更强烈的干湿循环，这种现象对土壤的团聚产生更大的影响。此外，当水分胁迫时共生可以使叶片固定更多的碳，导致土壤中的碳输入增高，这在干旱环境尤为重要(Caesar-Tonthat et al.，2001)。由真菌引导的根际沉积能够强烈影响土壤的碳储存量，并能够刺激土壤团聚体的形成，如根胶浆可以将土壤颗粒黏合在一起，形成短期稳定的团聚体，同时这也可以增加土壤微生物活性，从而促进土壤团聚体的形成。通过传递有机质，根部分解也能够对土壤团聚产生作用，菌根的侵染通过改变根部的化学特性来改变地下部分的土壤特性，这也能够影响根部与自然分解(Gamalero et al.，2002)。

1.2.3.2 AM真菌菌丝效应

AM真菌菌丝体会影响土壤团聚，其作用可以分为生物化学机制、生物过程机制和生物物理机制，这几部分之间又相互联系。

生物化学机制：真菌的产物菌丝体能够促进土壤的团聚，不论是其分泌物还是其中所含的菌丝壁都有重要作用，如球囊霉素是一种真菌蛋白，可以将土壤量化为与球囊霉素相关的土壤蛋白(glomalin-related soil protein，GRSP)，GRSP与土壤团聚体的水稳定性息息相关，而球囊霉素在土壤中起到黏合剂的作用，并具有疏水特性。黏胶液的主要成分是多糖和其他胞外化合物组成的混合物，是真菌的产物之一，在土壤中的主要功能是连接化合物、捕获养分和干燥(Hart and Reader，2002)。疏水相关蛋白是丝状菌丝的产物之一，研究表明菌丝体分泌的具有各种功能的小分子蛋白附着于生物或非生物体的表面，这些小分子蛋白会改造其表面特性，降低水张力，这对土壤的团聚也具有重要作用(Mansfeld-Giese et al.，2002)。

生物过程机制：真菌对土壤团聚的贡献不是单独发生在土壤中的，而是与其他有机群体相互作用，AM 真菌能够影响土壤微生物群落，如与土壤小颗粒形成直接相关的细菌和古细菌，AM 真菌能够通过改变微生物群落结构与多样性而影响土壤团聚。第一，AM 真菌通过将菌丝体产物作为细菌生长的基质来改变微生物群落；第二，AM 真菌通过对沉积产物在数量和质量上的改变来改变群落组成；第三，AM 真菌可以通过改变土壤微生物群落食物网来改变微生物群落，真菌是土壤微生物群落食物网形成的基础，即使 AM 真菌与其他真菌相比消耗量较低，但其对食物链具有重要的推动作用(Newsham et al.，1995)。

生物物理机制：AM 真菌菌丝通过根部缠绕，捕获和改变水分分配来改变土壤持水量，从而进一步改善土壤团聚(Klironomos et al.，1999)。与根部活动相似，尽管其规模不大，但是菌丝有助于缠绕土壤初级粒子、有机物和小团聚体，促进团聚体的形成。与此同时能够消除微团聚体形成时的空间限制。菌丝也被称为隧道机器，可以对相邻的土壤颗粒施加相当大的压力，在物理作用力上迫使有机质和黏土颗粒聚集在一起，从而导致类似根部活动的小颗粒的形成。与根部大规模运动的角色相似，AM 真菌在根际能够诱导土壤的干湿循环，这对土壤的团聚具有重要作用，有助于根部与真菌分泌物形成黏土颗粒(Wright and Upadhyaya，1998)。

1.3 逆境胁迫下植物组学方法研究概述

1.3.1 代谢组学概述

代谢组学(metabolomics/metabonomics)(Bais et al.，2010)是 20 世纪 90 年代末期发展起来的继基因组学、转录组学和蛋白质组学之后的一门新兴学科。作为系统生物学分支之一，代谢组学主要研究不同细胞、组织、物质等代谢循环过程中相对分子质量小于 1000 的内源性小分子，并对其进行定性、定量分析(许国旺等，2007)。而植物代谢组学是通过借助现代检测分析技术，研究植物在不同胁迫条件下其体内各种代谢产物在含量及组分上的变化，并对其进行定性和定量分析，从而发现植物在胁迫条件下的代谢调控规律及网络，这对于研究植物在逆境下的代谢动态调控具有重要作用(胡立群和徐庆国，2014)。

1.3.1.1 代谢组学的研究意义

首先，植物代谢组学不仅可以通过研究植物的组织或器官在其生长发育的某个时期或整个阶段的代谢物种类和含量来进行对植物代谢途径或代谢网络的分析和判断；其次，还可以在不同的生长环境下，进行同种植物代谢产物的定性和定量分析，并以此分析不同环境对植物代谢产物的影响；最后，还可以利用代谢组学手段研究植物在受到外界刺激后产生的应激反应，分析植物在受到刺激前后代谢产物的差异性变化，进而阐明植物应激代谢响应的规律。本试验利用代谢组学技术研究 AM 真菌与苜蓿共生后，在阿特拉津胁迫下植物体本身的代谢产物在含量与组分方面的差异变化，研究 AM 真菌对于阿特拉津降解产生的影响，进而阐明 AM 真菌与苜蓿共生降解阿特拉津的可能机制。

1.3.1.2 代谢组学分析技术

代谢组学分析技术主要是通过不同的分析检测手段对生物样品进行检测，并对代谢物进行定性和定量分析，从得到的大量实验数据中筛选最能反映代谢物变化的主要成分，再通过与标准代谢物谱进行比对或者寻找生物标记物等方式研究代谢物所涉及的代谢途径和变化规律，从而阐述外界环境刺激对生物体造成的影响及生物体本身的响应机制（王斯婷等，2010）。

代谢组学的分析技术主要包括核磁共振（nuclear magnetic resonance，NMR）技术、傅里叶变换红外（Fourier transform infrared spectroscopy，FT-IR）技术、色谱-质谱（chromatography-mass spectrometry）联用技术，由于代谢组学分析的对象具有成分复杂、数据量大、性质及浓度差异大等特点，单一的检测技术和分析手段不足以保证对代谢产物进行全面的分析，因此需要多种分析技术的联合运用，从而达到数据分析结果的准确性和全面性（刘姗姗等，2014）。

（1）核磁共振技术

核磁共振（NMR）技术具有迅速、准确、重复性好、分辨率高、非偏向性等优点，被广泛应用于代谢组学及其他领域并迅速发展，并且成为代谢组学分析研究中的主要检测手段之一。NMR 技术的原理是利用原子核在磁场中能量的变化得到相应数据信息，进而对物质的有机结构进行分析。目前，比较常用的核磁手段有氢谱（^{1}H-NMR）、碳谱（^{13}C-NMR）和磷谱（^{31}P-NMR），其中以 ^{1}H-NMR 应用最为广泛。后来发展起来的还有活体磁共振波谱（magnetic resonance spectroscopy，MRS）、磁共振成像（magnetic resonance imaging，MRI）、高分辨魔角旋转（high-resolution magic-angle pinning，HR-MAS）、液相色谱-核磁共振联用（liquid chromatography-nuclear magnetic resonance，LC-NMR）等技术（Rooney et al.，2003）。

（2）傅里叶变换红外技术

傅里叶变换红外（FT-IR）技术的主要原理是利用特定的化学结构有特定的吸收频率，通过测定样品的红外吸收频率和强度来判断实验样品中的各个组分。FT-IR 技术因无须样本制备、无破坏性、分析快等特点，被广泛应用于高通量筛选及样本整体分析等方面（Kell，2004）。除此之外，FT-IR 技术还具有扫描速度较快、光通量较大、测定广谱范围宽及分辨率和信噪比较高等优点。因此，FT-IR 技术在物质快速检测和疾病诊断等方面具有良好的应用前景。

(3) 色谱-质谱联用技术

色谱作为最常用和有效的分离分析工具，与质谱联用可以实现样品组分的高效分离、检测及鉴定，并能实现对样品组分的定性和定量分析，是代谢组学研究中重要的技术手段。

气相色谱-质谱(gas chromatography-mass spectrometer，GC-MS)技术具有分离效果好、成本较经济、对小分子代谢物(如有机酸、酰胺、多醇类等)检测灵敏度高，且分辨率较强、重现性较好及高通量等优点(卫正，2014)。GC-MS 技术相对于液相色谱-质谱(liquid chromatograph-mass spectrometer，LC-MS)技术来说，有大量可检测的质谱数据库，进而能更准确、快捷地对代谢物进行定性分析。但是，对于热不稳定物质和分子量较大的代谢产物，如生物体系中极性比较大的糖类、氨基酸等成分的分析，需要进行衍生化才能得到较多的代谢组分信息(Karamani et al.，2013)。Kondo 等(2014)利用气相色谱-飞行时间质谱(gas chromatography-time-of-fight mass spectrometer，GC-TOF/MS)技术对酵母菌的代谢物进行检测，并通过 PCA 和 OPLS-DA 方法进行分析，从而区分不同生长阶段酵母菌的代谢变化。

液相色谱-质谱(LC-MS)技术的应用领域也较为广泛，主要包括临床疾病诊断、植物代谢产物分析、药物作用机制研究等。LC-MS 技术分析范围较广，如不易挥发、热不稳定、极性大、不易衍生化和分子量大的化合物，且进样前不需要进行衍生化处理。但是 LC-MS 的分辨率差，在共洗脱过程中会引起电离抑制效应，很难进行定量分析，而共流出峰间的诱导作用、基质效应等问题会给 LC-MS 技术的分析造成影响。LC-MS 技术相较 GC-MS 技术而言，较少的代谢数据库资源是其一大弊端，由此给未知化合物的检测带来一定的难度和阻碍，但是 LC-MS 技术可以获得代谢物准确的平均相对分子质量，进而通过数据库比对，检测确定未知分子的结构信息(Gika et al.，2014)。整体式毛细管柱、超高效液相色谱及代离子阱多级质谱仪的发展，使 LC-MS 技术在代谢组学研究领域中占有更重要的位置。

毛细管电泳-质谱(capillary electrophoresis-mass spectrometry，CE-MS)技术在代谢组学中主要应用于细菌、植物提取物，人类生物样本、食品和环境样本的分析(Çelebier et al.，2012)，特别适用于离子性代谢物的分析。CE-MS 技术具有分离效率高、分析速度快、所需样本量少等特点(Takahashi et al.，2010)，并且可以在单次分析实验中进行阴、阳离子和中性分子的分离，进而同时获得不同代谢物的检测图谱。虽然 CE-MS 技术发展时间较短，但其在高通量非靶向分析代谢组学研究中具有较好的发展前景。

1.3.1.3 代谢组学在植物研究中的应用

目前，代谢组学的应用领域较为广泛，如植物和微生物的研究、药物代谢组学分析、毒理学机制研究、疾病诊断等。近年来，代谢组学在植物研究领域受到广泛关注，植物代谢组学是指通过高通量及无偏差分析技术对植物抽提物及组分进行代谢组分析。

植物代谢物种类繁多，目前已知的达到20多万种(Hall et al., 2005)，而Murch等(2004)对黄芩的代谢组分进行研究，利用高效液相色谱-质谱技术进行检测，发现有2000多种不同成分，并对其中一部分进行了定性鉴定，为筛选优良品种提供了理论依据。Fukusaki等(2006)利用GC-MS技术对拟南芥组分进行鉴定，确定了其中的48个成分，为细胞培养的优势提供了依据。代谢组学不仅能对植物样本进行组分的定性、定量鉴定，还能利用其技术手段分析代谢物的差异性，进而研究植物样本在不同环境作用下的代谢途径和作用机制。例如，Broeckling等(2005)通过研究生物和非生物细胞诱导剂作用下苜蓿的代谢情况，发现许多初级代谢产物发生显著变化，而这种差异性与某种诱导剂的敏感性相关，这为研究代谢网络中不同代谢产物间的相关性提供了佐证。尽管植物代谢组学研究系统仍需进一步完善，但其在植物基因功能解析，揭示代谢网络机理，提高农作物产量、品质等方面有不可替代的作用(张凤霞和王国栋，2013)。

(1)农药胁迫下植物代谢组学研究

植物在不同胁迫下其代谢组学会呈现出不同的差异变化，而这种不利条件会对植物的代谢网络造成影响，使其代谢产物及代谢途径变得更为复杂，而代谢组学研究则成为解决这一难题的有效途径。例如，卫正(2014)利用代谢组学方法研究烟嘧磺隆降解菌株YC-WZ1对烟嘧磺隆的降解机制，发现在烟嘧磺隆的胁迫下，YC-WZ1真菌体内的氨基酸、核苷酸、亚麻酸开始分解以供菌体细胞生长，并且菌体细胞内海藻糖含量上调，而在合成海藻糖的过程中核苷酸的代谢也为其提供合成中间物。张坤等(2013)则利用水培实验研究在4种不同浓度的阿特拉津胁迫下，皇竹草叶片内代谢物含量的变化及生理机制，结果表明，皇竹草在阿特拉津胁迫下会通过信号分子进行自我调控，保持酶系统活性，以此降低阿特拉津对自身的毒害，从而对低浓度的阿特拉津表现出较强的抗性。虽然，代谢组学能够检测大部分响应的代谢物质，但不同代谢途径间的调控机制仍需进一步研究分析。

(2)环境胁迫下丛枝菌根的代谢组学研究

不同胁迫对丛枝菌根代谢有着不同的影响，在这种胁迫下，丛枝菌根代谢过程中的氮素含量、氨基酸含量及不同酶活性都会有所改变，而其中一部分的变化则会在某种程度上促进植物的生长，增加其对外界胁迫的抗性。陈笑莹等(2014)采用盆栽试验研究低温胁迫下玉米接种AM真菌后，其生理指标等的一系列变化。研究表明，在低温胁迫下，接种AM真菌提高了玉米的生物量，玉米叶片中总氮、硝态氮和可溶性蛋白含量及根部氨基酸含量，这不仅促进了菌根对氮素的吸收，还增强了玉米对低温胁迫的抗性。菌根植物不仅可以通过提高氮素的吸收来增加蛋白质在植物体内的积累，还会通过对氨基酸的吸收间接地增加体内蛋白质的合成，从而使外界环境对植物体的干扰降到最小。王明元和夏仁学(2010)利用沙培盆栽试验研究枳实生苗在缺铁处理及重碳酸盐胁迫下接种 AM 真菌，对其抗活性氧系统的影响。研究发现，在这种胁迫下，AM 真菌明显提高了枳叶片和根系中的可溶性蛋白含量、叶片类胡萝卜素含量，以及超氧化物歧化酶等主要酶的活性，并且丙二醛的含量明显降低，因此，使枳的防御抵抗能力有所增强，减少了胁迫对其细胞膜的损伤。

随着生物科学的快速发展，代谢组学的研究和应用价值与日俱增，而在不同的胁迫下，丛枝菌根的代谢组学研究将会有较好的发展前景和空间。

1.3.2 转录组学概述

转录组可以描述在特定的细胞类型/组织中在特定时间的 RNA 分子所表达的信息，包括编码 RNA(mRNA)及一系列的非编码 RNA(核糖体 RNA、转运 RNA、小核 RNA、小核仁 RNA、微 RNA 等)(Kim and Wang，2009)。在细胞生物学中，RNA 扮演着重要角色，其不仅控制蛋白质的合成，而且能够发挥结构骨架的作用和在转录后控制基因表达的作用。转录组的复杂性源于不同层次的基因表达，包括转录调控、转录后调控和翻译调控。在转录起始水平，一个基因会根据不同的转录起始位点或第一个外显子，产生多种转录物，初级转录本也经历选择性剪切或可代替的多腺苷酸化，这是两种最常见的 RNA 水平修饰，可以使转录本数量增加，最终通过应用可变的翻译起始位点，每个修饰过的转录本都可以编码多种蛋白产物(Sekiguchi and Nonaka，2015)。

RNA 的测序方法多用 DNA 测序平台(表 1-5)，这些测序平台初期需要将 RNA 反转录成 cDNA，利用 cDNA 进行测序。第一次应用高通量测序进行转录组研究的是非模式物种马蜂(*Polistes metricus*)，以蜜蜂基因组信息为模板，应用 454 测

表 1-5 当前可用的 RNA-seq 平台及其特性

Table 1-5 Currently available RNA-seq platform and its characteristics

测序平台	测序原理	主要优点	主要缺点
Roche-454	焦磷酸测序	读长较长，能够装配无参考基因组重叠群	读数较少，测序覆盖度浅，错误率较高，尤其在均聚物中错误率高
Illumina/Solexa	合成序列	能够大范围深度覆盖序列信息，准确性较高	短读长意味着在装配时需要理想的参考基因组信息
ABI SOLiD	连接测序	大量测序，覆盖度高，对每个碱基对重复测序错误率较低	短读长意味着在装配时需要理想的参考基因组信息
Helicos tSMS	单分子测序	单分子测序不需要扩增步骤，减小表达水平或等位基因频率的误差	新的研究还未得到检验

序技术进行下游分析。然而在庆网蛱蝶(*Melitaea cinxia*)的研究中，第一次采用在没有密切相关的参考基因组的条件下从头组装转录组序列(王兴春等，2012)。由于这些开创性的研究，454 测序可以在大量非模式生物中应用并可以成功组装相应的转录组序列。

迄今为止大多数关于转录组的研究都能对其研究过程及结果进行足够准确的描述，并为进一步的分析和生态应用提供重要的出发点和宝贵的资源，如这些序列信息在转录组重新深度测序和研究遗传变异时作为装配模板(参考序列)。它们也能够用于开发分子标记、建立目标性阵列或在基因表达分析中建立微阵列，并研究选择性剪切(一种可能参与适应物种形成过程的现象)。转录组数据在测序后需要进行功能注释，通常应用相近种基因组数据或公共可用序列数据库(如 Genbank、Ensembl 和 UniProt)，这可以作为一个新的起点，从而进行更加详尽的功能描述，如利用基因本体论数据库进行功能描述。Maheshi 等(2011)利用转录组信息分析两个品种的红树林树木基因表达的趋同变化，物种间有共同的转录组信息也许是协同进化或者联合分布的结果，但是这两个物种之间并没有发现相似的转录模式，它们在进化上并不是彼此相关的，而是完全不同的两条进化体系。它们还有完全不同的栖息地，一个是新热带区域，另一个是在印度-西太平洋处分布，尽管它们之间有如此大的差异，但在各自的转录本上表现出功能相近，这也许是共同的环境产生的。研究人员可能对不同性别、生命阶段或同种内不同组织功能的研究比较感兴趣，如在特定时段对特定组织的转录本研究或者固定代谢途径的高量表达都暗含着重要的进化信息(Huang et al.，2015)。

近年来，即使没有参考基因组信息，转录组测序技术也可以产生额外的数据用以研究基因表达、生物学途径和分子机制。应用 GS-FLX Titanium、454 测序平台，可以产生 100 万以上的序列，每次运行能够产生 400 bp 以上的读长及 99.5% 以上的准确度。由于 GS-FLX Titanium 的发展，现在可以提供的读长可达 1 kb。因为 454 焦磷酸测序产生的结果相对于其他平台增加了读取的长度，所以它已成功地在许多非模式物种的转录组测序中得到应用(Vijayakumar et al.，2015)。

1.3.3 蛋白质组学概述

1.3.3.1 蛋白质组学简介

近年来，为了对有机体更复杂的生理机制进行更深入的挖掘，在蛋白质水平上对有机体表达模式和功能模式进行分析已经成为生命科学领域研究中的必经之路。澳大利亚科学家 Wilkins 于 1994 年最早提出蛋白质组(proteome)这一概念(Pandey and Matthias，2000)，并于翌年 7 月发表在 *Electrophoresis* 杂志(Wasinger et al.，1995)。蛋白质组学技术有别于以往的单个蛋白或者基因的“钓鱼式”研究模式，而是从整体性、系统性和全面性出发，采用大规模、高通量和高灵敏度的技术手段研究某一组织或细胞中某一时刻或某一时段内的所有蛋白质的表达谱和功能谱，期待能全面性地揭示有机体的生命奥秘。

蛋白质组学的发展受到其技术发展状况的制约（尹稳等，2014）。目前常用的蛋白质组学技术有：双向凝胶电泳（2-dimensional gel electrophoresis，2-DE）技术、差异凝胶电泳（2-dimensional difference gel electrophoresis，2D-DIGE）技术、蛋白质芯片（protein array）技术、非标（label free）定量蛋白质组学技术、同位素标记相对和绝对定量（isobaric tags for relative and absolute quantification，iTRAQ）技术等。而在微生物、植物、动物和人类细胞研究的各个领域中，可对多组分样本进行定向比较的、可对任何肽段进行标记的、可鉴定出更多蛋白的、可提高定量结果精确度的蛋白质组学技术当属 iTRAQ 技术（陈潇飞等，2016）。

iTRAQ 技术是近年来新发明的一种蛋白质组学定量研究技术，是由美国应用生物系统（ABI）公司在2004年研发的一种体外同种同位素标记技术（4 标）（Ross et al.，2004），而在 2007 年，ABI 公司推出了功能性更强的试剂盒（8 标），可同时检测 8 种样本，进一步扩大了检测样本的通量（Ye et al.，2010）。随着技术的发展，iTRAQ 技术可标记的样本数还会增多，为生物的动态变化和生理机制的研究继续做出贡献。

1.3.3.2 蛋白质组学在植物抗逆性研究中的应用

植物体在生长过程中经常会遇到很多逆境胁迫，如农药胁迫、重金属胁迫、CO_2胁迫、致病菌胁迫、盐碱地胁迫等，这些不利条件会影响植物的生长和发育，植物体内必须具有特定的反应或修复机制以应对这些逆境胁迫。通过蛋白质组学技术分析某特定条件下植物产生的差异蛋白或是对特定表达蛋白进行定性和定量分析是目前植物抗逆性研究中的重要方向。

在植物应对不同程度盐胁迫的调节机制过程中，利用蛋白质组学技术研究发现已有至少 34 种植物的根、茎、叶、胚根、花穗等部位的 2171 个差异蛋白被鉴定得到，为研究盐胁迫下植物的光合作用、活性氧（ROS）清除、离子平衡、渗透调节、信号转导、基因转录、蛋白质合成及周转等生理学变化提供了重要的信息（Zhang et al.，2012）。Dai 等（2016）通过 iTRAQ 技术，研究 H_2 提高苜蓿抵抗镉的能力时共鉴定出 248 个显著差异蛋白，这些差异蛋白在参与氧化胁迫、活化硫代谢、重塑铁稳态的过程中丰度最高，此研究首次利用 iTRAQ 技术揭示了 H_2 作为生物调节剂可提高作物抵抗重金属能力的机制，为将来研究土壤镉修复提供了新的理论基础和技术手段。Valadares 等（2014）通过 iTRAQ 与双向液相色谱-质谱（2D-LC-MS/MS）相结合的技术研究接种 *Ceratobasidium* sp.的兰花在萌发和发育过程中的蛋白质组变化，通过数据库比对和排除冗杂蛋白，最终得到 88 个特殊蛋白，这些差异蛋白参与兰花植物原球茎的形成、碳元素的周转、光合速率的改变及影响植物形成菌根的过程，这项研究证明在植物和微生物共生过程中，双方履行各自的生物学功能且共同促进植物更好地生长。Jin 等(2017)通过 iTRAQ 技术研究绿豆芽在萌发过程中，外源性喷洒柠檬酸、乙酸钠、酒石酸钾钠对其萌发的影响，有 38 种差异蛋白在 3 种处理下均存在，这些蛋白质主要参与了碳水化合物的形成和能量的代谢，除此之外，还发现处理组中植酸的含量明显上调，此现象的出现很可能是因为碳水化合物降解酶和 ATP 合成酶表达量的增加导致了磷酸盐的消耗量提高。Nguyen 等(2012)首次利用 iTRAQ 技术大规模研究了豆科植物大豆的根毛结构在形成根瘤菌过程中的作用，证明了其激酶底物和磷酸化底物在根瘤菌形成过程中具有非常复杂的网络关系，为后人研究固氮菌及根瘤植物的应用提供了理论基础。

利用蛋白质组学技术探索植物的生理机制在未来是一条很多研究者都要走的路，蛋白质组学研究将成为生命科学领域的新前沿。随着科学技术的更新，更方便、更快捷、更经济的蛋白质组学技术会更新换代，更多的生物学领域的谜团将被揭开，生物和环境之间的关系会更加和谐。

1.4 苜蓿概述

蒺藜苜蓿(*Medicago truncatula*)是一种重要的豆科植物，在全世界范围内的温热带地区广泛栽植。蒺藜苜蓿具有很高的生物学价值，归因于以下几点：①蒺藜苜蓿具有很高的营养成分(Palma et al.，2014)；②蒺藜苜蓿能在贫瘠的环境中生长(Babakhani et al.，2011)；③蒺藜苜蓿是品质优良的牧草；④蒺藜苜蓿在农田轮作中能提高土壤有机氮含量(Pini et al.，2012)；⑤蒺藜苜蓿能够提高土壤肥力(陈利云等，2008)；⑥蒺藜苜蓿的种子能够治疗关节炎等疾病(El-Darier et al.，2014)。

试验选取蒺藜苜蓿作为宿主植物，除了以上蒺藜苜蓿具备的优良生物学价值以外，更重要的是蒺藜苜蓿能够很好地与供试 AM 真菌形成互惠共生体。另外，蒺藜苜蓿对阿特拉津是敏感的，蒺藜苜蓿对阿特拉津的耐受值仅为 0.2 mg/L(Wang et al.，2005)，在本试验只有借助 AM 真菌才能提高野生型苜蓿对阿特拉津的耐受性。除此之外，模式植物紫花苜蓿(*Medicago sativa*)的基因组测序已经完成，紫花苜蓿与蒺藜苜蓿在基因组水平上高度相似，能够为蒺藜苜蓿的研究提供生物信息学分析平台。

参考文献

陈蓓蓓，高乃云，刘成，等. 2007. 粉末活性炭去除原水中阿特拉津突发污染的研究[J]. 给水排水，33(7)：9-13.
陈建军，何月秋，祖艳群，等. 2010. 除草剂阿特拉津的生态风险与植物修复研究进展[J]. 农业环境科学学报，29(B03)：289-293.

陈建军, 李明锐, 张坤, 等. 2014. 几种植物对土壤中阿特拉津的吸收富集特征及去除效率研究[J]. 农业环境科学学报, 33(12): 2368-2373.

陈建军, 张坤, 李明锐, 等. 2011. 皇竹草对土壤阿特拉津的降解特性[J]. 生态环境学报, 20(11): 1753-1757.

陈利云, 张丽静, 周志宇. 2008. 耐盐根瘤菌对紫花苜蓿接种效果的研究[J]. 草业学报, 17(5): 43-47.

陈林观, 陈中霞, 张仲国. 1989. 一起阿特拉津污染农田事故调查[J]. 农业环境保护, (5): 38.

陈潇飞, 何晓红, 叶绍辉, 等. 2016. iTRAQ 技术及其在动物蛋白质组学中的研究进展[J]. 黑龙江畜牧兽医, (4): 57-60.

陈笑莹, 宋凤斌, 朱先灿, 等. 2014. 低温胁迫下丛枝菌根真菌对玉米幼苗氮代谢的作用[J]. 华北农学报, 29(4): 205-212.

邓建才, 蒋新, 王代长, 等. 2005. 农田生态系统中除草剂阿特拉津的环境行为及其模型研究进展[J]. 生态学报, 25(12): 3359-3367.

高晓杰, 刁治民, 鲍敏. 2010. VA 菌根研究现状与展望[J]. 青海草业, 19(1): 11-14.

郭火生, 王志刚, 孟冬芳, 等. 2012. 阿特拉津降解菌株 DNS32 的降解特性及分类鉴定与降解途径研究[J]. 微生物学通报, 39(9): 1234-1241.

韩杰, 许人骥. 2010. 除草剂阿特拉津对鲫鱼抗缺氧能力的影响[J]. 贵州农业科学, 38(7): 155-165.

贺学礼, 王雅丽, 赵丽莉. 2012. 河北安国 7 种中药材 AM 真菌遗传多样性研究[J]. 中国生态农业学报, 20(2): 144-150.

胡立群, 徐庆国. 2014. 植物非生物胁迫代谢组学研究进展[J]. 作物研究, 28(4): 428-434.

蒋煜峰, 慕仲锋, Uwamungu J Y, 等. 2016. 我国西北黄土对阿特拉津的吸附行为及影响因素[J]. 环境科学研究, 29(4): 547-552.

李萃义, 焦晓娟. 1996. 洋河下游农灌区农作物受灾与水质污染的关系[J]. 中国环境监测, 12(4): 49-51.

李登武, 薛玲, 张万红. 2011. 黄土丘陵沟壑区丛枝菌根真菌多样性及其分布[J]. 林业科学, 47(7): 116-122.

李红梅, 张新建, 李纪顺, 等. 2014. 阿特拉津降解菌 SD41 的分离鉴定及土壤修复[J]. 环境科学与技术, 37(4): 38-41.

李剑锋. 2010. 改良木屑处理水中阿特拉津的吸附性研究[D]. 哈尔滨: 东北林业大学硕士学位论文.

李明锐, 陈建军, 湛方栋, 等. 2016. 土壤和水样中阿特拉津的微生物降解研究[J]. 环境科学与技术, 39(3): 85-90.

李明锐, 祖艳群, 陈建军, 等. 2011. 阿特拉津降解菌 FM326(*Arthrobacter* sp.)的分离筛选、鉴定和生物学特性[J]. 农业环境科学学报, 30(11): 2242-2248.

李一凡, 宋晓梅, 刘颖. 2012. 除草剂阿特拉津的污染与降解[J]. 农业与技术, 32(12): 5-6.

梁海晶. 2013. 阿特拉津降解酶酶学性质研究[D]. 哈尔滨: 东北农业大学硕士学位论文: 50.

林志伟. 2008. 白腐菌降解菌草及其降解酶系的特性研究[D]. 福州: 福建农林大学硕士学位论文: 65.

刘春光, 杨峰山, 卢星忠, 等. 2010. 阿特拉津降解菌 T35B1 的分离鉴定及土壤修复[J]. 微生物学报, 50(12): 1642-1650.

刘润进, 陈应龙. 2007. 菌根学[M]. 北京: 科学出版社.

刘润进, 焦惠, 李岩. 2009. 丛枝菌根真菌物种多样性研究进展[J]. 应用生态学报, 20(9): 2301-2307.

刘姗姗, 陶金忠, 赵兴绪, 等. 2014. 代谢组学分析技术及其在生殖领域中的应用[J]. 动物医学进展, 35(3): 109-115.

马兵兵, 姜昭, 叶思源, 等. 2015. 狼尾草典型生理生化特征对阿特拉津胁迫的响应[J]. 农业环境科学学报, 34(11): 2083-2088.

瞿梦洁, 李慧冬, 李娜, 等. 2016. 沉水植物对水体阿特拉津迁移的影响[J]. 农业环境科学学报, 35(4): 750-756.

任晋, 蒋可, 周怀. 2002. 东官厅水库水中阿特拉津残留的分析及污染来源[J]. 环境科学, 23(1): 126-128.

宋福强, 丁明玲, 董爱荣, 等. 2010. 丛枝菌根(AM)真菌对土壤中阿特拉津降解的影响[J]. 水土保持学报, 24(3): 189-193.

孙雪莹. 2013. 寡营养条件下阿特拉津降解菌株筛选及降解途径研究[D]. 哈尔滨: 哈尔滨工业大学硕士学位论文: 62.

孙羽. 2011. 丛枝菌根真菌在植物生态系统中的调控作用[J]. 黑龙江农业科学, (8): 128-131.

王昶, 王晓娟, 侯扶江, 等. 2009. AM 真菌与地上草食动物的互作及其对宿主植物的影响[J]. Soils, 41(2): 172-179.

王辰, 宋福强, 孔祥仕, 等. 2015. 阿特拉津残留对黑土农田中 AM 真菌多样性的影响[J]. 中国农学通报, 31(2): 174-180.

王辉, 赵春燕, 李宝明, 等. 2005. 微生物降解阿特拉津的研究进展[J]. 土壤通报, 36(5): 791-794.

王明元, 夏仁学. 2010. 缺铁和过量重碳酸盐胁迫下丛枝菌根真菌对枳活性氧代谢的影响[J]. 广西植物, 30(5): 661-665.

王斯婷, 李晓娜, 王皎, 等. 2010. 代谢组学及其分析技术[J]. 药物分析杂志, (9): 1792-1799.

王晓锋, 刘红, 袁兴中, 等. 2016. 基于水敏性城市设计的城市水环境污染控制体系研究[J]. 生态学报, 36(1): 30-43.

王兴春, 杨致荣, 王敏才. 2012. 高通量测序技术及其应用[J]. 中国生物工程杂志, 32(1): 109-114.

卫正. 2014. 烟嘧磺隆降解菌的筛选与代谢组学检测[D]. 北京: 中国农业科学院硕士学位论文.

魏建辉, 管仪庆, 夏冬梅, 等. 2010. 模拟农药莠去津在原状土柱中的运移研究[J]. 安徽农业科学, 38(8): 4118-4120.

肖晓杏, 申书昌, 柳玉辉, 等. 2013. 二氧化锆/聚苯乙烯阳离子交换固相萃取填料的制备及除草剂的测定[J]. 齐齐哈尔大学学报, 29(5): 13-16.

许国旺, 路鑫, 杨胜利. 2007. 代谢组学研究进展[J]. 中国医学科学院学报, 29 (6): 701-711.

闫彩芳, 娄旭, 洪青, 等. 2011. 一株阿特拉津降解菌的分离鉴定及降解特性[J]. 微生物学通报, 38(4): 493-497.

杨明伟, 叶非. 2010. 微生物降解农药的研究进展[J]. 植物保护, 36(3): 26-29.

尹稳, 伏旭, 李平. 2014. 蛋白质组学的应用研究进展[J]. 生物技术通报, (1): 32-38.

张凤霞, 王国栋. 2013. 植物代谢组学应用研究——现状与展望[J]. 中国农业科技导报, 15(2): 28-32.

张坤, 李元, 祖艳群, 等. 2013. 皇竹草活性氧代谢对阿特拉津胁迫的响应特征[J]. 西北植物学报, 33(12): 2479-2485.

郑柳柳, 袁博, 朱希坤, 等. 2009. 阿特拉津降解菌株的分离、鉴定和工业废水生物处理试验[J]. 微生物学通报, 36(7): 1099-1104.

Aken B V, Correa P A, Schnoor J L. 2010. Phytoremediation of polychlorinated biphenyls: new trends and promises[J]. Environmental Science and Technology, 44(8): 2767-2776.

Artursson V, Finlay R D, Jansson J K. 2006. Interactions between arbuscular mycorrhizal fungi and bacteria and their potential for stimulating plant growth[J]. Environmental Microbiology, 8(1): 1-10.

Babakhani B, Khavari-Nejad R A, Sajedi R H, et al. 2011. Biochemical responses of alfalfa (*Medicago sativa* L.) cultivars subjected to NaCl salinity stress[J]. African Journal of Biotechnology, 10(55): 11433-11441.

Bais P, Moon S M, He K, et al. 2010. PlantMetabolomics.org: a web portal for plant metabolomics experiments[J]. Plant Physiology, 152(4): 1807.

Baranda A B, Barranco A, Marañón I M. 2012. Fast atrazine photodegradation in water by pulsed light technology[J]. Water Research, 46(3): 669-678.

Bastos A C, Magan N. 2009. *Trametes versicolor*: potential for atrazine bioremediation in calcareous clay soil, under low water availability conditions[J]. International Biodeterioration and Biodegradation, 63(4): 389-394.

Batten K M, Scow K M, Davies K F, et al. 2006. Two invasive plants alter soil microbial community composition in serpentine grasslands[J]. Biological Invasions, 8(2): 217-230.

Bogeat-Triboulot M B, Bartoli F, Garbaye J, et al. 2004. Fungal ectomycorrhizal community and drought affect root hydraulic properties and soil adherence to roots of pinus pinaster seedlings[J]. Plant and Soil, 267(1-2): 213-223.

Bohn T, Cocco E, Gourdol L, et al. 2011. Determination of atrazine and degradation products in Luxembourgish drinking water: origin and fate of potential endocrine disrupting pesticides[J]. Food Additives and Contaminants, 28(8): 1041-1054.

Bonfante P, Ballestrini R, Mendgen K. 1994. Storage and secretion processes in the spore *Gigaspora margarita* Becker & Hall as revealed by high-pressure freezing and freeze-substitution[J]. New Phytol, 128: 93-101.

Broeckling C D, Huhman D V, Farag M A, et al. 2005. Metabolic profiling of *Medicago truncatula* cell cultures reveals the effects of biotic and abiotic elicitors on metabolism[J]. Journal of Experimental Botany, 56(410): 323-336.

Buggraaf A J P, Beringer J E. 1989. Absence of unclear DNA synthesis in vesicular-arbuscular mycorrhizal fungi *in vitro* development[J]. New Phytologist, (1): 25-33.

Caesar-Tonthat T C. 2002. Soil binding properties of mucilage produced by a basidiomycete fungus in a model system[J]. Mycological Research, 106(8): 930-937.

Caesar-Tonthat T C, Shelver W L, Thorn R G, et al. 2001. Generation of antibodies for soil aggregating basidiomycete detection as an early indicator of trends in soil quality[J]. Applied Soil Ecology, 18(2): 99-116.

Çelebier M, Ibáñez C, Simó C, et al. 2012. A Foodomics approach: CE-MS for comparative metabolomics of colon cancer cells treated with dietary polyphenols[J]. Methods Mol Biol, 869(869): 185-195.

Chen D, Zhang Z, Yao H, et al. 2015. Effects of atrazine and chlorpyrifos on oxidative stress-induced autophagy in the immune organs of common carp (*Cyprinus carpio* L.) [J]. Fish & Shellfish Immunology, 44(1): 12-20.

Dai C, Cui W, Pan J C, et al. 2016. Proteomic analysis provides insights into the molecular bases of hydrogen gas-induced cadmium resistance in *Medicago sativa*[J]. Journal of Proteomics, 152: 109-120.

Dassanayake M, Oh D H, Hong H, et al. 2011. Transcription strength and halophytic lifestyle[J]. Trends in Plant Science, 16(1): 1-3.

Deep A, Saraf M, Neha, et al. 2014. Styrene sulphonic acid doped polyaniline based immunosensor for highly sensitive impedimetric sensing of atrazine[J]. Electrochimica Acta, 146(10): 301-306.

Dekker T B M, Vander W P A. 2001. Mutualistic functioning of indigenous arbuscular mycorrhizae in spring barley and winter wheat sfter cessation of long term phosphate fertilisation[J]. Mycorrhiza, 10(4): 195-201.

Deng J C, Jiang X, Wang D C, et al. 2005. Research advance of environmental fate of herbicide atrazine and model fitting farmland ecosystem[J]. Acta Ecologica Sinica, 25(12): 3359-3367.

Douglass J F, Radosevich M, Tuovinen O H. 2014. Mineralization of atrazine in the river water intake and sediments of a constructed flow-through wetland[J]. Ecological Engineering, 72: 35-39.

Driver J D, Holben W E, Rillig M C, et al. 2005. Characterization of glomalin as a hyphal wall component of arbuscular mycorrhizal fungi[J]. Soil Biology and Biochemistry, 37(1): 101-106.

El-Darier S M, Abdelaziz H A, El-Dien M H Z. 2014. Effect of soil type on the allelotoxic activity of *Medicago sativa* L. residues in *Vicia faba* L. agroecosystems[J]. Journal of Taibah University for Science, 8(2): 84-89.

Enkhtuya B, Vosatka M. 2005. Interaction between grass and trees mediated by extraradical mycelium of symbiotic arbuscular mycorrhizal fungi[J]. Symbiosis, 38(3): 261-277.

Fan X X, Song F Q. 2014. Bioremediation of atrazine: recent advances and promises[J]. Journal of Soils and Sediments, 14(10): 1727-1737.

Flocco C G, Lindblom S D, Smits E A, et al. 2004. Overexpression of enzymes involved in glutathione synthesis enhances tolerance to organic pollutants in *Brassica juncea*[J]. International Journal of Phytoremediation, 6 (4) : 289-304.

Fukusaki E, Jumtee K, Bamba T, et al. 2006. Metabolic fingerprinting and profiling of arabidopsis thaliana leaf and its cultured cells T87 by GC/MS[J]. Zeitschrift Fur Naturforschung C-A Journal of Biosciences, 61 (3-4) : 267-272.

Gamalero E, Martinotti M G, Trotta A, et al. 2002. Morphogenetic modifications induced by *Pseudomonas* fluorescens A6RI and *Glomus mosseae* BEG12 in the root system of tomato differ according to plant growth conditions[J]. New Phytologist, 155 (2) : 293-300.

Gebbink M F G, Claessen D, Bouma B. 2005. Amyloids—a functional coat for microorganisms[J]. Nature Reviews Microbiology, 3 (4) : 333-341.

Getenga Z, Dorfler U, Iwobi A, et al. 2009. Atrazine and terbuthylazine mineralization by an *Arthrobacter* sp. isolated from a sugarcane-cultivated soil in Kenya[J]. Chemosphere, 77 (4) : 534-539.

Gika H G, Theodoridis G A, Plumb R S, et al. 2014. Current practice of liquid chromatography-mass spectrometry in metabolomics and metabonomics[J]. Journal of Pharmaceutical & Biomedical Analysis, 87 (1434) : 12-25.

Hai F I, Modin O, Yamamoto K, et al. 2012. Pesticide removal by a mixed culture of bacteria and white-rot fungi[J]. Journal of the Taiwan Institute of Chemical Engineers, 43 (3) : 459-462.

Hall R D, Vos C H R D, Verhoeven H A, et al. 2005. Metabolomics for the Assessment of Functional Diversity and Quality Traits in Plants[M]. New York: Springer: 31-44.

Hart M M, Reader R J. 2002. Taxonomic basis for variation in the colonization strategy of arbuscular mycorrhizal fungi[J]. New Phytologist, 153: 335-344.

Hu E, Cheng H. 2014. Catalytic effect of transition metals on microwave-induced degradation of atrazine in mineral micropores[J]. Water Research, 57 (15) : 8-19.

Huang H L, Zhang S Z, Shan X Q, et al. 2007. Effect of arbuscular mycorrhizal fungus (*Glomus caledonium*) on the accumulation and metabolism of atrazine in maize (*Zea mays* L.) and atrazine dissipation in soil[J]. Environmental Pollution, 146 (2) : 452-457.

Huang H L, Zhang S Z, Wu N Y, et al. 2009. Influence of *Glomus etunicatum*/*Zea mays* mycorrhiza on atrazine degradation,soil phosphatase and dehydrogenase activities, and soil microbial community structure[J]. Soil Biology and Biochemistry, 41 (4) : 726-734.

Huang Y H, Busk P K, Lange L. 2015. Cellulose and hemicellulose-degrading enzymes in fusarium commune transcriptome and functional characterization of three identified xylanases[J]. Enzyme and Microbial Technology, 73-74: 9-19.

Hyun J. 2010. Human metabolism of atrazine[J]. Pesticide Biochemistry & Physiology, 98 (1) : 73-79.

Inui H, Ohkawa H. 2005. Herbicide resistance in transgenic plants with mammalian P450 monooxygenase genes[J]. Pest Management Science, 61 (3) : 286-291.

Ji J F, Dong C X, Kong D Y, et al. 2015. New insights into atrazine degradation by cobalt catalyzed peroxymonosulfate oxidation: kinetics, reaction products and transformation mechanisms[J]. Journal of Hazardous Materials, 21 (285) : 491-500.

Jiang Z, Ma B B, Erinle K O, et al. 2016. Enzymatic antioxidant defense in resistant plant: *Pennisetum americanum* (L.) K. Schum during long-term atrazine exposure[J]. Pesticide Biochemistry & Physiology, 133: 59-66.

Jin X L, Yang R Q, Guo L P, et al. 2017. iTRAQ analysis of low-phytate mung bean sprouts treated with sodium citrate, sodium acetate and sodium tartrate[J]. Food Chemistry, 218: 285-293.

Jones R M, Stayner L T, Demirtas H. 2014. Multiple imputations for assessment of exposures to drinking water contaminants: evaluation with the atrazine monitoring program[J]. Environmental Research, 134: 466-473.

Joo H, Choi K, Hodgson E. 2010. Human metabolism of atrazine[J]. Pesticide Biochemistry & Physiology, 98 (1) : 73-79.

Karamani A A, Fiamegos Y C, Vartholomatos G, et al. 2013. Fluoroacetylation/fluoroethylesterification as a derivatization approach for gas chromatography-mass spectrometry in meta-bolomics: preliminary study of lymphohyperplastic diseases[J]. Journal of Chromatography A, 1302 (12) : 125-132.

Kawahigashi H. 2009. Transgenic plants for phytoremediation of herbicides[J]. Sciencedirect, 20 (2) : 225-230.

Kawahigashi H, Hirose S, Inui H, et al. 2005. Enhanced herbicide cross-tolerance in transgenic rice plants co-expressing human CYP1A1, CYP2B6, and CYP2C19[J]. Plant Science, 168 (3) : 773-781.

Kell D B. 2004. Metabolomics and systems biology: making sense of the soup[J]. Current Opinion in Microbiology, 7 (3) : 296-307.

Khan J A, He X X, Khan H M, et al. 2013. Oxidative degradation of atrazine in aqueous solution by $UV/H_2O_2/Fe^{2+}$, $UV/S_2O_8^{2-}/Fe^{2+}$ and $UV/HSO_5^-/Fe^{2+}$ processes: a comparative study[J]. Chemical Engineering Journal, 218: 376-383.

Kim Y C, Wang S M. 2009. Decoding neuron transcriptome by SAGE[J]. Encyclopedia of Neuroscience: 357-363.

Klironomos J, Bednarczuk E M, Neville J. 1999. Reproductive significance of feeding on saprobic and arbuscular mycorrhizal fungi by the collembolan, *Folsomia candida*[J]. Functional Ecology, 13 (6) : 756-761.

Kondo E, Marriott P J, Parker R M, et al. 2014. Metabolic profiling of yeast culture using gas chromatography coupled with orthogonal acceleration accurate mass time-of-flight mass spectrometry: application to biomarker discovery[J]. Analytica Chimica Acta, 807: 135-142.

Kraak G V D, Matsumoto J, Kim M, et al. 2015. Atrazine and its degradates have little effect on the corticosteroid stress response in the zebrafish[J]. Comparative Biochemistry and Physiology, 170: 1-7.

Liu Z Z, Wang Y Y, Zhu Z H, et al. 2016. Atrazine and its main metabolites alter the locomotor activity of larval zebrafish (*Danio rerio*) [J]. Chemosphere, 148 (2) : 163-170.

Lu Y C, Luo F, Pu Z J, et al. 2016. Enhanced detoxification and degradation of herbicide atrazine by a group of *O*-methyltransferases in rice[J]. Chemosphere, 165: 487-496.

Ma L, Chen S, Yuan J, et al. 2017. Rapid biodegradation of atrazine by *Ensifer* sp. strain and its degradation genes[J]. International Biodeterioration & Biodegradation, 116: 133-140.

Ma Y X, Zhang Y, Du J, et al. 2012. Research on three resistant plants remediating atropine contaminated soil[J]. Procedia Environmental Sciences, 12: 238-242.

Mandelbaum R T, Allan D L, Wackett L P. 1995. Isolation and characterization of a *Pseudomonas* sp. that mineralizes the s-Triazine herbicide atrazine[J]. Applied and Environmental Microbiology, 61 (4) : 1451-1457.

Mansfeld-Giese K, Larsen J, Bodker L. 2002. Bacterial populations associated with mycelium of the arbuscular mycorrhizal fungus *Glomus intraradices*[J]. FEMS Microbiology Ecology, 41: 133-140.

Mendaš G, Vuletić M, Galić N, et al. 2012. Urinary metabolites as biomarkers of human exposure to atrazine: atrazine mercapturate in agricultural workers[J]. Toxicology Letters, 210 (2) : 174-181.

Merini L J, Bobillo C, Cuadrado V, et al. 2009. Phytoremediation potential of the novel atrazine tolerant lolium multiflorum and studies on the mechanisms involved[J]. Environmental Pollution, 157 (11) : 3059-3063.

Morton J B. 1990. Evolutionary relationships among arbuscular mycorrhizal fungi in the Endogonaceae[J]. Mycologia, 82 (2) : 192-207.

Murch S, Rupasinghe H P V, Goodenowe D B, et al. 2004. A metabolomic analysis of medicinal diversity in huang-qin (*Scutellaria baicalensis* Georgi) genotypes: discovery of novel compounds[J]. Plant Cell Reports, 23 (6) : 419-425.

Newsham K K, Fitter A H, Watkinson A R. 1995. Multi-functionality and biodiversity in arbuscular mycorrhizas[J]. Trends in Ecology and Evolution, 10(10): 407-411.

Nguyen T H N, Brechenmacher L, Aldrich J T, et al. 2012. Quantitative phosphoproteomic analysis of soybean root hairs inoculated with *Bradyrhizobium japonicum*[J]. Molecular & Cellular Proteomics Mcp, 11(11): 1140-1155.

Palma F, López-Gómez M, Tejera N A, et al. 2014. Involvement of abscisic acid in the response of *Medicago sativa* plants in symbiosis with *Sinorhizobium meliloti* to salinity[J]. Plant Science, 223(2): 16-24.

Pandey A, Matthias M. 2000. Proteomics to study genes and genomics[J]. Nature, 405(6788): 837-846.

Pini F, Frascella A, Santopolo L, et al. 2012. Exploring the plant-associated bacterial communities in *Medicago sativa* L.[J]. BMC Microbiol, 12(1): 78.

Rillig M C, Lutgen E R, Ramsey P W, et al. 2005. Microbiota accompanying different arbuscular mycorrhizal fungal isolates influence soil aggregation[J]. Pedobiologia, 49(3): 251-259.

Rooney O M, Troke J, Nicholson J K, et al. 2003. High-resolution diffusion and relaxation-edited magic angle spinning^{1}H-NMR spectroscopy of intact liver tissue[J]. Magn Reson Med, 50(5): 925-930.

Ross P L, Huang Y N, Marchese J N, et al. 2004. Multiplexed protein quantitation in saccharomyces cerevisiae using amine-reactive isobaric tagging reagents[J]. Molecular & Cellular Proteomics Mcp, 3(12): 1154.

Sekiguchi R, Nonaka M. 2015. Evolution of the complement system in protostomes revealed by de novo transcriptome analysis of six species of arthropoda[J]. Developmental & Comparative Immunology, 50(1): 58-67.

Smith F A, Jakobsen I, Smith S E. 2000. Spatial differences in acquisition of soil phosphate between two arbuscular mycorrhizal fungi in symbiosis with *Medicago truncatula*[J]. New Phytologist, 147(2): 357-366.

Song F Q, Li J Z, Fan X X, et al. 2016. Transcriptome analysis of *Glomus mosseae*/*Medicago sativa* mycorrhiza on atrazine stress[J]. Scientific Reports, 6(4): 20245.

Song Y, Jia Z C, Chen J Y, et al. 2014. Toxic effects of atrazine on reproductive system of male rats[J]. Biomedical and Environmental Sciences, 27(4): 281-288.

Sun J Q, Liu R J, Li M. 2012. Advances in the study of increasing plant stress resistance and mechanisms by arbuscular mycorrhizal fungi[J]. Plant Physiology Journal, 48(9): 845-852.

Takahashi N, Washio J, Mayanagi G. 2010. Metabolomics of supragingival plaque and oral bacteria[J]. Journal of dental research, 89(12): 1383-1388.

Valadares R B S, Perotto S, Santos E, et al. 2014. Proteome changes in *Oncidium sphacelatum* (Orchidaceae) at different trophic stages of symbiotic germination[J]. Mycorrhiza, 24(5): 349-360.

Van Der Kraak G, Matsumoto J, Kim M, et al. 2015. Atrazine and its degradate have little effect on the corticosteroid stress response in the zebrafish[J]. Comparative Biochemistry and Physiology, 170: 1-7.

Vijayakumar P, Mishra A, Ranaware P B, et al. 2015. Analysis of the crow lung transcriptome in response to infection with highly pathogenic H5N1 avian influenza virus[J]. Gene, 559(1): 77-85.

Wang F, Ji R, Jiang Z J, et al. 2014. Species-dependent effects of biochar amendment on bioaccumulation of atrazine in earthworms[J]. Environmental Pollution, 186: 241-247.

Wang L, Samac D A, Shapir N, et al. 2005. Biodegradation of atrazine in transgenic plants expressing a modified bacterial atrazine chlorohydrolase (*atzA*) gene[J]. Plant Biotechnology Journal, 3(5): 475-486.

Wasinger V C, Cordwell S J, Poljak A, et al. 1995. Progress with gene product mapping of the mollicutes: mycoplasma genitalium[J]. Electrophoresis, 16(7): 1090-1094.

White J J F, Cole G T. 1985. Endophyte host associations in forage grass Ⅲ. *in vitro* inhibition of fungi by *Acremonium coenophialum*[J]. Mycologia, 77(3): 487-489.

Wirsel S G R. 2004. Homogenous stands of a wetland grass harbour diverse consortia of arbuscular mycorrhizal fungi[J]. FEMS Microbiology Ecology, 48(2): 129-138.

Wright S F, Upadhyaya A. 1998. A survey of soils for aggregate stability and glomalin, a glycoprotein produced by hyphae of arbuscular mycorrhizal fungi[J]. Plant and Soil, 198(1): 97-107.

Wu M, Huang S L, Wen W, et al. 2012. Nutrient distribution within and release from the contaminated sediment of huaihe river[J]. Journal of Environmental Sciences, 23(7): 1086-1094.

Yang Y X, Cao H B, Peng P, et al. 2014. Degradation and transformation of atrazine under catalyzed ozonation process with TiO_2 as catalyst[J]. Journal of Hazardous Materials, 279(30): 444-451.

Ye H, Sun L, Huang X, et al. 2010. A proteomic approach for plasma biomarker discovery with 8-plex iTRAQ labeling and SCX-LC-MS/MS[J]. Molecular and Cellular Biochemistry, 343(1): 91-99.

Yola M L, Eren T, Atar N. 2014. A novel efficient photocatalyst based on TiO_2 nanoparticles involved boron enrichment waste for photocatalytic degradation of atrazine[J]. Chemical Engineering Journal, 250(15): 288-294.

Zhang C D, Li M Z, Xu X, et al. 2015. Effects of carbon nanotubes on atrazine biodegradation by *Arthrobacter* sp.[J]. Journal of Hazardous Materials, 28(287): 1-6.

Zhang H, Han B, Wang T, et al. 2012. Mechanisms of plant salt response: insights from proteomics[J]. Journal of Proteome Research, 11(1): 49-67.

Zhang J J, Lu Y C, Yang H, et al. 2014. Chemical modification and degradation of atrazine in *Medicago sativa* through multiple pathways[J]. Journal of Agricultural and Food Chemistry, 62(40): 9657-9668.

Zhang J J, Lu Y C, Zhang S H, et al. 2016. Identification of transcriptome involved in atrazine detoxification and degradation in alfalfa (*Medicago sativa*) exposed to realistic environmental contamination[J]. Ecotoxicology and Environmental Safety, 130: 103-112.

Zhao R, Guo W, Bi N, et al. 2015. Arbuscular mycorrhizal fungi affect the growth,nutrient uptake and water status of maize (*Zea mays* L.) grown in two types of coal mine spoils under drought stress[J]. Applied Soil Ecology, 88(7): 41-49.

Zhu X X, Sun Y F, Zhang X X, et al. 2016. Herbicides interfere with antigrazer defenses in *Scenedesmus obliquus*[J]. Chemosphere, 162: 243-251.

2 黑龙江省农田阿特拉津残留土壤的从枝菌根真菌多样性研究

阿特拉津是农业生产中最常用的十大除草剂之一，但因其残留期较长，对粮食生产安全存在潜在的威胁。阿特拉津使用量的不断增加，将会对人们的食品安全和生态环境造成严重危害。AM 真菌能够促进阿特拉津的降解、提高作物的产量，但阿特拉津的降解途径和作用机制尚不明确。

为了更有效地利用 AM 真菌对黑龙江省农田阿特拉津残留土壤进行修复，在黑龙江省连年施加阿特拉津的多个地点进行采样，通过高通量测序了解黑龙江省农田阿特拉津残留土壤中 AM 真菌的多样性；并在应用传统技术湿筛倾析-蔗糖离心法从土壤中分离出不同属种的 AM 真菌孢子后，利用传统的形态学方法鉴定从原生境的根际土壤直接分离出的 AM 真菌孢子种类，调查黑龙江省农田阿特拉津残留土壤中 AM 真菌菌群的构成，为进一步研究 AM 真菌在阿特拉津残留环境中的多样性、筛选优势菌种提供理论依据；采用盆栽试验的方法对黑龙江省农田阿特拉津残留土壤中的优势 AM 真菌进行菌种扩繁，从而为菌根菌剂在田间的应用奠定实践基础。

本章在大田条件下开展对黑龙江省农田阿特拉津残留土壤中 AM 真菌多样性的研究，旨在筛选出在阿特拉津残留生境中的优势菌种，为研究 AM 真菌对阿特拉津的降解途径奠定基础，对农业的可持续性发展和环境保护具有重要意义。

2.1 材料与方法

2.1.1 材料采集与处理

供试材料为多年施加阿特拉津的玉米须根及根际土壤，采自黑龙江省西北部、小兴安岭北麓黑河市的赵光农场、尾山农场、二龙山农场，黑龙江省西北部松嫩平原齐齐哈尔市双岗村、兴华村、永长村的农田，黑龙江省中南部哈尔滨市呼兰区的试验田 3、试验田 9、试验田 13。

2.1.1.1 材料采集

1) 随机选取多年施加阿特拉津的玉米农田。

2) 各采样点保持相同的取土深度、重量，并避免边缘效应。

3) 去除表层杂物，取 0～20 cm 土层中玉米根际土壤样品约 1000 g，注意保护玉米根部。

4) 将采集所得的样品放入塑封袋里，封口保存，记录采样时间、地点。

5) 将采样点附近的土壤回填。

2.1.1.2 材料处理

1) 选取样品中适量的玉米须根，将须根表面的附着物去除，根样立即放入标准固定液（formalin-acetic acid-alcohol，FAA）中保存。

2) 取少量土壤样品过孔径为 60 目的分样筛，于通风干燥处风干，4℃条件下避光保存备用。

3) 其余根样及土壤样品，过孔径为 20 目的土筛，去掉凋落物、较大的根系和石砾，阴凉处风干，4℃条件下保存备用。

2.1.2 试验方法

2.1.2.1 土壤样品中阿特拉津的残留测定

(1) 土壤样品中阿特拉津的前处理

取 8 g 过 60 目筛的土壤样品于 50 ml 离心管中，搅拌均匀后，加入 20 ml 正己烷-丙酮混合溶液（*V*/*V* 为 1∶1），超声提取 5 min，5000 r/min 离心 5 min；吸取上清液 10 ml 置于培养管中，氮气吹干，重复 3 次。甲醇定容至 2 ml，超声溶解后，过 0.22 μm 的滤膜，2 ml 离心管封口于–20℃保存，上机检测（汪寅夫等，2011）。

(2) 绘制阿特拉津标准曲线

取空白农田土壤和玉米进行添加回收率试验。土壤中阿特拉津的添加浓度分别为 0.5 mg/L、0.05 mg/L 和 0.005 mg/L，每个浓度做 3 个平行组，检测阿特拉津的回收率（王立仁和赵明宇，2000）。

以色谱级纯甲醇为溶剂将阿特拉津纯品配制成 4 g/L 的（0.04 g 阿特拉津溶于 10 ml 色谱级纯甲醇）母液，随后稀释成 5 mg/L、25 mg/L、50 mg/L、100 mg/L、200 mg/L 5 个浓度梯度的阿特拉津标准液，根据检测的峰面积与标准品浓度的对应关系，绘制出阿特拉津标准曲线。

(3) 阿特拉津样品在高效液相色谱的测定

甲醇清洗 ODS 柱。使用体积比为 4∶1 的甲醇与水的混合溶液作为流动相平衡系统，待基线平稳后对阿特拉津残留样品进行上机检测。色谱柱：Inertsil ODS-3 C18（4.6 mm×250 mm，5 μm）；进样量：20 μl；柱温：室温；检测波长：220 nm；流动相：甲醇∶水=4∶1（*V*∶*V*）；流速：0.8 ml/min；出峰时间：6.2 min。

2.1.2.2　土壤样品 pH 的测定

(1) 土壤样品的前处理

取 10 g 过 20 目筛的土壤样品于 100 ml 烧杯中，加入 50 ml 蒸馏水。玻璃棒搅拌约 1 min，静置 30 min 至澄清。

(2) 酸度计测定

酸度计预热 3 h，读数恒定后，进行校正。测量时，酸度计应深入液面以下，等数值不再变动，记录数据(李强等，2007)。

2.1.2.3　土壤有机质、氮、磷含量的测定

(1) 土壤有机质含量的测定

采用重铬酸钾容量法-外加热法测定土壤中的有机质含量(季天委，2005)，方法如下。

1) 将过 100 目筛的土壤样品 0.1～1 g 转移至试管，准确加入 5 ml 的重铬酸钾标准液，缓缓加入 5 ml 浓 H_2SO_4，充分摇匀。

2) 将试管固定在铁架之上，转移至预热好的油浴锅中，170～180℃，5 min，取出试管。

3) 将试管内容物转移至 250 ml 三角瓶中，滴加邻菲罗啉指示剂 5 滴，用 0.2 mol/L 的 $FeSO_4$ 标准液滴定，至溶液变为砖红色。记录滴定消耗 $FeSO_4$ 的量。样品测定的同时，进行 2 或 3 个空白试验，取其平均值。

结果计算：

$$\text{土壤有机碳(g/kg)}=\left[(c\times 5/V_0)\times(V_0-V)\times 10^{-3}\times 3.0\times 1.724\right]/(m\times k)\times 1000 \quad (2\text{-}1)$$

式中，c 表示重铬酸钾标准溶液的浓度(0.8 mol/L)；5 表示加入重铬酸钾标准溶液的体积(ml)；V_0-V 表示空白对照滴定减去样品滴定消耗 $FeSO_4$ 的体积(ml)；3.0 表示 1/4 碳原子的摩尔质量(g/mol)；10^{-3} 表示将 ml 换算为 L；1.1 表示氧化校正系数；m 表示土样质量(g)；1.724 表示土壤有机碳转换成土壤有机质的平均换算系数；k 表示将风干土样换算成烘干土的系数。

(2) 土壤中氮含量的测定

采用重铬酸钾-硫酸消化法测定土壤中的氮含量(白金峰等，2007)，方法如下。

1) 取过 60 目筛的土壤样品 0.5～1 g，转移至 150 ml 凯氏瓶中。

2) 加入 H_2SO_4 5 ml，移至电热炉上消煮 15 min。

3) 冷却后，加入 5 ml 饱和重铬酸钾，继续加热 5 min。

4) 于凯氏瓶中加入 70 ml 蒸馏水，冷却后加入 40% NaOH 25 ml。

5）于冷凝管下方接入三角瓶，并使其深入液面以下，此时三角瓶中有 25 ml 2% 的 H_3BO_3 和定氮混合指示剂 1 滴。

6）通入蒸汽，打开电热炉并将水流通入冷凝管，蒸馏 20 min。

7）待蒸馏结束，用 0.02 mol/L 的 HCl 标准液滴定，至溶液由蓝色变为酒红色时立即停止，记录数据。

结果计算：

$$\text{全氮}(\%)=[(V-V_0)\times N\times 0.014]/\text{样品重}\times 100 \tag{2-2}$$

式中，$V-V_0$ 表示样品滴定减去空白滴定消耗 HCl 标准液的体积(ml)；N 表示盐酸标准液的摩尔浓度；0.014 表示氮原子的毫摩尔质量(g/mmol)；100 表示换算成百分数；样品重表示实验室所称取土壤样品质量(g)。

(3) 土壤中磷含量的测定

采用硫酸-高氯酸消煮法测定土壤中的磷含量(陈新萍，2005)，方法如下。

1）分别取 0 ml、1 ml、2 ml、3 ml、4 ml、5 ml、6 ml 浓度为 5 mg/L 的磷标准溶液置于不同的容量瓶中，稀释至 30 ml，各加入钼锑抗显色剂 5 ml。得到 0 mg/L、0.1 mg/L、0.2 mg/L、0.3 mg/L、0.4 mg/L、0.5 mg/L、0.6 mg/L 磷标准液，绘制出标准曲线。

2）取过 100 目筛的土壤样品 1 g，转移至 50 ml 三角瓶，滴入少量蒸馏水，加入浓 H_2SO_4 8 ml，再加入 70%～72%的 $HClO_4$ 10 滴，充分摇匀。

3）将三角瓶置于电热炉上加热消煮，待溶液变白后继续加热 20 min。

4）待消煮液冷却后，转移至 100 ml 容量瓶，待定容过滤后，转移至新的三角瓶中。

5）取 2～10 ml 滤液至 50 ml 容量瓶中，定容至 30 ml，然后加入 2 滴二硝基酚指示剂，调节 pH 至溶液刚呈微黄色。

6）加入钼锑抗显色剂 5 ml，蒸馏水定容。

7）恒温箱放置 30 min，用分光光度计测 700 nm 处的吸收值，不加土壤样品重复上述步骤，测定样品吸收值。

结果计算：

$$\text{全磷}(\%)=\text{显色液}\times\text{显色液体积}\times\text{分取倍数}/(m\times 10^6)\times 100 \tag{2-3}$$

式中，显色液表示工作曲线上查得的磷对应的浓度(mg/L)；显色液体积为 50 ml；分取倍数表示消煮溶液定容体积/吸取消煮溶液体积(ml)；10^6 表示将 μg 换算成 g；m 表示土样质量(g)。

2.1.2.4 土壤酶活性的测定

(1) 土壤脲酶活性的测定

采用苯酚钠-次氯酸钠比色法测定土壤中脲酶的活性（丰骁等，2008），方法如下。

1) 分别取 0 ml、1 ml、3 ml、5 ml、7 ml、9 ml、11 ml、13 ml 氮工作液，转移至 50 ml 容量瓶，稀释至约 20 ml；加入 4 ml C_6H_5ONa 溶液和 3 ml 0.9%的 NaClO 溶液，充分混合，显色后定容，用分光光度计测 578 nm 处的吸收值，绘制标准曲线。

2) 取 5 g 土壤样品至 50 ml 三角瓶中，加 500 μl 甲苯，振荡均匀。

3) 15 min 后加 5 ml 10%的 H_2NCONH_2 溶液和 10 ml pH 为 6.7 的柠檬酸盐缓冲溶液，充分混匀后，转移至恒温箱 24 h。

4) 培养结束后过滤，取 1 ml 滤液移至 50 ml 容量瓶，再加入 4 ml C_6H_5ONa 溶液和 3 ml 0.9%的 NaClO 溶液。显色后，定容至 50 ml，用分光光度计测定 578 nm 处的吸收值。

结果计算：

$$\text{脲酶活性}=(a_{\text{样品}}-a_{\text{无土}}-a_{\text{无基质}})\times V\times n/m \tag{2-4}$$

式中，$a_{\text{样品}}$、$a_{\text{无土}}$、$a_{\text{无基质}}$均表示由标准曲线求得的氨态氮（NH_3-N）质量（mg）；V 表示显色液体积（ml）；n 表示分取倍数，即浸出液体积/吸取滤液体积（ml）；m 表示土样质量（g）。

(2) 土壤磷酸酶活性的测定

采用磷酸苯二钠比色法测定土壤中磷酸酶的活性（关松荫，1986），方法如下。

1) 分别取 0 ml、1 ml、3 ml、5 ml、7 ml、9 ml、11 ml、13 ml 酚工作液，转移至 50 ml 容量瓶，加入 5 ml H_3BO_3 缓冲液和 4 滴氯代二溴对苯醌亚胺试剂，显色后定容，用分光光度计测 660 nm 处的吸收值，绘制出标准曲线。

2) 取 5 g 土壤样品至 200 ml 三角瓶中，加 2.5 ml 甲苯，充分混匀。

3) 加入 20 ml 0.5%的磷酸苯二钠缓冲液，摇匀后转移至恒温箱 24 h。

4) 加入 100 ml 0.3%的 $Al_2(SO_4)_3$ 溶液后过滤，取 3 ml 滤液至 50 ml 容量瓶，再加入 H_3BO_3 缓冲液。显色后，用分光光度计测定 660 nm 处的吸收值。

结果计算：

$$\text{磷酸酶活性}=(a_{\text{样品}}-a_{\text{无土}}-a_{\text{无基质}})\times V\times n/m \tag{2-5}$$

式中，$a_{\text{样品}}$表示样品吸光值由标准曲线求得的酚质量（mg）；$a_{\text{无土}}$表示无土对照吸光值由标准曲线求得的酚质量(mg)；$a_{无基质}$表示无基质对照吸光值由标准曲线求得的酚质量(mg)；V表示显色液体积(ml)；n表示分取倍数，即浸出液体积/吸取滤液体积(ml)；m表示烘干土壤质量(g)。

(3) 土壤过氧化氢酶活性的测定

采用高锰酸钾($KMnO_4$)滴定法测定土壤中过氧化氢酶的活性(许光辉和郑洪元，1986)，方法如下。

1) 取 5 g 土壤样品置于带塞三角瓶中，加入 0.5 ml 甲苯，充分混合后于 4℃恒温 0.5 h。

2) 迅速加入 3%的 H_2O_2 25 ml，摇匀，转移至 4℃恒温 1 h。

3) 取出，立刻加入 25 ml 预冷的 2 mol/L 的 H_2SO_4 溶液，充分混匀后过滤。

4) 取 1 ml 滤液于三角瓶，加入 5 ml 蒸馏水和 5 ml 2 mol/L 的浓 H_2SO_4，用 0.02 mol/L 的 $KMnO_4$ 溶液滴定。

过氧化氢酶的活性以每克干土 1 h 内消耗的 0.1 mol/L $KMnO_4$ 的体积数(以 ml 计)表示。

$KMnO_4$ 标定：10 ml 0.1 mol/L 的 $H_2C_2O_4$ 用 $KMnO_4$ 滴定，所消耗的 $KMnO_4$ 体积数为 19.49 ml，由此计算出 $KMnO_4$ 标准溶液浓度为 0.0205 mol/L。

H_2O_2 标定：1 ml 3%的 H_2O_2 用 $KMnO_4$ 滴定，所消耗的 $KMnO_4$ 体积数为 16.51 ml，由此计算出 H_2O_2 浓度为 0.8461 mol/L。

$$\text{过氧化氢酶活性}=(\text{空白样剩余过氧化氢滴定体积}-\text{土样剩余过氧化氢滴定体积})\times T/\text{土样质量} \tag{2-6}$$

式中，T 表示高锰酸钾滴定度的矫正值，T=0.0205/0.02=1.025。

2.1.2.5 玉米根部侵染率的测定

将 FAA 固定液中保存待用的根系取出，采用 Phillip 和 Hayman (1970) 的酸性品红染色法来进行侵染率的测定。

1) 随机选取 80～100 条根系，用无菌水洗净后剪下长约 1 cm 的须根根段，其余部分封袋保存。

2) 将根段放入试管，然后加入 10%的 KOH 5 ml，90℃水浴 30 min。

3) 待其冷却至室温后，用无菌水冲洗后放入平皿中，加入 2%的 HCl 5 ml，静置 5 min。

4) 无菌水冲洗数遍，转移至试管中，加入 5 ml 酸性品红溶液，90℃水浴 30 min。

5) 冷却至室温后，根段无菌水冲洗后用乳酸甘油脱色。

6) 将 15 个根段转移至载玻片，盖上盖玻片，将其中的气体赶出。

7) 将制好的切片放到显微镜下检验，观察 AM 真菌的侵染情况并计算侵染率。

$$菌根侵染率(\%)=(形成菌根的根段数/测定的根段总数)\times 100 \quad (2\text{-}7)$$

$$丛枝形成率(\%)=(形成丛枝的根段数/测定的根段总数)\times 100 \quad (2\text{-}8)$$

$$泡囊形成率(\%)=(形成泡囊的根段数/测定的根段总数)\times 100 \quad (2\text{-}9)$$

2.1.2.6　AM 真菌孢子的分离与鉴定

湿筛倾析-蔗糖离心法：称取 50 g 风干土样，溶于烧杯中，搅拌均匀后静置 10 min；依次过 40 目、120 目、250 目、270 目分样筛，反复冲洗；将 270 目筛上的残留物转移至离心管中，3000 r/min 离心 3 min，去上清液，加入 50%的蔗糖溶液，放入离心机，1500 r/min 离心 1.5 min（Daniels and Skipper，1982）。

AM 真菌孢子形态观察：将筛取的 AM 真菌孢子置于体视显微镜下观察，记录孢子的数量、颜色、大小、连孢菌丝特征等。种类鉴定分别用水、乳酚棉蓝、梅尔泽（Melzer）试剂、聚乙烯醇-乳酸-甘油（polyvinyl alcohol-lactic acid-glycerol，PVLG）和 PVL 为浮载剂制片，镜检孢子颜色、形状、大小、孢子果形态、孢壁厚度及类型、连点形状、连点宽度和连孢菌丝宽度等形态特征。综合以上镜检结果，根据 Schenck 和 Perez（1988）的《VA 菌根真菌鉴定手册》和国际丛枝菌根真菌保藏中心（International Mycorrhizal Fungi Preservation Center，INVAM）的真菌种类描述与图片，同时参考最新发表的新种和新记录种，对 AM 真菌孢子进行形态学鉴定。

2.1.2.7　AM 真菌多样性指标计算

（1）AM 真菌的物种丰度、种频度、相对多度和重要值

计算 AM 真菌的孢子密度、物种丰度、相对多度、种频度，并采用 SPSS 17 对上述指标进行方差分析。

孢子密度：每 50 g 风干土壤中含有的 AM 真菌的孢子数。

种频度：某一个种出现的样品数/总样品数×100%。

相对多度：某一个种的孢子数/总孢子数×100%。

重要值：某采样点中 AM 真菌种频度和相对多度的平均值。

物种丰度：每 50 g 土样含有的 AM 真菌种数（Koske，1987）。

将 AM 真菌优势度按重要值（I）划分为 4 个等级，$I>50\%$为优势属（种），$30\%<I\leqslant 50\%$为亚优势属（种），$10\%<I\leqslant 30\%$为伴生属（种），$I\leqslant 10\%$为罕见属（种）。

（2）物种多样性指数

物种多样性（species diversity）与群落中的全部种数和相对多度密切相关，用香农-维纳指数（Shannon-Weiner index，H）和辛普森指数（Simpson index，D）描述 AM 真菌的物种多样性：

$$H = -\sum_{i=1}^{S}(P_i \ln p_i) \tag{2-10}$$

$$D = 1 - \sum_{i=1}^{S}(p_i)^2 \tag{2-11}$$

式中，P_i为某样地种i的孢子级数(N_i)与该地区AM真菌孢子总级数(N)之比，即$P_i=N_i/N$；S为某样地AM真菌种数。

2.1.2.8　AM真菌的单孢扩繁

(1)AM真菌的扩繁过程

试验采用400 ml的土盆。在V(蛭石)∶V(沙)∶V(土)=1∶3∶1的混合灭菌培养基上进行，将高粱作为增殖宿主。通过湿筛倾析-蔗糖离心法在分离、鉴定出的黑龙江省农田阿特拉津残留土壤中的野生丛枝菌根菌种中，选取孢子含量较高的品种为供试菌种，并通过与高粱共生进行单孢扩繁。

1)将高粱种子置于10%的H_2O_2溶液中浸泡15 min，蒸馏水冲洗数次，再用75%的乙醇清洗，然后用蒸馏水去除残留，转移至恒温箱培养。

2)土样和细沙分别过20目分样筛，湿热灭菌121℃；在V(蛭石)∶V(沙)∶V(土)=1∶3∶1的混合灭菌培养基干热灭菌2 h，备用。

3)将15粒高粱种子放入已灭菌的土盆中，共20个土盆；覆盖0.5 mm基质，喷水湿润，24 h后加入孢子，转移至光照培养室培养。

4)待10周过后，收取高粱根部及根际土壤。

(2)扩繁结果的检测

检测高粱根部侵染率、泡囊形成状况、高粱根际土壤中AM真菌孢子的数量。将扩繁的高粱混合体系中根部侵染率较低、泡囊形成状况较差、孢子数量较少及非单一属种AM真菌的菌剂移除。

2.1.2.9　扩繁菌剂中菌种的形态学鉴定及分子鉴定

(1)扩繁菌剂中菌种的形态学鉴定

AM真菌孢子分离：采用湿筛倾析-蔗糖离心法分离扩繁菌剂中的AM真菌，挑取单个孢子，经蒸馏水、乳酸等试剂处理后观察。

AM真菌鉴定方法同2.2.5，并对孢子拍照，标本保存于黑龙江大学修复生态研究室。

(2)扩繁菌剂中菌种的分子鉴定

单孢 DNA 的提取：依据 Van Tuinen 等(1998)描述的方法，稍加修改。用移液枪吸取单个 AM 真菌孢子，用无菌水漂洗 3 次后，置于无菌的 1.5 ml 离心管中，加入 40 μl TE 缓冲液(Tris-EDTA)，经充分捣碎，加入 10 μl 20%的 Chelex-100。转移至 100℃水浴锅中水浴 10 min，4℃冰箱放置 2 min，14 000 r/min 离心 5 min，将上清液保藏至–20℃冰箱。

DNA 片段的巢式 PCR(Nested PCR)步骤如下。

A. 引物的选择

参照文献(龙良鲲等，2006)，以单孢 DNA 为模板，进行 Nested PCR 扩增 18S rDNA 的 NS31-AM1 区域。首次 PCR 扩增，选用真菌 18S rDNA 的通用引物 Geo11 和 GeoA2。第 2 次扩增，选用 AM 真菌的特异性引物 NS31 和 AM1，详见表 2-1。

表 2-1 PCR 扩增引物

Table 2-1 Primers for PCR amplification

引物	序列	长度(kb)	来源
GeoA2	5′CCAGTAGTCATATGCTTGTCTC3′	1.8	Schwarzott and Schüβler，2001
Geo11	5′ACCTTGTTACGACTTTTACTTCC3′		
AM1	5′GTTTCCCGTAAGGCGCCGAA3′	0.55	Helgason et al.，1998
NS31	5′TTGGAGGGCAAGTCTGGTGCC3′		Simon et al.，1992

B. 反应体系

首次扩增，使用不同 AM 真菌单孢 DNA 为 PCR 模板；第 2 次扩增，使用首次扩增产物稀释 100 倍后的产物作为模板；PCR 扩增反应体系如表 2-2 所示。

表 2-2 PCR 扩增反应体系

Table 2-2 Reaction system of PCR amplification

反应体系成分	体积(μl)
ddH_2O	12.8
10×Ex *Taq* Buffer	2
$MgCl_2$	1.6
dNTP	1.6
DNA 模板	1
上游引物	0.4
下游引物	0.4
Ex *Taq* 酶	0.2
总体积	20

C. PCR 扩增反应条件

第 1 次 PCR 扩增反应条件见表 2-3。

表 2-3 AM 真菌第 1 次 PCR 扩增反应条件

Table 2-3 The PCR amplification condition for arbuscular mycorrhizae at first time

反应过程	温度(℃)	时间(min)	循环数
预变性	94.0	4	
变性	94.0	1	变性、退火、延伸共循环 30 次
退火	54.0	1	
延伸	72.0	2	
总延伸	72.0	7	
保存	4.0		

第 2 次 PCR 扩增反应条件见表 2-4。

表 2-4 AM 真菌第 2 次 PCR 扩增反应条件

Table 2-4 The PCR amplification condition for arbuscular mycorrhizae at second time

反应过程	温度(℃)	时间(min)	循环数
预变性	94.0	2	
变性	94.0	0.75	变性、退火、延伸共循环 30 次
退火	65.0	1	
延伸	72.0	0.75	
总延伸	72.0	7	
保存	4.0		

D. PCR 扩增结果的检测

用 1.0%的琼脂糖凝胶电泳分别检测两次 PCR 扩增结果。

PCR 产物的胶回收：将成功扩增出 PCR 产物的基因组采用上述方法扩增至 100 μl 体系，进行琼脂糖凝胶电泳，电泳后，将扩增所得的单一目的条带胶块在紫外透射反射仪上用灭菌的小刀切下，放入灭菌的 2 ml 离心管中，做好标记，并分别进行胶回收。

大肠杆菌感受态细胞制备步骤如下。

1）吸取 100 μl DH 5α 大肠杆菌接入 15 ml LB 液体培养基中，置于 37℃恒温培养振荡器，180 r/min 培养 12 h。

2）吸取 500 μl 的菌液加入 50 ml LB 液体培养基中，37℃、200 r/min 培养 2.5 h。

3）超净工作台中，在 10 ml 离心管中各放入 8 ml 菌液，4℃、4100 r/min 冷冻离心 10 min，收集菌体沉淀。

4) 弃掉上清，加入 5 ml 预冷的 0.1 mol/L 的 $CaCl_2$ 溶液，轻摇混匀，使菌体沉淀重悬，在冰上放置 30 min。

5) 4℃、4100 r/min 冷冻离心 10 min，弃掉上清，收集菌体，加入 320 μl 预冷的 0.1 mol/L 的 $CaCl_2$ 溶液悬浮，4℃静置过夜。

质粒的连接如下。

将经上述试验所得的 DNA 片段与 pMD18-T Vector 载体混合均匀，4℃反应过夜。连接体系如表 2-5 所示。

表 2-5　10 μl 连接体系

Table 2-5　The 10 μl ligation reaction system

试剂	体积(μl)
pMD18-T Vector	1.0
PCR 回收产物	4.0
Solution Ⅰ	5.0
总体积	10.0

转化感受态细胞步骤如下。

1) 于灭菌环境中将 10 μl 连接产物加入至 100 μl DH 5α 大肠杆菌感受态细胞中，轻轻摇匀后放置 4℃下 30 min。

2) 42℃水浴 90 s，后立即置于冰上 2 min。

3) 加入 890 μl 的 LB 液体培养基，轻轻摇匀，37℃摇床培养 1.5 h。

4) 将离心管内容物混匀，吸取 100 μl 与异丙基-β-d-硫代半乳糖苷(isopropyl-β-d-thiogalactoside，IPTG)、X-gal 溶液混匀，使用涂布棒轻轻地将细胞涂布于含有氨苄青霉素(100 mg/ml)的 LB 固体培养基上，将培养基封口，倒置于 37℃培养 12 h。

5) 在每个培养基中选取白色单一菌落，转移至氨苄青霉素培养基中，37℃、180 r/min 培养 5 h。

菌种 DNA 测序分析如下。

在无菌环境中，吸取 400 μl 培养完成的菌液置于 1.5 ml 离心管中，加入 300 μl 已灭菌的甘油和 400 μl 有氨苄青霉素的混合液，灭菌枪吸打混匀，封口膜封好，送至上海立菲生物技术有限公司进行测序，将其结果与 GenBank 中的序列进行同源性检索比对，通过比对可得知序列相似性≥99%的判断为同种，相似性为 95%～99%的判断为同属，相似性≤95%的判断为同科(Landeweert et al.，2003)。

2.1.2.10　AM 真菌多样性测序

(1) 土壤总基因组的提取

将 OMEGA 微量土壤 DNA 提取试剂盒改良后用于黑龙江省农田阿特拉津残

留土壤基因组的提取。

1）准确称取 0.5 g 样品至 2 ml 离心管中，加入 0.5 g 玻璃珠和 1 ml Buffer SLXmlus。涡旋振荡 4～5 min，直至样品被打散。

2）加 100 μl Buffer DS，摇匀。

3）于 70℃水浴锅恒温水浴 10 min，在此期间充分振荡样品以混匀。

4）3000 r/min 室温离心 3 min，转移 800 μl 上清液至 2 ml 离心管，加 270 μl Buffer SP2，振荡 2 min 混匀样品。

5）冰浴 5 min，4℃最大转速 13 000 r/min 离心 5 min。

6）小心转移上清液至 2 ml 离心管（注意不要打散沉淀或转移细胞碎片），使用移液枪加入 0.7 倍体积 IPA，上下颠倒 20～30 次，–20℃静置 1 h。

7）4℃最大转速 13 000 r/min 离心 10 min。

8）去除上清并保留 DNA。

9）加入 200 μl Buffer DS，涡旋振荡 10 s；65℃水浴 10～20 min，以溶解 DNA 沉淀。

10）用去除顶端的枪头加入 50～100 μl HTR Reagent，涡旋振荡 10 s。

11）室温静置 2 min，最大转速 13 000 r/min 离心 2 min。

12）转移上清至新的 2 ml 离心管。

13）加入等体积 XP2 Buffer，涡旋振荡至混匀，转移至结合柱中，10 000 r/min 室温离心 1 min，弃去滤液。

14）将结合柱重新套到原来的收集管中，加入 300 μl XP2 Buffer，10 000 r/min 室温离心 1 min，弃去滤液。

15）将结合柱放入新的 2 ml 收集管中，加 700 μl SPW Wash Buffer，10 000 r/min 室温离心 1 min，弃去滤液，重复 1 次。

16）再次加入 700 μl SPW Wash Buffer，13 000 r/min 室温离心 1 min，弃去滤液。

17）13 000 r/min 室温离心 2 min。

18）吸附柱放入 1.5 ml 收集管中，加 30～100 μl 去离子水，65℃水浴 10～15 min；

19）13 000 r/min 室温离心 1 min，以洗脱 DNA，–20℃保存。

（2）土壤基因组 DNA 的纯度检测

1）将紫外-可见分光光度计开机预热 30 min。

2）洗净石英比色皿，恒温干燥后加入 4 ml TE 缓冲液，放进紫外-可见分光光度计的卡槽内。

3）设定狭缝后校零。

4）取出 10 μl 总基因组 DNA 于石英比色皿，加入 TE 缓冲液稀释至 4 ml，轻轻混匀。

5）分别在 260 nm 和 280 nm 的紫外光波长下测定 OD 值。

6) 记录所测数值。

计算待测样品的浓度：

$$\text{DNA 样品的浓度}(\mu g/\mu l)=A_{260}\times\text{稀释倍数}\times 50/1000 \tag{2-12}$$

2.1.2.11 基因组测序及分析

将检测合格的 3 个不同地区的土壤总基因组 DNA 样本切胶、回收、纯化后定量。分别保存于 2 ml 离心管中，封口，送至上海人类基因组研究中心基因组测序部。Illumina Miseq 测序需要在样品引物的一端添加识别序列 bar-code，从而保证对各样品片段的高通量平行测序，低丰度的 AM 真菌的序列也不会丢失，可以更好地对环境中微生物 18S rDNA 高变区的 PCR 扩增产物进行高通量测序，分析阿特拉津残留环境下 AM 真菌的群落多样性。

2.2 结果与分析

2.2.1 阿特拉津残留检测

2.2.1.1 标准曲线及回收率

制备阿特拉津浓度为 5 mg/L、25 mg/L、50 mg/L、100 mg/L、200 mg/L 的标准液，根据检测的峰面积与标准品浓度的对应关系，绘制出阿特拉津标准曲线（图 2-1）。

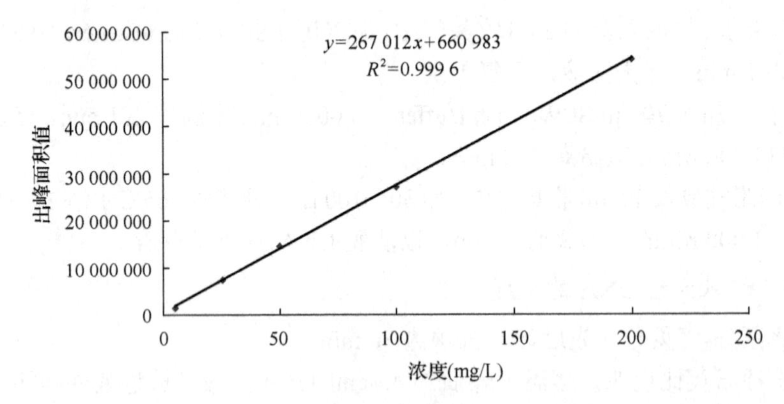

图 2-1 HPLC 测定的阿特拉津标准曲线

Figure 2-1 The standard curve of atrazine determined by HPLC

以阿特拉津浓度为横坐标，出峰面积值为纵坐标，绘制出阿特拉津标准曲线，计算出阿特拉津标准曲线 y=267 012x+660 983，相关系数 R^2=0.9996。

从土样中萃取得到施加阿特拉津浓度为 0.5 mg/L、0.05 mg/L、0.005 mg/L 的甲醇溶液，高效液相色谱法(high performance liquid chromatography，HPLC)在 220 nm 波长下测定其出峰面积，根据回归方程计算阿特拉津的浓度，并计算阿特拉津的添加回收率：

$$添加回收率(\%)=(实测浓度/添加浓度)\times 100 \quad (2\text{-}13)$$

将实测得到的阿特拉津浓度代入公式(2-13)，得出添加回收率为 83%～88%，结果见表 2-6。经查阅相关文献(范润珍，2003)，证实添加回收率可行，可以进行农田土壤中阿特拉津残留检测。

表 2-6 土壤中阿特拉津的添加回收率

Table 2-6 The add recovery rate of atrazine in soil

样品浓度(mg/L)	回收率(%)
0.5	87.37
0.05	86.52
0.005	83.28

2.2.1.2 不同地区阿特拉津残留状况

根据试验设计，对黑龙江省齐齐哈尔市(45°48′N，130°49′E)、哈尔滨市(45°44′N，126°36′E)、黑河市(50°14′N，127°29′E)3 个地区多年施加阿特拉津的共 54 份土壤(n=18)，采用高效液相色谱技术检测农田土壤中的阿特拉津残留量(图 2-2)。

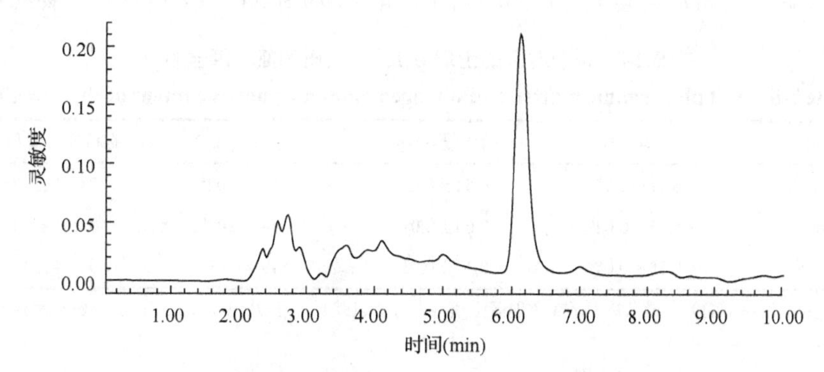

图 2-2 HPLC 测定的阿特拉津残留量

Figure2-2 The atrazine residue determined by HPLC

从表 2-7 中可以看出，3 个地区不同地点阿特拉津在土壤中的残留量差异显著。这一现象可能是由不同地点的施药量不同所导致的；另外，由于阿特拉津的自然分解受到土壤 pH、温度、光照等因素的影响，因此不同地区因光照、温度等环境因素不同，也会使阿特拉津在土壤中的残留量存在较大差异。

表 2-7　3 个地区阿特拉津残留量

Table 2-7　Atrazine residues in three regions

地区	采样点	测定结果(mg/kg)	
哈尔滨	试验田 3	0.3120±0.0069[a]	0.3489±0.0466[b]
	试验田 9	0.2933±0.0043[a]	
	试验田 13	0.4415±0.0120[b]	
齐齐哈尔	双岗村	0.1352±0.0047[a]	0.1787±0.0237[a]
	兴华村	0.1970±0.0041[b]	
	永长村	0.2128±0.0028[b]	
黑河	尾山农场	0.2539±0.0027[a]	0.2808±0.0179[ab]
	赵光农场	0.3148±0.0077[b]	
	二龙山农场	0.2737±0.0036[c]	

注：同一列中不同的字母上标表示阿特拉津的残留量差异显著($P<0.05$)，相同字母表示差异不显著

2.2.2　土壤理化性质

从表 2-8 中可以看出，土壤 pH 较低的黑河地区的氮、磷和有机质含量均高于其他两地，哈尔滨地区与齐齐哈尔地区土壤 pH 相差不大，但磷和有机质含量哈尔滨地区均低于齐齐哈尔地区。土壤 pH，氮、磷和有机质含量等土壤理化性质是衡量土壤肥沃程度的主要指标，由表 2-8 可知黑河地区和齐齐哈尔地区土壤较肥沃，氮、磷和有机质含量高，3 个地区的土壤 pH 均为弱酸性，适宜农作物的耕种。

表 2-8　3 个地区的土壤 pH、有机质和氮、磷含量

Table 2-8　Soil pH, organic matter and nitrogen and phosphorus content of three regions

地区	土壤 pH	磷含量(g/kg)	氮含量(g/kg)	有机质含量(g/kg)
哈尔滨	6.47±0.04[a]	0.54±0.03[a]	1.67±0.02[a]	31.84±0.18[a]
齐齐哈尔	6.45±0.02[a]	0.63±0.01[b]	2.14±0.03[b]	33.51±0.13[b]
黑河	6.35±0.05[a]	0.71±0.01[c]	2.19±0.01[b]	34.14±0.03[c]

注：同一列中不同的字母上标表示 3 个地区土壤各养分含量差异显著($P<0.05$)，相同字母表示差异不显著

2.2.3　土壤酶活性

测定 NH_3-N 的含量($OD_{578\ nm}$)，根据吸光度与氮溶液浓度绘制标准曲线(图 2-3)。结果显示氮溶液(NH_3-N)浓度和吸光度($OD_{578\ nm}$)值有较好的线性关系，回归方程为 y=5.0569x+0.0047，R^2=0.9993。

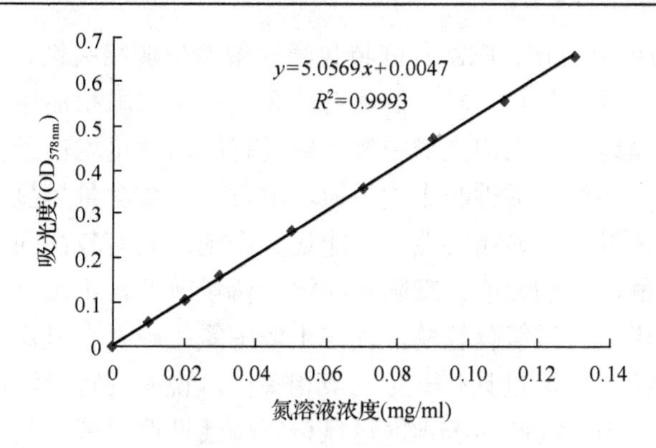

图 2-3 脲酶标准曲线

Figure 2-3 The standard curve of urease

测定酚的含量(OD_{660nm})，根据吸光度与酚溶液浓度绘制标准曲线(图 2-4)。结果显示酚溶液浓度和吸光度(OD_{660nm})有较好的线性关系，回归方程为 y=3.3317x+0.0039，R^2=0.9991。

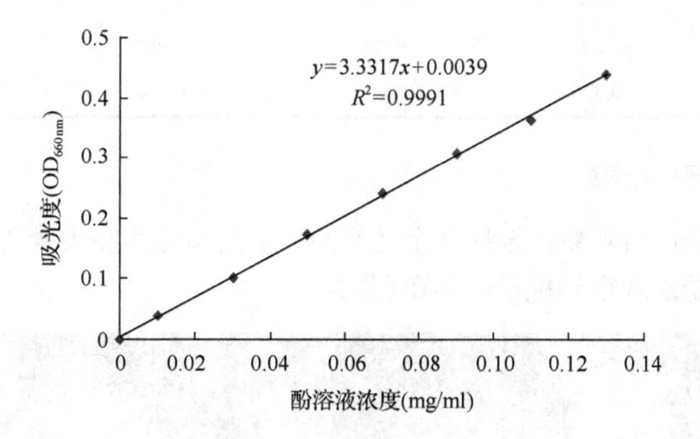

图 2-4 磷酸酶标准曲线

Figure 2-4 The standard curve of phosphatase

从表 2-9 中可以看出，哈尔滨地区土壤中磷酸酶和过氧化氢酶的活性均低于其他两地，脲酶活性以齐齐哈尔地区最低。

表 2-9 3 个地区土壤酶活性

Table 2-9 Soil enzyme activity of three regions

酶	哈尔滨	齐齐哈尔	黑河
脲酶(mg/g)	0.0581 ± 0.0011^{b}	0.0574 ± 0.0015^{a}	0.0591 ± 0.0013^{a}
磷酸酶(mg/g)	0.8688 ± 0.0054^{a}	0.9400 ± 0.0100^{b}	1.0453 ± 0.0024^{c}
过氧化氢酶(ml/g)	0.4239 ± 0.0016^{a}	0.4564 ± 0.0018^{b}	0.4581 ± 0.0021^{b}

注：同一行中不同的字母上标表示 3 个地区土壤酶活性差异显著($P<0.05$)，相同字母表示差异不显著

从表 2-10 中可以看出，脲酶与阿特拉津残留量呈弱相关性，与有机质和氮含量无明显相关性，可能是相对较高的阿特拉津残留量对脲酶活性具有一定的刺激作用，导致哈尔滨地区在农田土壤中氮、磷及有机质含量均低于其他两地时脲酶活性仍相对较高。磷酸酶活性与土壤中氮、磷及有机质含量呈显著正相关关系，但与阿特拉津残留量无明显相关性，可能是 3 个地区具有较高的土壤肥力抵消了阿特拉津对磷酸酶活性的影响，或阿特拉津残留量较低，不足以对土壤中的磷酸酶活性水平产生影响。过氧化氢酶活性与土壤中氮、磷及有机质含量呈显著正相关关系，与阿特拉津残留量具有一定的负相关性，说明阿特拉津对过氧化氢酶活性有一定的抑制作用，而哈尔滨地区过氧化氢酶活性明显低于其他两地，可能是因为较低的氮、磷和有机质含量及较高的阿特拉津残留量增强了这一抑制作用。

表 2-10　酶活性与土壤因子的相关系数

Table 2-10　Correlation coefficient of soil enzyme activity and soil factor

酶	阿特拉津	氮含量	磷含量	有机质含量
脲酶	0.511	0.197	0.550	0.361
磷酸酶	−0.293	0.859	0.988	0.933
过氧化氢酶	−0.776	0.899	0.906	0.975

2.2.4　玉米根部侵染率

酸性品红染色后观察，发现 3 个地区的玉米根系均存在大量 AM 真菌菌丝及泡囊，并能清楚地观察到孢子的存在(图 2-5)。

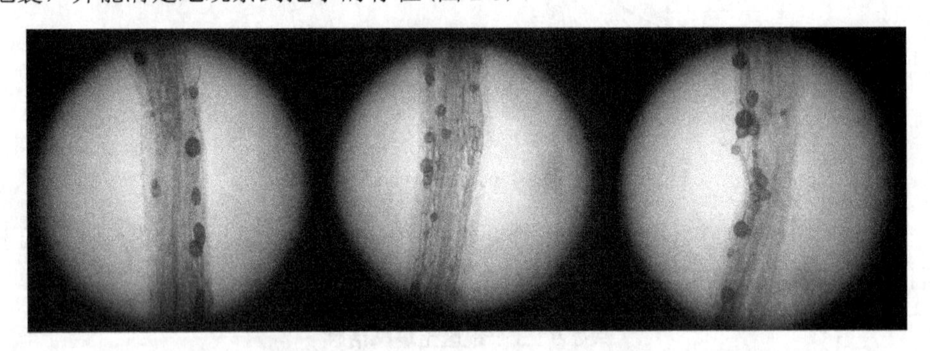

图 2-5　3 个地区玉米根系丛枝结构(400×)(彩图请扫封底二维码)

Figure 2-5　Arbuscular structure in the roots of *Zea mays* L. in three regions(400×)(For color version，please sweep QR Code in the back cover)

图 2-5 中左起依次为哈尔滨、齐齐哈尔、黑河地区玉米根系镜检图。从 3 个地区的侵染情况可以看出，3 个地区的侵染率均达到了 70%以上，泡囊形成率也达到了 40%以上，总体上侵染率越高泡囊形成情况越好(表 2-11)。3 个地区中以

哈尔滨地区侵染率最高，黑河地区次之，齐齐哈尔地区最低。较高的 AM 真菌侵染率有利于展开 AM 真菌多样性的研究。研究过程中发现，阿特拉津残留量较低的土壤中 AM 真菌的侵染率反而低于阿特拉津残留量较高的土壤，可能是相对较高的阿特拉津残留量的胁迫促进了 AM 真菌对宿主侵染的形成，以增加宿主植物的抗逆性。

表 2-11 3 个地区 AM 真菌侵染情况

Table 2-11 Infection of AM fungal species in three regions

测定指标	哈尔滨			齐齐哈尔			黑河		
	试验田 3	试验田 9	试验田 13	双岗村	兴华村	永长村	尾山农场	赵光农场	二龙山农场
菌丝侵染率(%)	78	79	77	72	74	71	76	74	75
泡囊形成率(%)	48	51	48	41	43	41	48	46	43

注：表中数据代表每次取样 6 个重复的平均值

2.2.5 AM 真菌形态鉴定

从黑龙江省多年施加阿特拉津的农田土壤中共分离出 47 种 AM 真菌，37 种已鉴定至种，10 种只鉴定至属。其中，球囊霉属(*Glomus*)27 种，无梗囊霉属(*Acaulospora*)16 种，盾巨孢囊霉属(*Scutellospora*)3 种，巨孢囊霉属(*Gigaspora*)1 种。球囊霉属(57.45%)和无梗囊霉属(34.04%)为优势属(图 2-6)。

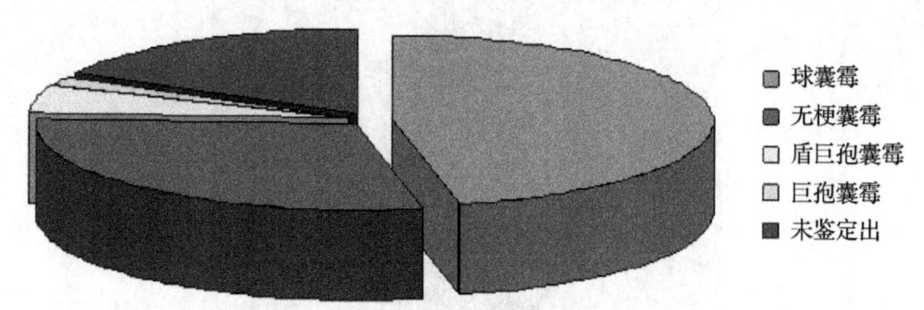

图 2-6 阿特拉津残留土壤 AM 真菌种群构成(彩图请扫封底二维码)

Figure 2-6 AM fungal species composition in atrazine residues farmland (For color version，please sweep QR Code in the back cover)

图 2-7 所示为凹坑无梗囊霉。孢子圆形或近圆形，土中单生，孢子侧生在产孢囊柄近端，浅黄棕色至棕色，大小为 120～200 μm×100～165 μm。孢壁 3 层，W_1 浅黄色层状壁，厚 8～11 μm，表面粗糙，有圆形或近圆形纹饰；W_2 透明膜状壁，厚 0.5～1 μm；W_3 无色层状壁，有近圆形纹饰及凹坑，厚 1～2 μm。孢子与 Melzer 试剂反应呈粉红色或紫色。

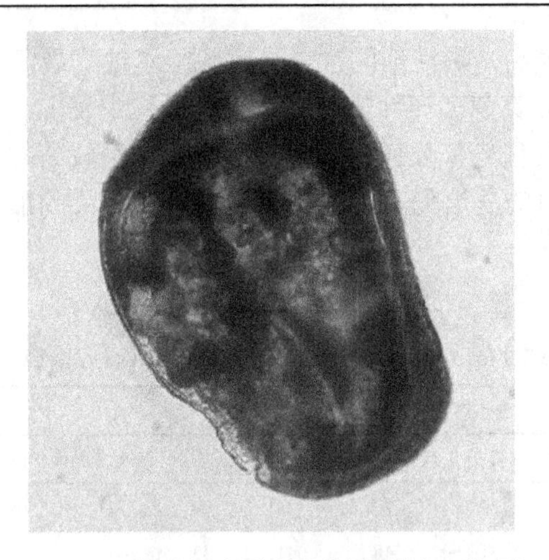

图 2-7　凹坑无梗囊霉（彩图请扫封底二维码）

Figure 2-7　*Acaulospora excavata*（For color version，please sweep QR Code in the back cover）

图 2-8 所示为孔窝无梗囊霉。孢子圆形至椭圆形，土中单生，黄棕色至深红棕色，直径 220～350 μm。孢壁 3 层，W_1 黄棕色，表面有圆形或椭圆形不规则的下陷纹孔；W_2 与 W_1 密不可分，为黄棕色；W_3 无色透明。孢子与 Melzer 试剂反应呈黄棕色。

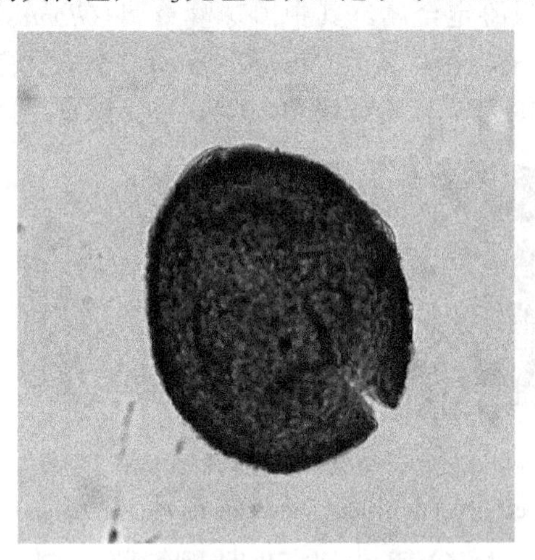

图 2-8　孔窝无梗囊霉（彩图请扫封底二维码）

Figure 2-8　*Acaulospora foveata*（For color version，please sweep QR Code in the back cover）

图 2-9 所示为柯氏无梗囊霉。孢子圆形或近圆形，土中单生，侧生在连孢菌丝上，浅黄棕色至深橙棕色，直径 120～250 μm。孢壁 3 层，W_1 无色透明，厚 0.5 μm；W_2 为橙色层状壁，厚 1～3 μm；W_3 为无色层状壁。芽壁 2 层，第 1 层为无色单一膜；第 2 层为无色膜状壁，表面有珠状纹饰，厚 0.5～1.5 μm。孢子与 Melzer 试剂反应呈淡紫红色。孢子果为球形，直径 140～180 μm，无色，单层壁厚，为 2～3.5 μm。

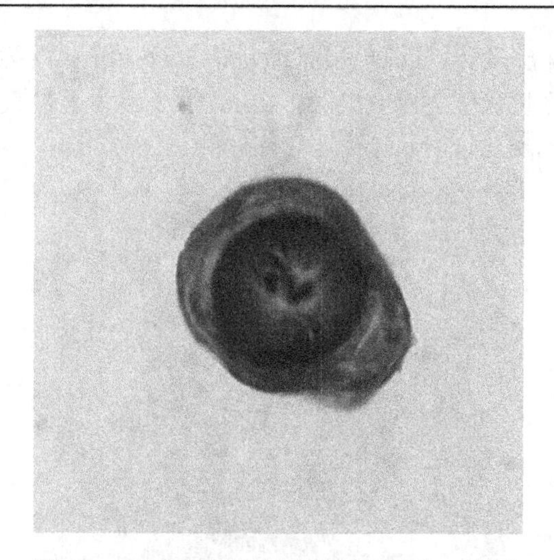

图 2-9 柯氏无梗囊霉（彩图请扫封底二维码）

Figure 2-9 *Acaulospora koskei*（For color version，please sweep QR Code in the back cover）

图 2-10 所示为浅窝无梗囊霉。孢子圆形或近圆形，土中单生，侧生在连孢菌丝上，橙棕色至暗褐色，直径 90～130 μm。孢壁 2 层，W_1 为无色，厚 0.5 μm；W_2 为橙棕色至暗褐色层状壁，表面有不均匀凹陷。芽壁 2 层，第 1 层为无色膜状壁，厚 0.5 μm；第 2 层为无色膜状壁，表面有珠状纹饰，厚 0.5～1 μm。孢子与 Melzer 试剂反应呈浅紫红色。

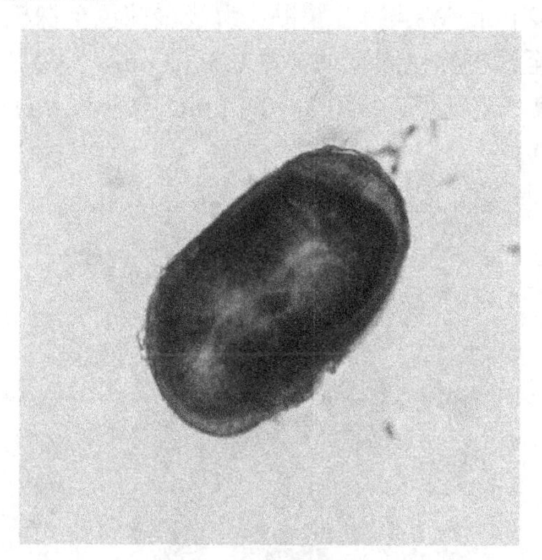

图 2-10 浅窝无梗囊霉（彩图请扫封底二维码）

Figure 2-10 *Acaulospora lacunosa*（For color version，please sweep QR Code in the back cover）

图 2-11 所示为光壁无梗囊霉。孢子圆形或近圆形，土中单生，侧生于产孢子囊菌丝上，浅橙色至橙棕色，直径 140～240 μm。孢壁 3 层，W_1 为无色层状壁，

厚 1～2 μm；W_2 为橙棕色至红棕色层状壁，厚 3～6 μm；W_3 为无色膜状壁。芽壁 2 层，第 1 层为无色膜状壁，厚 0.5～1.5 μm；第 2 层为无色膜状壁，表面有珠状纹饰。孢子不与 Melzer 试剂反应。

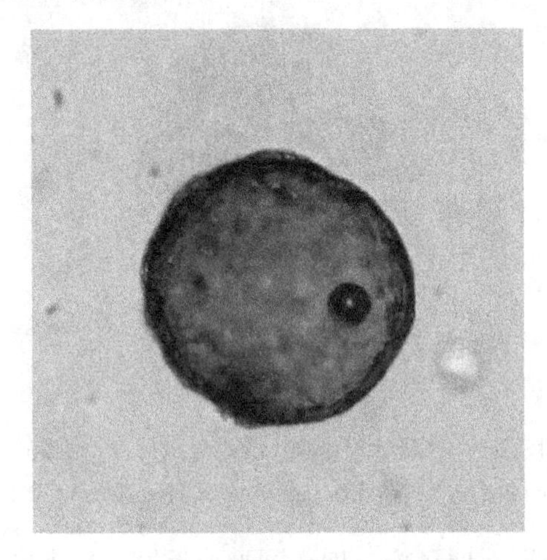

图 2-11　光壁无梗囊霉（彩图请扫封底二维码）

Figure 2-11　*Acaulospora laevis*（For color version，please sweep QR Code in the back cover）

图 2-12 所示为蜜色无梗囊霉。孢子圆形或近圆形，土中单生，侧生于产孢子囊菌丝上，浅橙棕色至深橙棕色，直径 90～180 μm。孢壁 3 层，W_1 为无色透明且表面光滑，厚 1～2 μm；W_2 与 W_1 紧贴，为浅橙棕色至深橙棕色层状壁，厚 3～6.5 μm；W_3 为无色至浅橙棕色膜状壁，厚 0.5～2 μm。芽壁 2 层，第 1 层为无色，表面有珠状纹饰，第 2 层无色，厚 0.5～0.8 μm。孢子与 Melzer 反应孢壁不变色，芽壁内层呈浅紫红色。

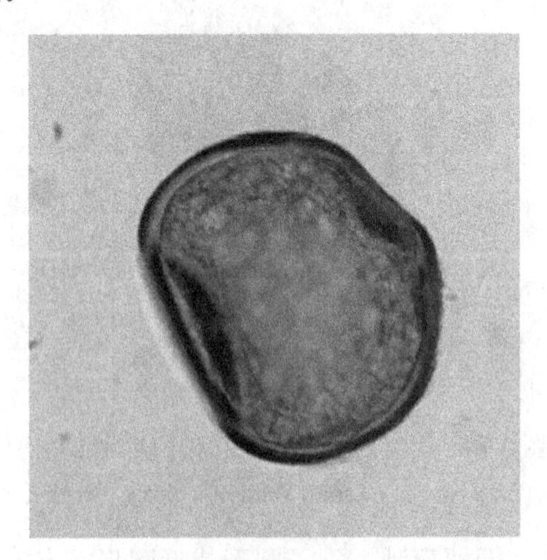

图 2-12　蜜色无梗囊霉（彩图请扫封底二维码）

Figure 2-12　*Acaulospora mellea*（For color version，please sweep QR Code in the back cover）

图 2-13 所示为波兰无梗囊霉。孢子圆形或近圆形，土中单生，无色透明至白色，直径 80～220 μm。孢壁 2 层，W_1 为无色透明单一壁，厚 0.5 μm；W_2 为无色层状壁，厚 1.5～3 μm。芽壁 2 层，第 1 层为无色膜状壁，厚 0.5 μm；第 2 层无色光滑，厚 0.5～1 μm。孢子与 Melzer 试剂反应孢子壁呈微红色，芽壁不变色。

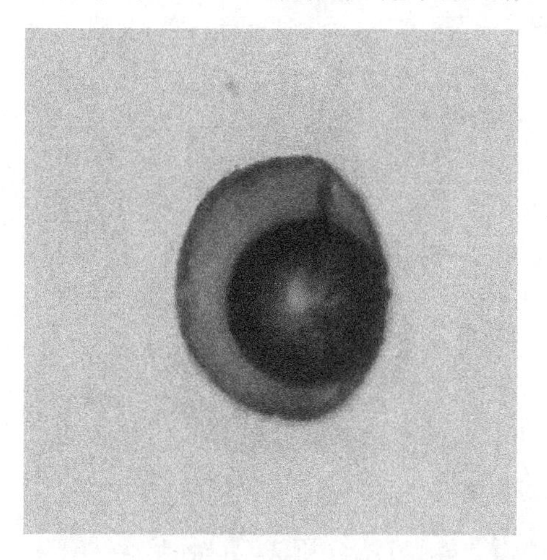

图 2-13　波兰无梗囊霉（彩图请扫封底二维码）

Figure 2-13　*Acaulospora polonica*（For color version，please sweep QR Code in the back cover）

图 2-14 所示为瑞氏无梗囊霉。孢子圆形或近圆形，土中单生，黄棕色至黑红棕色，直径 100～160 μm。孢壁 4 层，W_1 为黄色至黑红棕色，具有迷宫似的纹饰；W_2 为无色单一壁，厚 0.5～2 μm；W_3 与 W_4 不易分开，均为无色。孢子与 Melzer 试剂反应呈红色。

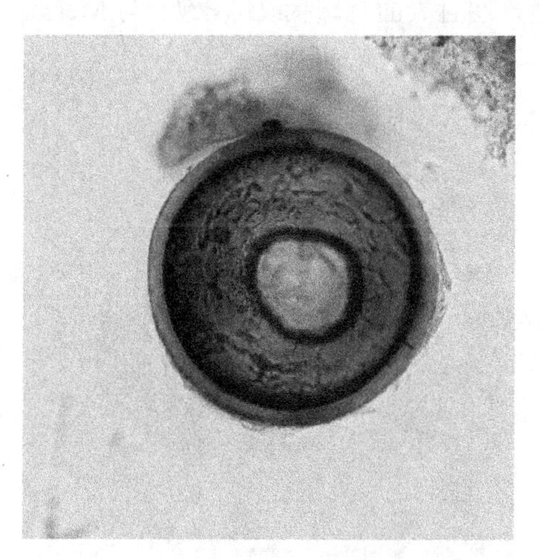

图 2-14　瑞氏无梗囊霉（彩图请扫封底二维码）

Figure 2-14　*Acaulospora rehmii*（For color version，please sweep QR Code in the back cover）

图 2-15 所示为细凹无梗囊霉。孢子圆形或近圆形，土中单生，孢子侧生于产孢子囊菌丝上，淡黄至黄褐色，直径 80～140 μm。孢壁 3 层，W_1 为无色单一壁，厚 0.5～1 μm；W_2 为浅黄色至黄色层状壁，厚 2～6 μm；W_3 为无色膜状壁，厚 0.5～1 μm。芽壁 2 层，第 1 层为无色膜状壁；第 2 层与第 1 层紧密相连。孢子与 Melzer 试剂反应呈红紫色。

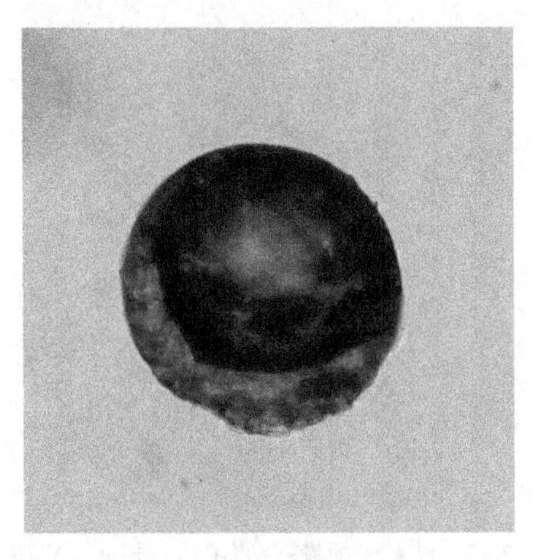

图 2-15　细凹无梗囊霉（彩图请扫封底二维码）

Figure 2-15　*Acaulospora scrobiculata*（For color version，please sweep QR Code in the back cover）

图 2-16 所示为刺状无梗囊霉。孢子圆形或近圆形，由产孢囊梗中间膨胀产生，乳白色至浅橙棕色，直径 140～220 μm。孢壁 3 层，W_1 为无色层状壁，厚约 1.5 μm；W_2 为浅黄色层状壁且表面覆有刺状纹饰；W_3 为无色膜状壁。芽壁 2 层，第 1 层为无色透明；第 2 层无色透明且表面有珠状纹饰。孢子与 Melzer 试剂反应呈浅紫红色。

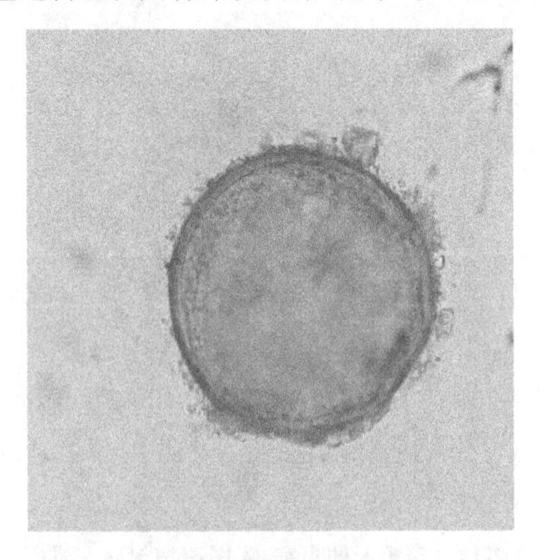

图 2-16　刺状无梗囊霉（彩图请扫封底二维码）

Figure 2-16　*Acaulospora spinosa*（For color version，please sweep QR Code in the back cover）

图 2-17 所示为华彩无梗囊霉。孢子圆形或近圆形，土中单生，无色至浅黄色，直径 190～250 μm。孢壁 5 层，W_1 为无色单一壁；W_2 为无色至淡紫色；W_3、W_4 为无色至浅黄色；W_5 为无色至浅黄色膜状壁；总壁厚 2.5～5.0 μm。孢子与 Melzer 试剂无反应；W_2、W_3、W_4 和 W_5 与 Melzer 试剂反应呈深黄色。

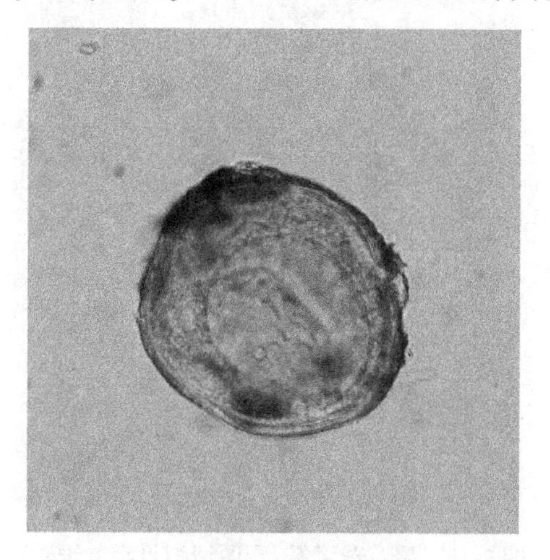

图 2-17 华彩无梗囊霉(彩图请扫封底二维码)

Figure 2-17 *Acaulospora splendida* (For color version，please sweep QR Code in the back cover)

图 2-18 所示为疣状无梗囊霉。孢子圆形或近圆形，土中单生，橙红色至红棕色，直径 120～280 μm。孢壁 3 层，W_1 为无色透明单一壁；W_2 为红棕色壁；W_3 为黄棕色至红棕色；总壁厚 10～19.5 μm。芽壁 2 层，第 1 层为无色膜状壁，表面有珠状纹饰；第 2 层为无色透明膜状壁。孢子与 Melzer 试剂反应呈桃红色至红棕色。

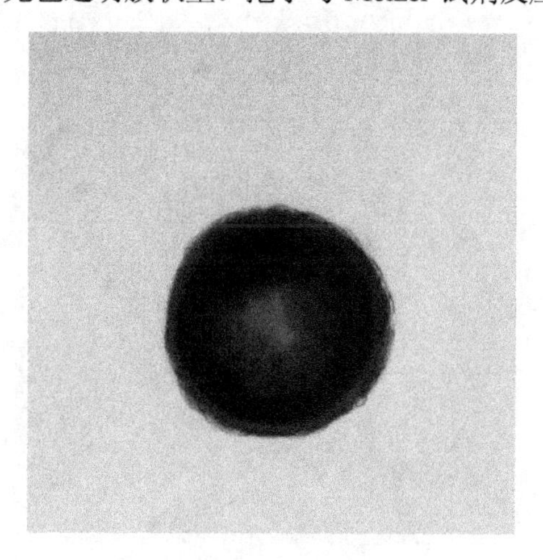

图 2-18 疣状无梗囊霉(彩图请扫封底二维码)

Figure 2-18 *Acaulospora tuberculata* (For color version，please sweep QR Code in the back cover)

图 2-19 所示为聚丛球囊霉。孢子圆形或椭圆形，浅黄色至黄棕色，直径 50～100 μm。孢壁 2 层，W_1 为黄棕色层状壁；W_2 颜色较外层深。轻压则内外壁可分，连孢菌丝基部宽 8～10 μm，菌丝壁厚 1.5 μm；连点处无隔膜。

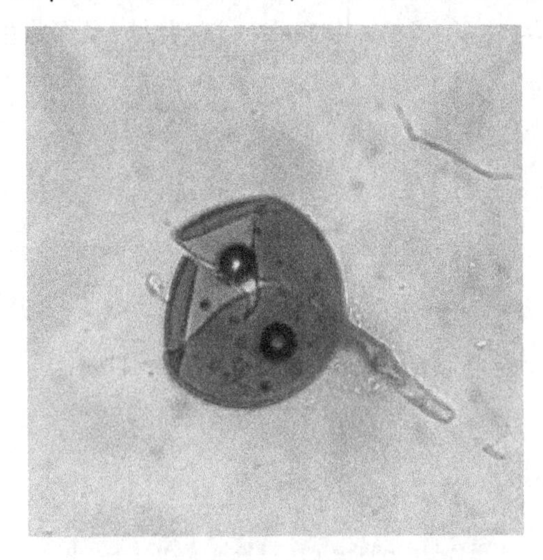

图 2-19　聚丛球囊霉（彩图请扫封底二维码）

Figure 2-19　*Glomus aggregatum*（For color version，please sweep QR Code in the back cover）

图 2-20 所示为澳洲球囊霉。孢子圆形或近圆形，孢子果未知，土中单生，浅棕至深棕色，直径 90～140 μm。孢壁 2 层，W_1 为无色，厚 1～2 μm；W_2 为黄色至深棕色层状壁，厚 4～10 μm。连孢菌丝为黄色至深棕色，基部宽 8～26 μm，菌丝壁厚 2～6 μm；连点处无隔膜。孢子与 Melzer 试剂无反应。

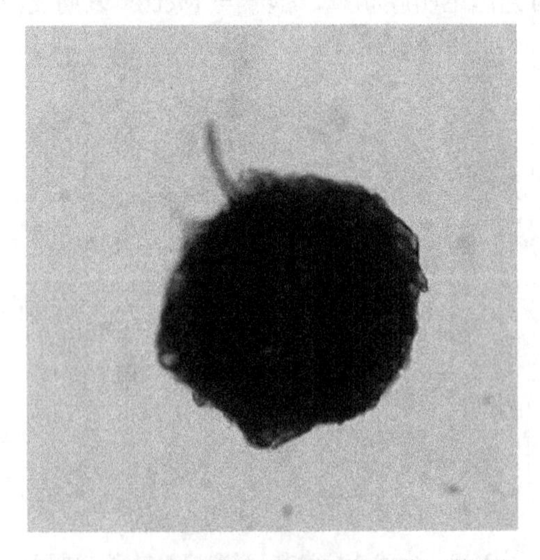

图 2-20　澳洲球囊霉（彩图请扫封底二维码）

Figure 2-20　*Glomus australe*（For color version，please sweep QR Code in the back cover）

图 2-21 所示为褐色球囊霉。孢子圆形或近圆形，生于孢子果中，棕黄至深红棕色，大小为 30～60 μm×60～70 μm。孢壁 3 层，W_1 为无色，厚 1～2 μm；W_2 为黄棕至深红棕色层状壁，厚 3.7～6.9 μm；W_3 为浅黄色至浅棕色，厚 0.5～1.5 μm。连孢菌丝为淡黄色至黄棕色，基部直径 12～19 μm；连孢菌丝壁连着孢子壁 W_1 和 W_2，基部厚 7～9 μm，延长至 30～50 μm 以上时，壁厚不足 1.5 μm；连点处常由 W_3 内层弯曲隔膜隔开。孢子与 Melzer 试剂无反应。

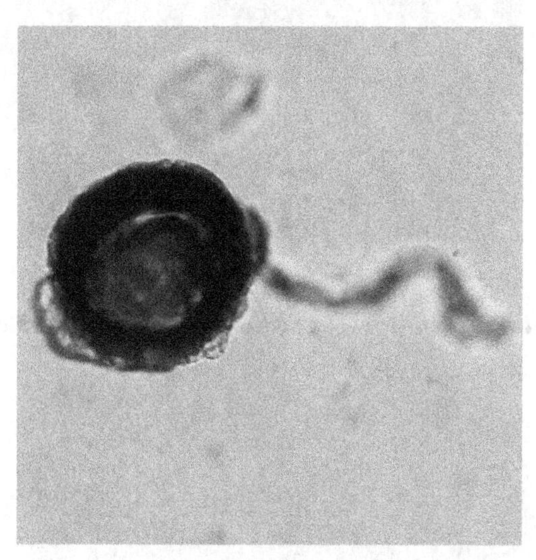

图 2-21 褐色球囊霉(彩图请扫封底二维码)

Figure 2-21 *Glomus badium* (For color version，please sweep QR Code in the back cover)

图 2-22 所示为苏格兰球囊霉。孢子圆形或近圆形，土中单生，黄色至橙黄色，直径 120～290 μm。孢壁 4 层，W_1 为无色，厚 1～2 μm；W_2 为无色均匀壁，厚 1.5～3.5 μm；W_3 与 W_2 紧贴，为无色；W_4 为黄色至橙黄色层状壁，厚 4～6 μm。连孢菌丝基部宽 20～30 μm；距连点约 20 μm 处被一弯形隔膜封闭。W_1 与 Melzer 试剂反应呈粉红色，其他不与 Melzer 试剂反应。

图 2-23 所示为明球囊霉。孢子圆形或近圆形，孢子果未知，土中单生，浅黄色至黄棕色，直径 140～210 μm。孢壁 3 层，W_1 为无色，厚 0.5～2 μm；W_2 为浅黄色至黄棕色层状壁，厚 7～14 μm；W_3 为浅黄色层状壁，厚 0.5～1 μm。连孢菌丝基部宽 15～28 μm，菌丝壁厚 2～5 μm；连点处通常由 W_3 封闭。W_1 与 Melzer 试剂反应呈红色，其他不与 Melzer 试剂反应。

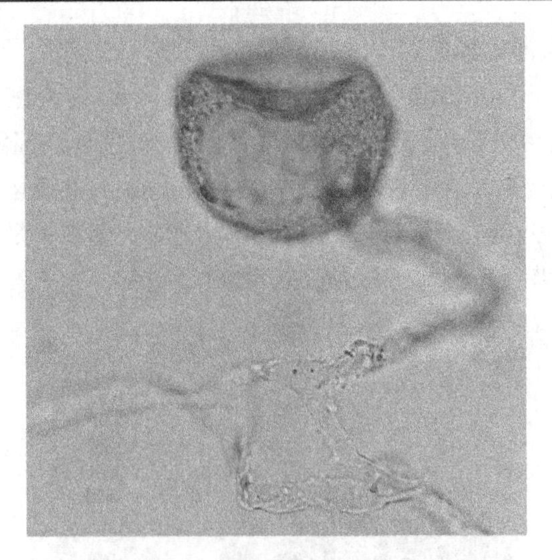

图 2-22　苏格兰球囊霉（彩图请扫封底二维码）

Figure 2-22　*Glomus caledonium*（For color version，please sweep QR Code in the back cover）

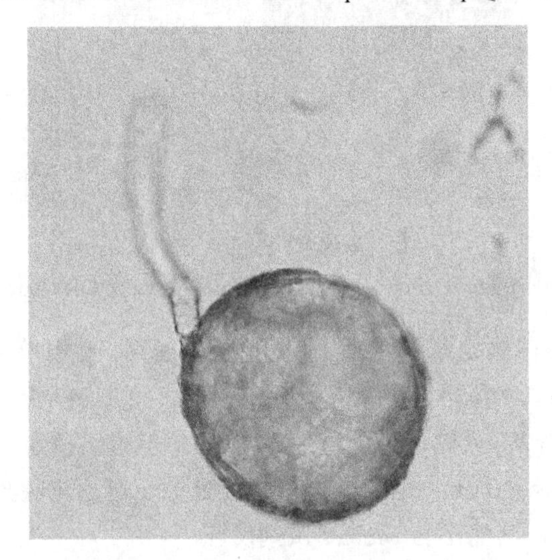

图 2-23　明球囊霉（彩图请扫封底二维码）

Figure 2-23　*Glomus clarum*（For color version，please sweep QR Code in the back cover）

图 2-24 所示为近明球囊霉。孢子圆形或近圆形，土中单生，浅黄色至黄色，直径 100～140 μm。孢壁 4 层，W_1 为无色，厚 0.5～2 μm；W_2 与 W_1 紧贴，为无色，厚 0.5～1 μm；W_3 为浅黄色至黄色层状壁，厚 3～6 μm；W_4 为浅黄色至黄色，具有“膜状壁”的性质，厚度小于 0.5 μm。连孢菌丝为浅黄色，基部宽 6～10 μm，菌丝壁厚 1～3 μm；连点处通常由 W_4 形成隔状结构封闭。W_1 与 Melzer 试剂反应呈粉红色，其他不与 Melzer 试剂反应。

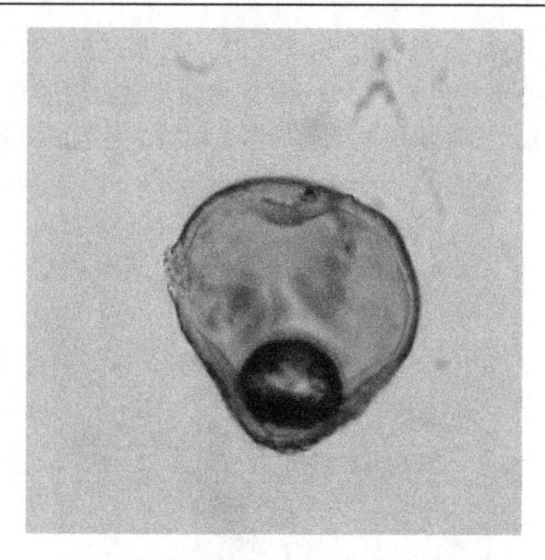

图 2-24　近明球囊霉(彩图请扫封底二维码)

Figure 2-24　*Glomus claroideum* (For color version，please sweep QR Code in the back cover)

图 2-25 所示为缩球囊霉。孢子圆形或椭圆形，孢子果未知，土中单生，橙棕色至深棕色，大小为 120～140 μm×150～160 μm。孢壁 2 层，W_1 为无色，厚 1～2 μm；W_2 为红色层状壁，厚 4～11 μm。连孢菌丝基部宽 10～25 μm，菌丝壁厚 3～5 μm；连点处菌丝缢缩至 4～6 μm，由 W_2 封闭。孢子内含物为大小不等的油滴和颗粒。

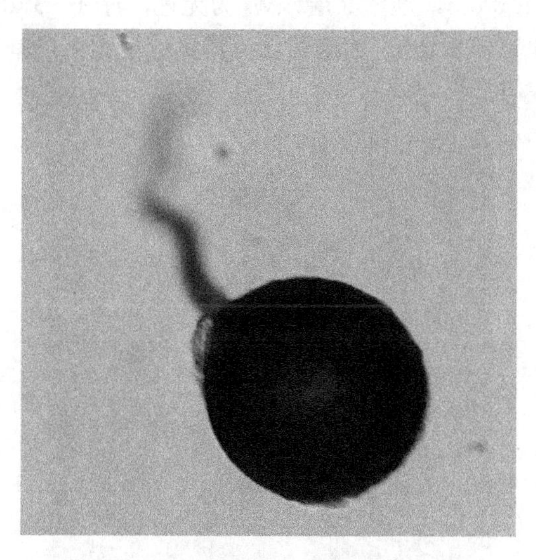

图 2-25　缩球囊霉(彩图请扫封底二维码)

Figure 2-25　*Glomus constrictum* (For color version，please sweep QR Code in the back cover)

图 2-26 所示为沙漠球囊霉。孢子圆形或近圆形，土中单生或簇生于土壤中，

黄色至红棕色，直径 50～120 μm。孢壁 2 层，W_1 为无色，厚 0.5～1 μm；W_2 为浅黄色至红棕色层状壁，厚 1.5～4 μm。连孢菌丝呈圆柱形或少数呈漏斗状，基部宽 6～12 μm；连点由层状壁内亚层加厚呈领型，且形成隔膜。孢子与 Melzer 试剂无反应。

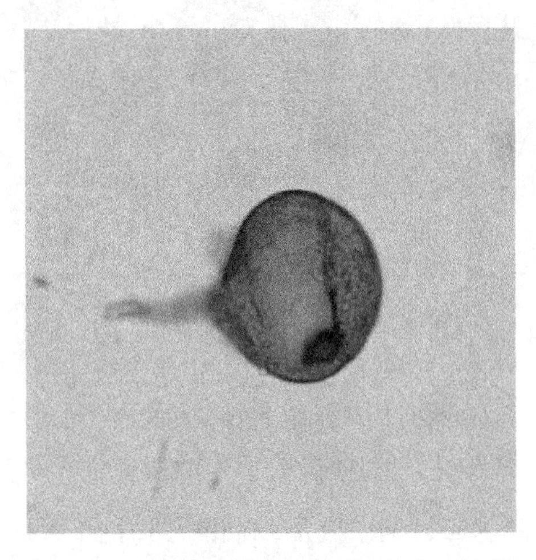

图 2-26　沙漠球囊霉（彩图请扫封底二维码）

Figure2-26　*Glomus deserticola*（For color version，please sweep QR Code in the back cover）

图 2-27 所示为幼套球囊霉。孢子圆形或近圆形，生于孢子果中，淡红棕色至暗褐色，直径 90～150 μm。孢壁 2 层，W_1 为无色，厚 1～3 μm；W_2 为浅橙棕色至红棕色，层积壁厚 2～8 μm。连孢菌丝为浅黄色至无色，基部宽 3～5 μm；连点处有隔或由壁增厚封闭，易断。

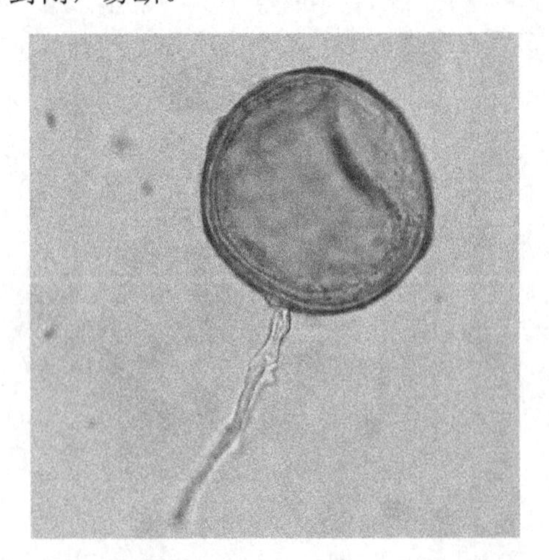

图 2-27　幼套球囊霉（彩图请扫封底二维码）

Figure 2-27　*Glomus etunicatum*（For color version，please sweep QR Code in the back cover）

图 2-28 所示为聚生球囊霉。孢子圆形或近圆形，土中单生、根内束生或聚生，或生于孢子果中，浅黄色至黄色，直径 60～120 μm。孢壁 2 层，W_1 为无色，厚 0.5～2 μm；W_2 为浅黄色层状壁，厚 3～8 μm。连孢菌丝为浅黄色至黄色，基部宽 10～20 μm，菌丝壁厚 2～4 μm；连点处无隔膜。W_1 与 Melzer 试剂反应呈微红色，W_2 与 Melzer 试剂反应呈深红色至紫红色。

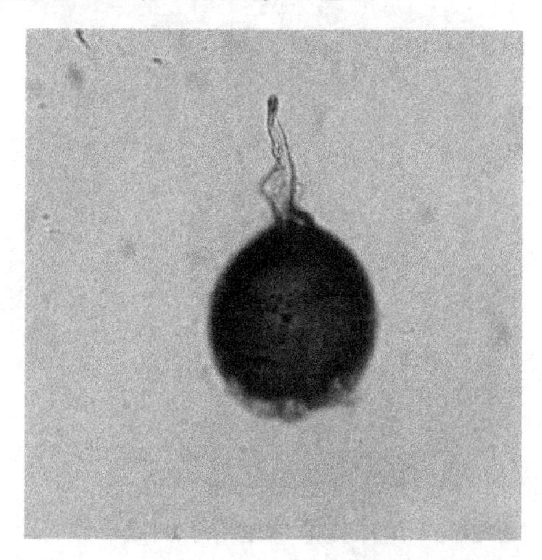

图 2-28 聚生球囊霉（彩图请扫封底二维码）

Figure 2-28 *Glomus fasiculatum*（For color version，please sweep QR Code in the back cover）

图 2-29 所示为台湾球囊霉。孢子呈棒状、圆棍棒状或不规则形状，生于孢子果中，浅黄色至黄棕色，大小为 40～100 μm×20～50 μm。孢壁单层，层状壁，侧面厚 1.5～5 μm，顶部厚 5～25 μm，基部与侧面等厚或稍厚。连孢菌丝为浅黄色至黄棕色，基部宽 5～12 μm，菌丝壁厚 0.5～1 μm。孢子与 Melzer 试剂无反应。

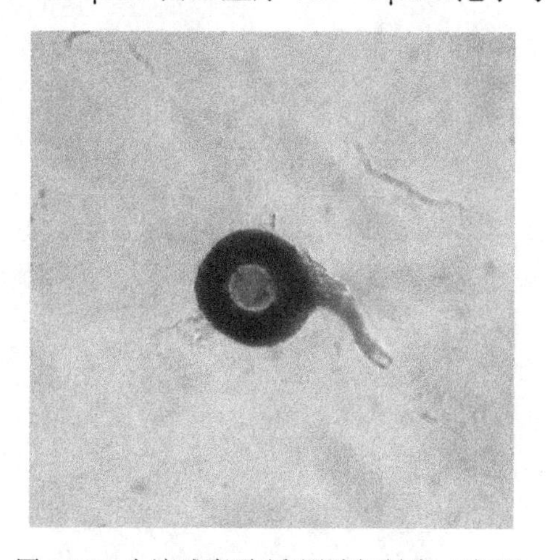

图 2-29 台湾球囊霉（彩图请扫封底二维码）

Figure 2-29 *Glomus formosanum*（For color version，please sweep QR Code in the back cover）

图 2-30 所示为地球囊霉。孢子圆形或近圆形，孢子果未知，土中单生，黄色至橙棕色，直径 200～350 μm。孢壁 2 层，W_1 为无色，厚 1～2 μm；W_2 为黄色至橙棕色层状壁，厚 6～12 μm。连孢菌丝为黄色至浅棕色，菌丝壁在连点处增厚，基部宽 12～25 μm；连点处有隔膜。孢子与 Melzer 试剂无反应。

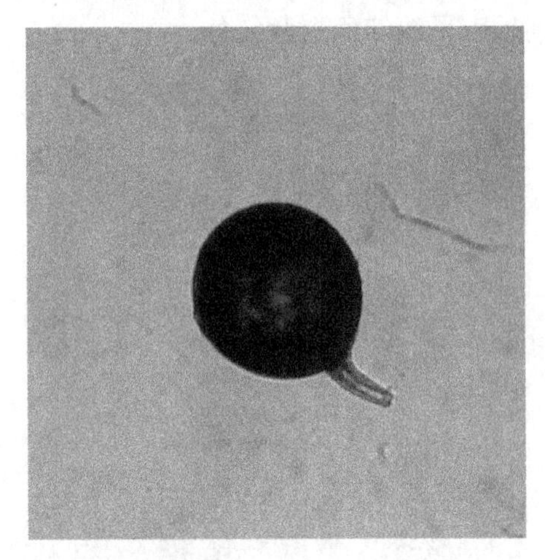

图 2-30　地球囊霉（彩图请扫封底二维码）

Figure 2-30　*Glomus geosporum*（For color version，please sweep QR Code in the back cover）

图 2-31 所示为海得拉巴球囊霉。孢子圆形或近圆形，孢子果未知，土中单生，蜜黄色至棕褐色，直径 100～140 μm。孢壁 3 层，W_1 为暗黄色，厚 1～2.5 μm，表面有时附有碎屑；W_2 为橙棕色均匀壁，厚 1～3 μm；W_3 为暗黄色均匀壁，厚 1.5 μm。连孢菌丝基部粗硬不扩张，孢子壁厚 5～10 μm，可见 2 或 3 层壁；连点处有一内壁形成的隔膜。孢子与 Melzer 试剂无反应。成熟的孢子顶端能分生出鳞茎状子孢子。

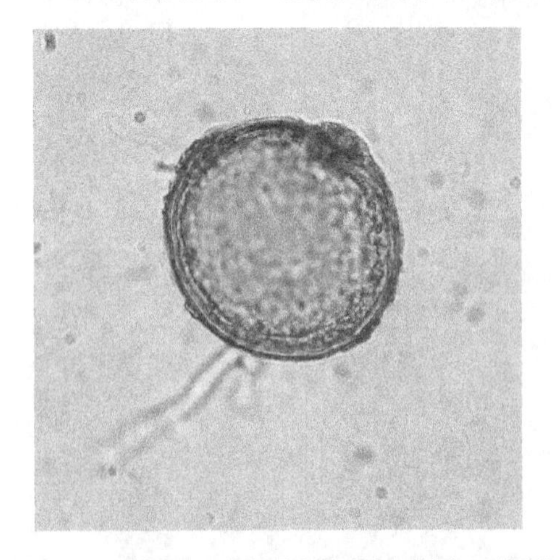

图 2-31　海得拉巴球囊霉（彩图请扫封底二维码）

Figure 2-31　*Glomus hyderabadensis*（For color version，please sweep QR Code in the back cover）

图 2-32 所示为根内球囊霉。孢子圆形或近圆形，孢子果未知，土中单生，浅黄色至黄色，直径 100～150 μm。孢壁 3 层，W_1 为无色，厚 1～2 μm；W_2 与 W_1 紧贴，为无色，厚 1～2.5 μm；W_3 为浅黄色至黄色层状壁，厚 3～7 μm。连孢菌丝呈圆筒形或在联点处略有收缩，基部宽 11～18 μm，孢子壁厚 1～2 μm；连点处无隔膜。W_1 与 Melzer 试剂反应呈桃红色。

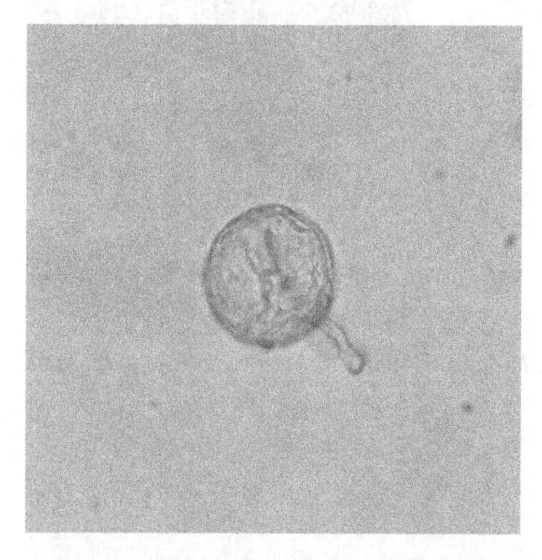

图 2-32　根内球囊霉(彩图请扫封底二维码)

Figure 2-32　*Glomus intraradices*（For color version，please sweep QR Code in the back cover）

图 2-33 所示为层状球囊霉。孢子圆形或近圆形，孢子果未知，土中单生，乳白色至浅黄色，直径 80～140 μm。孢壁 3 层，W_1 为无色至淡黄色膜状，厚 3～10 μm，成熟孢子易片状脱落；W_2 为浅黄色至黄褐色层状壁，厚 6～12 μm；W_3 为无色至黄色均匀壁，厚度小于 1 μm。连孢菌丝基部宽 7～12 μm，连孢菌丝壁由孢壁延伸形成，颜色较孢壁浅，无色至浅黄色；连点处有隔膜。孢子与 Melzer 试剂无反应。

图 2-34 所示为大果球囊霉。孢子圆形或近圆形，孢子果未知，土中单生，黄色至棕黄色，大小为 90～110 μm×110～130 μm。孢壁 2 层，W_1 为无色，厚 0.5～2 μm；W_2 为黄色至棕黄色层状壁，厚 4～10 μm。连孢菌丝为浅黄色至黄色，基部宽 8～15 μm，菌丝壁厚 1～3 μm；连点处由 W_2 增厚封闭。W_1 与 Melzer 试剂反应呈浅黄色，W_2 与 Melzer 试剂不反应。

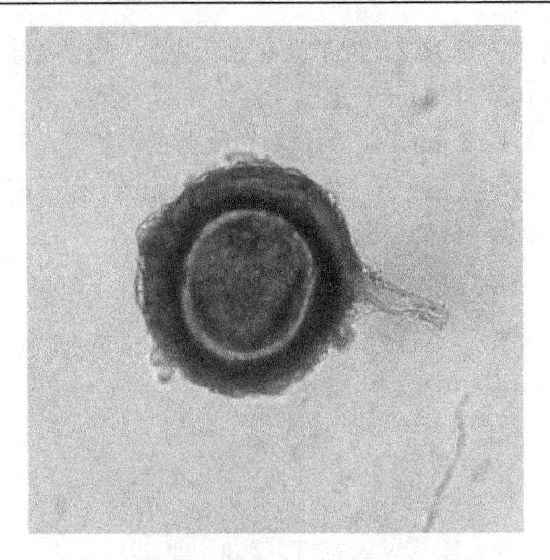

图 2-33　层状球囊霉(彩图请扫封底二维码)

Figure 2-33　*Glomus lamellosum*（For color version，please sweep QR Code in the back cover）

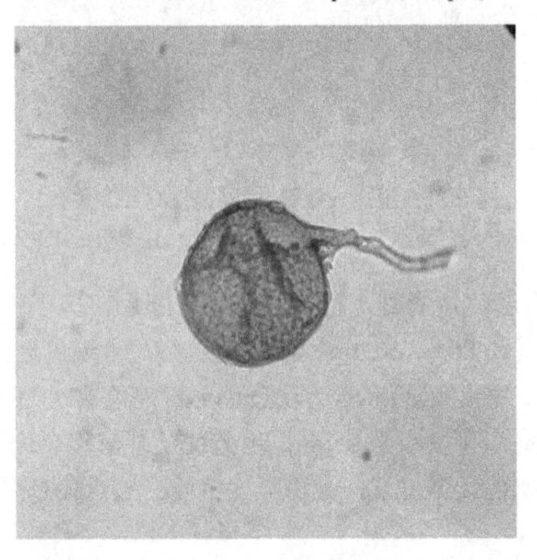

图 2-34　大果球囊霉(彩图请扫封底二维码)

Figure 2-34　*Glomus macrocarpum*（For color version，please sweep QR Code in the back cover）

图 2-35 所示为斑点球囊霉。孢子圆形或近圆形，土中单生，浅黄色至黄褐色，大小为 90～135 μm×170～220 μm。孢壁 3 层，W_1 与 W_2 紧贴，无色透明，厚 0.5～1 μm；W_2 为浅黄色至黄褐色层状壁；W_3 为膜状壁，有扇形突起。连孢菌丝为浅黄色至黄褐色，菌丝壁厚 1～3 μm；连点处呈柱形或漏斗状，有时在连点处缢缩。

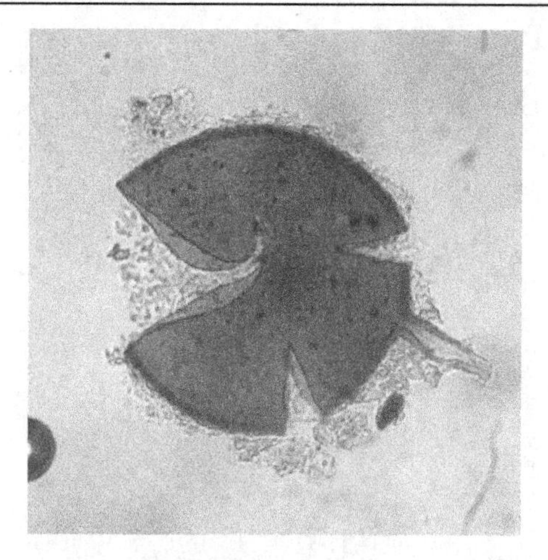

图 2-35　斑点球囊霉(彩图请扫封底二维码)

Figure 2-35　*Glomus maculosum* (For color version，please sweep QR Code in the back cover)

图 2-36 所示为宽柄球囊霉。孢子圆形或近圆形，土中单生，黄棕色至棕色，直径 120～170 μm。孢壁 2 层，W_1 为黄棕色层状壁，厚 9～20 μm，表面常沾有碎屑；W_2 为无色至浅棕色，厚约 4 μm。连孢菌丝为浅棕色至棕色，基部宽 35～50 μm；连点处稍缢缩。

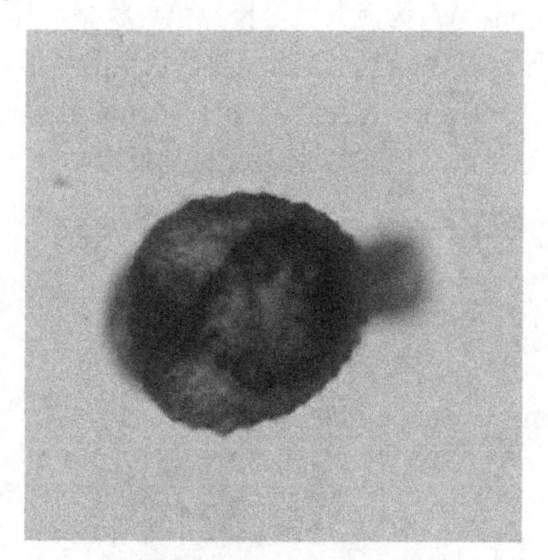

图 2-36　宽柄球囊霉(彩图请扫封底二维码)

Figure 2-36　*Glomus magnicaule* (For color version，please sweep QR Code in the back cover)

图 2-37 所示为微丛球囊霉。孢子圆形或近圆形，孢子果未知，土中单生或丛生，无色透明、浅黄色至黄棕色，直径 20～45 μm。孢子壁 1 或 2 层，W_1 为无色或浅黄至黄棕色均匀壁，厚 0.5～1 μm；W_2 为无色或浅黄至黄棕色均匀或膜状壁。连孢菌丝为无色或浅黄至黄棕色，基部宽 1.5～4 μm，菌丝壁厚约 1.5 μm；连点处开放。

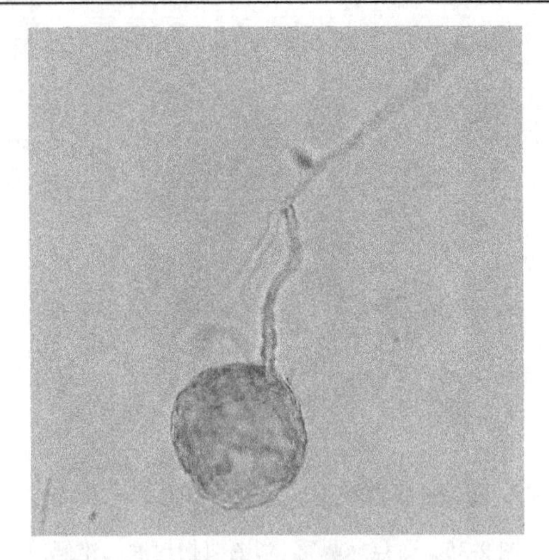

图 2-37 微丛球囊霉(彩图请扫封底二维码)

Figure 2-37 *Glomus microaggregatum* (For color version，please sweep QR Code in the back cover)

图 2-38 所示为摩西球囊霉。孢子圆形或近圆形，土中单生、根外菌丝丛上端生、根内生或孢子果内形成，浅黄色至黄褐色，直径 140～260 μm。孢壁 3 层，W_1 为无色透明，厚 0.5～1.5 μm，表面光滑或有少许无定型附着物；W_2 为无色透明均匀壁，厚 1～1.5 μm；W_3 为淡黄色至橙棕色层状壁，厚 3～6 μm。孢子内含物白色或透明，呈球形颗粒状。连孢菌丝呈圆柱状至漏斗形，由 W_1 与 W_3 延伸至连孢菌丝，菌丝壁厚 7～9 μm；在距连点 10～40 μm 处形成一弯曲隔膜。W_1 与 Melzer 试剂反应呈粉红色，其他不与 Melzer 试剂反应。

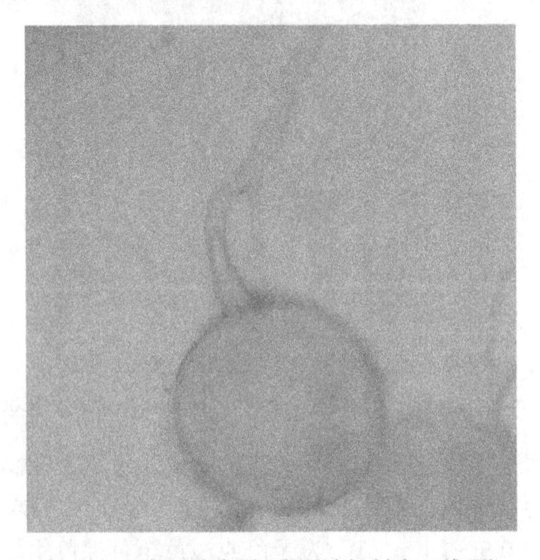

图 2-38 摩西球囊霉(彩图请扫封底二维码)

Figure 2-38 *Glomus mosseae* (For color version，please sweep QR Code in the back cover)

图 2-39 所示为多梗球囊霉。孢子椭圆形、宽椭圆形、近球形或三角形，孢子果未知，土中单生，深棕色，大小为 150～240 μm×120～160 μm。孢壁 1 层，为暗棕色，厚 8～30 μm，表面有很多分散的圆形突起物，突起物基部直径 1～4 μm。连孢菌丝 1～4 根，常对生，基部宽 12～20 μm，菌丝壁厚 2～3 μm。孢子与 Melzer 试剂不反应。

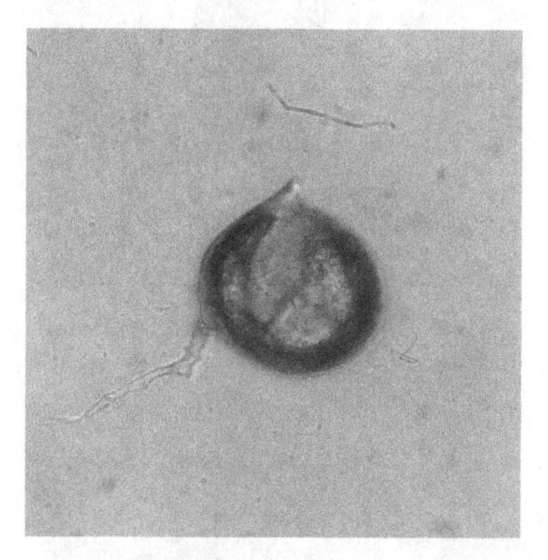

图 2-39 多梗球囊霉（彩图请扫封底二维码）

Figure 2-39 *Glomus multicaule*（For color version，please sweep QR Code in the back cover）

图 2-40 所示为地表球囊霉。孢子圆形或近圆形，偶有不规则形，孢子果未知，土中单生，浅黄、黄色或黄绿色，直径 65～160 μm。孢壁 2 层，W_1 与 W_2 紧贴，为无色，厚 0.5～1 μm；W_2 为浅黄至深黄色层状壁，厚 4～5 μm，表面光滑。内含物为均匀的无色小油滴。连孢菌丝呈直桶或小喇叭形，无色透明，基部宽 4～7 μm；连点处稍增厚，内壁进入连孢菌丝封闭连点，易断。

图 2-41 所示为红色盾巨孢囊霉。孢子圆形或椭圆形，土中单生或生于根内，红棕色至深红棕色，大小为 200～360 μm×300～650 μm。孢壁 2 层，W_1 为橙棕色光亮单一壁，厚约 1 μm；W_2 为暗橙色至红棕色层状壁，厚 3～7 μm。芽壁 3 层，第 1 层为无色膜状，厚约 1 μm；第 2 层为棕色至红棕色，厚 1.5～3.5 μm；第 3 层厚 1～1.5 μm。芽盾浅黄色，多呈不规则形，大小为 85 μm×110 μm。连点处有隔膜。孢子与 Melzer 试剂反应芽壁第 2 层呈红棕色，第 3 层呈紫红色。

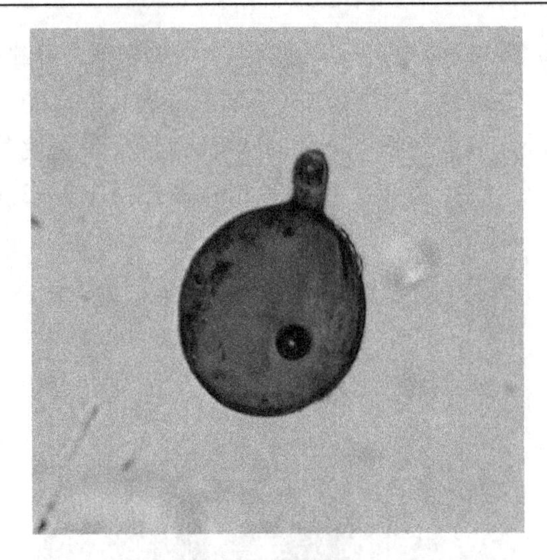

图 2-40 地表球囊霉（彩图请扫封底二维码）

Figure 2-40 *Glomus versiforme*（For color version，please sweep QR Code in the back cover）

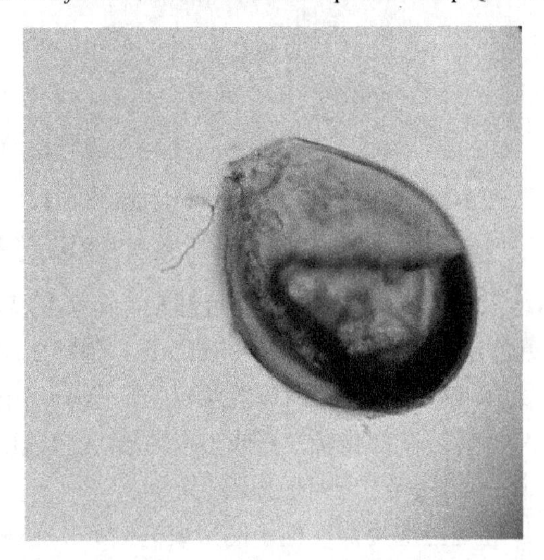

图 2-41 红色盾巨孢囊霉（彩图请扫封底二维码）

Figure 2-41 *Scutellospora erythropa*（For color version，please sweep QR Code in the back cover）

图 2-42 所示为疣壁盾巨孢囊霉。孢子圆形或近圆形，土中单生，橘黄至橘棕色，直径 220～360 μm。孢壁 2 层，W_1 为透明至橘黄色，厚 0.5～1.5 μm，表面有密集、矮小的圆形疣突，疣突基部 0.5～1 μm×0.5～1 μm，高 0.5～1 μm；W_2 与 W_1 紧贴，为橘黄至橘棕色半透明层状壁，厚 6～8 μm。芽壁 2 层，第 1 层为无色，厚度小于 0.5 μm；第 2 层为无色，厚 0.5～1 μm。W_2 与 Melzer 试剂反应呈红棕色。

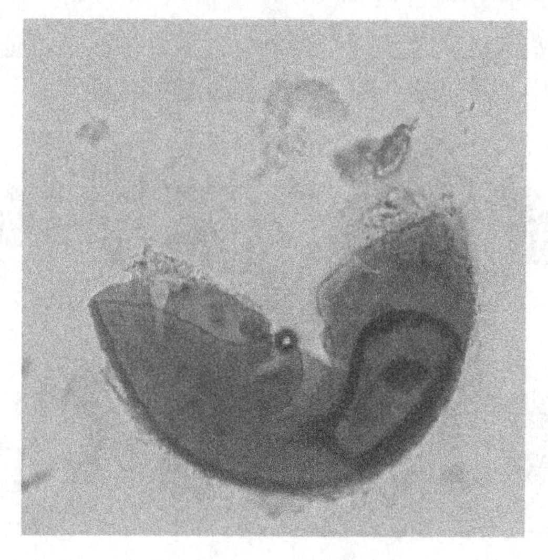

图 2-42　疣壁盾巨孢囊霉(彩图请扫封底二维码)

Figure 2-42　*Scutellospora verrucosa* (For color version，please sweep QR Code in the back cover)

图 2-43 所示为易误巨孢囊霉。孢子圆形或近圆形，土中单生，幼时无色、白色或浅黄色，成熟时黄色、金黄色或浅棕色，直径 280～450 μm。孢壁 3 层，W_1 无色光滑，厚 2.5～3 μm，外层常有深色晕圈；W_2 为黄色层状壁，厚 10～30 μm；W_3 为韧性壁，有细小突起，常于发芽前形成，通常难以观察到。鳞茎状柄样细胞颜色比孢子浅，直径小于 65 μm。

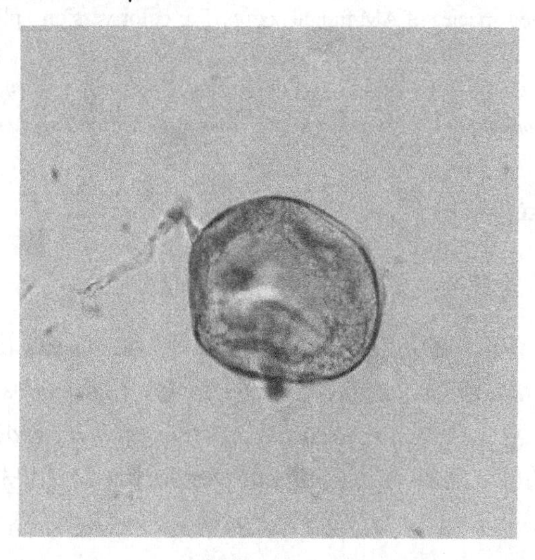

图 2-43　易误巨孢囊霉(彩图请扫封底二维码)

Figure 2-43　*Gigaspora decipiens* (For color version，please sweep QR Code in the back cover)

分离过程中有些 AM 真菌的孢子因数量较少、特征不明显或形态缺失，只能鉴定至属而未能鉴定至种，这些孢子的形态如图 2-44 所示。

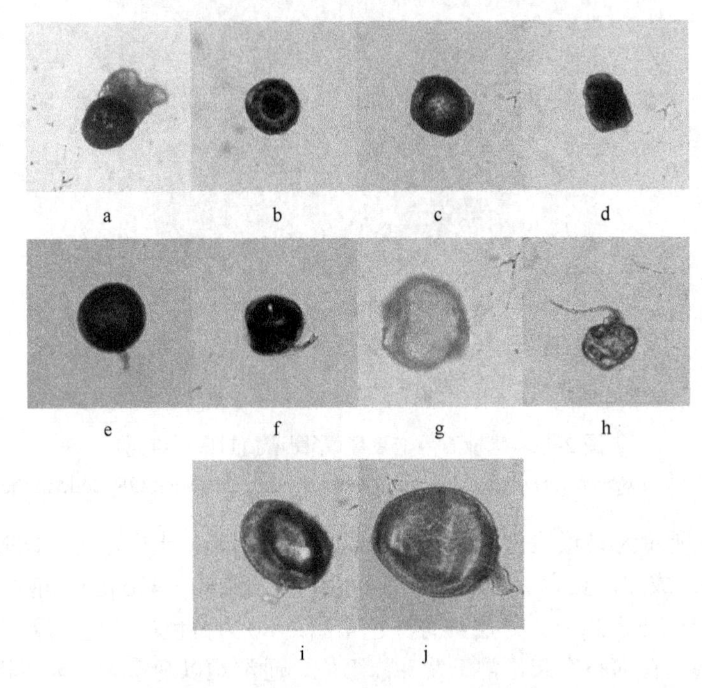

图 2-44　未能鉴定至种的 AM 真菌孢子(彩图请扫封底二维码)

Figure 2-44　Unidentified species of AM fungal spores (For color version，please sweep QR Code in the back cover)

a. *Acaulospora* sp. 1；b. *Acaulospora* sp. 2；c. *Acaulospora* sp. 3；d. *Acaulospora* sp. 4；e. *Glomus* sp. 1；f. *Glomus* sp. 2；g. *Glomus* sp. 3；h. *Glomus* sp. 4；i. *Glomus* sp. 5；j. *Scutellospora* sp. 1

2.2.6　AM 真菌多样性

2.2.6.1　AM 真菌种频度、相对多度和重要值

从表 2-12 可以看出，哈尔滨试验田的优势种为 *Glomus mosseae*，亚优势种为 *Acaulospora scrobiculata*、*G. clarum*、*G. deserticola*、*G. lamellosum*；齐齐哈尔地区的优势种为 *G*. sp. 3，亚优势种为 *A. excavata*、*G. etunicatum*、*G. geosporum*、*G. mosseae*、*A*. sp. 3；黑河农场的优势种为 *G. microaggregatum*，亚优势种为 *A. lacunosa*、*G. etunicatum*、*G. lamellosum*、*G. macrocarpum*、*G. mosseae*。

表 2-12　3 个地区 AM 真菌多样性指标

Table 2-12　The AM fungal diversity index of three regions

AM 真菌	哈尔滨			齐齐哈尔			黑河		
	F(%)	RA(%)	*I*(%)	*F*(%)	RA(%)	*I*(%)	*F*(%)	RA(%)	*I*(%)
Acaulospora excavata				56	4.8	30.40			
Acaulospora foveata				22	2.9	12.45			
Acaulospora koskei	44	5.4	24.70				50	4.6	27.30
Acaulospora lacunosa							61	5.5	33.25
Acaulospora laevis	39	4.3	21.65						
Acaulospora mellea				39	4.8	21.9			
Acaulospora polonica							22	1.8	11.90
Acaulospora rehmii				44	5.9	24.95			
Acaulospora scrobiculata	72	6.5	39.25				50	5.5	27.75
Acaulospora spinosa	44	7.6	25.80						
Acaulospora splendida	39	5.4	22.20						
Acaulospora tuberculata	33	5.4	19.20						
Glomus aggregatum				50	5.9	27.95			
Glomu saustrale				28	3.9	15.95			
Glomus badium	17	5.4	11.20						
Glomus caledonium				33	2.9	17.95			
Glomus clarum	56	9.7	32.85						
Glomus claroideum							44	5.5	24.75
Glomus constrictum							44	5.4	24.70
Glomus deserticola	67	6.5	36.75	44	5.9	24.95			
Glomus etunicatum				67	8.7	37.85	61	6.4	33.70
Glomus fasiculatum	33	3.3	18.15				50	4.6	27.30
Glomus formosanum							39	7.3	23.15
Glomus geosporum				56	4.8	30.40	33	4.6	18.80
Glomus hyderabadensis	28	3.3	15.65						
Glomus intraradices	17	5.4	11.20						
Glomus lamellosum	67	3.3	35.15				67	6.4	36.70
Glomus macrocarpum	17	3.3	10.15				67	5.5	36.25
Glomus maculosum				44	6.9	25.45			
Glomus magnicaule	28	4.3	16.15				22	1.8	11.90
Glomus microaggregatum							100	8.3	54.15
Glomus mosseae	89	12	50.50	33	10.7	38.85	83	11.6	47.30
Glomus multicaule	22	3.3	12.65						

续表

AM 真菌	哈尔滨			齐齐哈尔			黑河		
	F(%)	RA(%)	*I*(%)	*F*(%)	RA(%)	*I*(%)	*F*(%)	RA(%)	*I*(%)
Glomus versiforme				44	5.9	24.95			
Scutellospora erythropa				17	1.0	9.00			
Scutellospora verrucosa							22	3.7	12.85
Gigaspora decipiens	6	1.1	3.55						
Acaulospora sp. 1				50	3.8	26.9			
Acaulospora sp. 2							11	0.9	5.95
Acaulospora sp. 3				89	6.9	47.95			
Acaulospora sp. 4							39	2.7	20.85
Glomus sp. 1				33	3.9	18.45			
Glomus sp. 2	11	2.2	6.60	11	1.0	6.00			
Glomus sp. 3	11	1.1	6.05	94	6.9	50.45	50	6.5	28.25
Glomus sp. 4				56	2.9	29.45			
Glomus sp. 5	6	1.1	3.55						
Scutellospora sp. 1							11	1.8	6.40

注：表中 *F* 为种频度；RA 为相对多度；*I* 为重要值

2.2.6.2 AM 真菌孢子密度、物种丰度及多样性指数

从表 2-13 可以看出，AM 真菌孢子密度哈尔滨最高，为 46.20 个/50 g 土样，其次为黑河，43.44 个/50 g 土样，齐齐哈尔最低，42.43 个/50 g 土样。AM 真菌的物种丰度最高的为哈尔滨地区，13.92 种/50 g 土样，最低的为齐齐哈尔地区，13.50 种/50 g 土样，黑河地区为 13.73 种/50 g 土样。3 个地区中哈尔滨地区的香农-维纳指数最高，并与齐齐哈尔地区差异显著；哈尔滨地区与黑河地区的辛普森指数相同，均显著高于齐齐哈尔地区；齐齐哈尔地区 AM 真菌物种多样性指数显著低于其他两地。

表 2-13　3 个地区土壤中 AM 真菌的孢子密度、物种丰度及多样性指数

Table 2-13　Spore densities, species richness, Shannon-Wiener index and Simpson index of AM fungal in the soil of three regions

地区	孢子密度(个/50 g 土样)	物种丰度(种/50 g 土样)	香农-维纳指数(*H*)	辛普森指数(*D*)
哈尔滨	46.20 ± 0.28^{b}	13.92 ± 0.08^{a}	2.88^{a}	0.94^{a}
齐齐哈尔	42.43 ± 0.45^{a}	13.50 ± 0.04^{c}	2.49^{b}	0.90^{b}
黑河	43.44 ± 0.39^{a}	13.73 ± 0.02^{b}	2.87^{a}	0.94^{a}

注：同一列不同字母表示土壤中 AM 真菌各指标在 3 个地区间差异显著($P<0.05$)，相同字母则表示差异不显著

2.2.7 AM 真菌孢子密度、物种丰度和土壤因子的关系

由图 2-45 可知，不同地区样地的阿特拉津含量不同，导致不同地区样地 AM 真菌的孢子密度、物种丰度有较大差异。齐齐哈尔地区孢子密度、物种丰度随阿特拉津含量增加变化不大；黑河地区孢子密度、物种丰度随阿特拉津含量增加先平稳变化，至阿特拉津含量为 0.28 mg/kg 时，呈明显下降趋势，随阿特拉津含量的增加逐渐降低；哈尔滨地区孢子密度、物种丰度随阿特拉津含量增加呈下降趋势。

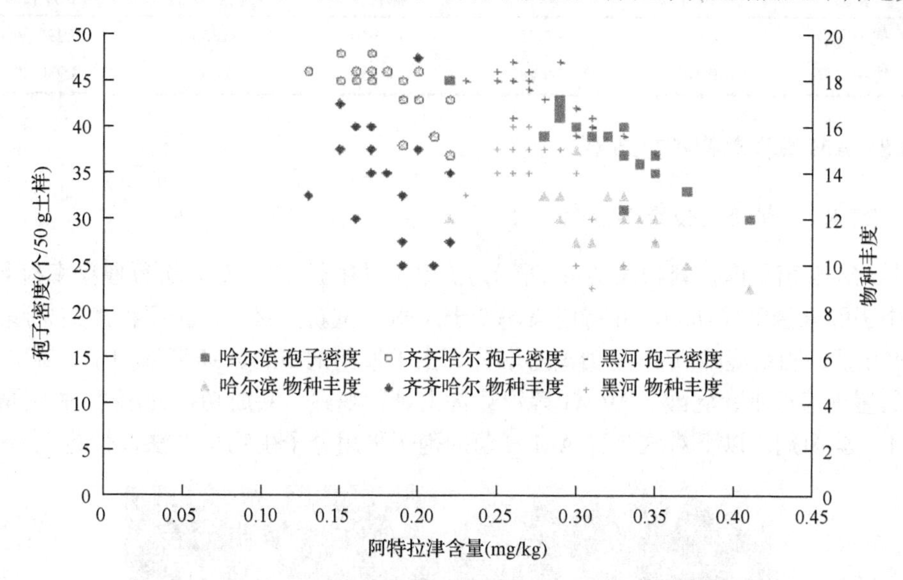

图 2-45 不同地区农田土壤中 AM 真菌孢子密度、物种丰度随阿特拉津含量的变化（彩图请扫封底二维码）

Figure 2-45 The change of AM fungal spore density and species richness with atrazine residues in different regions（For color version，please sweep QR Code in the back cover）

由表 2-14 可知，土壤 pH 与 AM 真菌孢子密度和物种丰度呈弱的正相关关系，分别为 $r = 0.406$ 和 $r = 0.101$；孢子密度和物种丰度与氮、磷、有机质含量呈显著负相关关系，与阿特拉津含量呈显著正相关关系。可见，有机质与阿特拉津含量对 AM 真菌孢子密度和物种丰度影响较大。3 个地区比较发现，齐齐哈尔地区阿特拉津含量远低于哈尔滨地区，氮、磷、有机质含量高于哈尔滨地区，关于孢子密度、物种丰度、辛普森指数和香农-维纳指数，齐齐哈尔地区均显著高于哈尔滨地区，有可能是阿特拉津和土壤因子的共同作用导致了这一结果；齐齐哈尔地区阿特拉津含量低于黑河地区，氮、磷、有机质含量黑河地区均高于齐齐哈尔地区，孢子密度、物种丰度、辛普森指数和香农-维纳指数齐齐哈尔地区也均低于黑河地区。阿特拉津在一定程度下促进 AM 真菌生长发育，同时较高含量的氮、磷等土壤因子抑制 AM 真菌生长发育(Tawaraya et al.，1994)；哈尔滨地区阿特拉津含量

略高于黑河地区，氮、磷、有机质含量黑河地区远高于哈尔滨地区，孢子密度、物种丰度、辛普森指数和香农-维纳指数哈尔滨地区都显著高于黑河地区。分析认为在阿特拉津含量相近的环境下(马琨等，2011)，较低含量的氮、磷、有机质等土壤因子促进了 AM 真菌孢子密度和物种丰度的提高。

表 2-14 土壤因子与孢子密度和物种丰度的相关系数

Table 2-14 Correlation coefficient of soil factors with spore density and species richness

参数	土壤 pH	磷含量	氮含量	有机质含量	阿特拉津含量
孢子密度	0.406	−0.731	−0.940	−0.863	0.998
物种丰度	0.101	−0.482	−0.786	−0.662	0.930

2.2.8 AM 真菌单孢扩繁结果

2.2.8.1 扩繁及侵染率检测

AM 真菌单孢扩繁如图 2-46 所示，扩繁菌种生长 10 周后，进行侵染率检测。从中去除未侵染成功的，并将侵染率低于 70%的重新扩繁。侵染率检测结果超过 70%以后，利用湿筛倾析-蔗糖离心法分离出扩繁菌剂中的 AM 真菌孢子，挑出后将其置于蒸馏水、乳酸、PVLG 等浮载剂上进行观察，共成功扩繁出 7 种不同的 AM 真菌菌剂。以下对这 7 种 AM 真菌的孢子采用分子生物学方法进行鉴定。

图 2-46 AM 真菌单孢扩繁(彩图请扫封底二维码)

Figure 2-46 AM fungi single spore propagation (For color version，please sweep QR Code in the back cover)

2.2.8.2 AM 真菌孢子形态及分子鉴定

以不同的 AM 真菌单孢 DNA 为模板，首次扩增使用真菌 18S rDNA 的通用引物 GeoA2 和 Geo11（Schwarzott and Schüβler，2001），因 AM 真菌单孢 DNA 量过少，凝胶电泳检测扩增产物未出现目标条带。第二次扩增使用 AM 真菌的特异引物 AM1 和 NS31（Helgason et al.，1998；Simon et al.，1992），凝胶电泳检测扩增结果见图 2-47，在 550 bp 处出现较为清晰的目标条带。

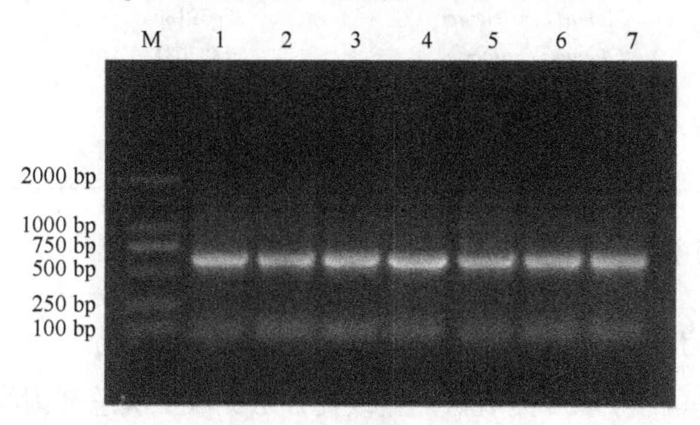

图 2-47 PCR 扩增结果

Figure 2-47 The PCR amplification results

将连接转化后的菌液均匀涂布在加有 Amp 的 LB 平板培养 12 h，可以看到平板上长出数个白色的单一重组菌落，结果如图 2-48 所示。

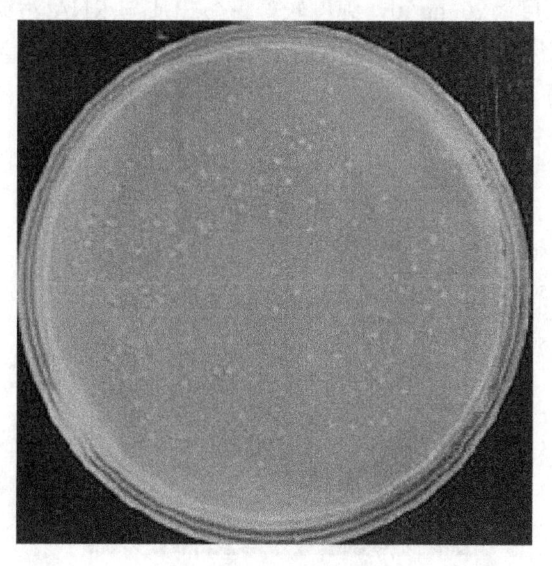

图 2-48 阳性克隆筛选

Figure 2-48 The screening of inserted colone

将测得的 DNA 序列结果，在 NCBI 上进行同源性比对，选取同源性较高的菌种序列，对培养出的菌种进行生物信息学鉴定，结果如表 2-15 所示。

表 2-15 真菌 Blast 结果

Table 2-15 The Blast results of fungi

菌株编号	最相似菌株	GenBank 登录号	同源性(%)
1	*Glomus caledonium*	Y17635	99
2	*Claroideoglomus etunicatum*	FR750216	97
3	*Glomus constrictum*	JF439180	98
4	*Glomus versiforme*	FM87681	97
5	*Acaulospora mellea*	FJ009670	98
6	*Glomus intraradices*	EU232660	99
7	*Glomus mosseae*	AJ306438	99

2.2.9 AM 真菌多样性测序结果及分析

2.2.9.1 土壤基因组 DNA 的完整性和纯度检测

采用土壤基因组 DNA 提取试剂盒改良方法提取土壤总基因组 DNA 片段，经过电泳检测、凝胶成像系统拍照，得到基因组 DNA 电泳图谱，如图 2-49 所示。从图 2-49 中可以看出，土壤总基因组 DNA 均在 21 kb 左右，条带清晰明亮，说明土壤总基因组 DNA 没有被降解。取 10 μl 土壤总基因组 DNA 稀释至 4 ml，利用紫外分光光度计分别测其浓度，所提取的土壤总基因组 DNA 的 $OD_{260/280}$ 值均在 1.8～2.0，其浓度＞20 ng/μl，纯度较好，蛋白质与 RNA 污染程度较小。这表明从阿特拉津残留的农田土壤中提取的土壤总基因组 DNA 质量较好，可以用于后续的扩增子测序。

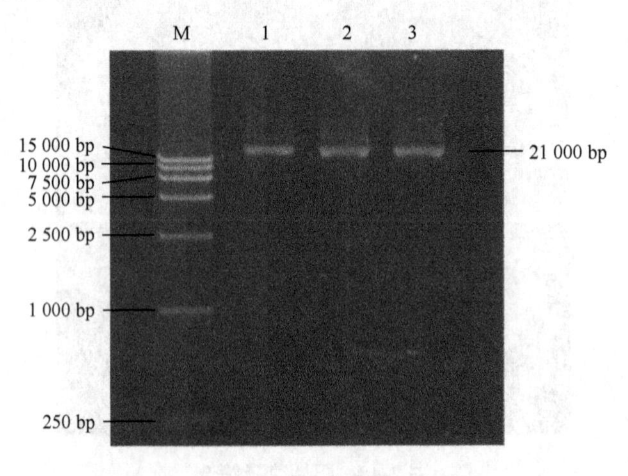

图 2-49 基因组 DNA 电泳图

Figure 2-49 The electrophoregram of genome DNA

2.2.9.2 AM 真菌 18S 测序结果分析

(1)原始数据统计

经 Illumina MiSeq 测序平台测序后，根据样本 code 鉴定每个样本的序列。将每组样本的 read1 及 read2 进行序列拼接，根据 bar-code 和前后端引物信息将原始数据分为 3 组序列文件。允许的最低 read 平均测序质量为 Q20，即 1%的错误率，去掉 N 端序列。然后根据 bar-code 的值对处理好的序列进行样本的归类，统计每个样本的 read 数目及片段长度分布(Edgar et al.，2011)。共得到有效序列 213 932 条，平均每个样品约 71 310 条序列，序列平均长度为 251 bp。序列使用 Silva (http://www.arb-silva.de/)和 GreenGene(http://greengenes.lbl.gov/)等核糖体数据库中的 aligned 核糖体序列数据比对，去除非目的物种序列污染，AM 真菌序列数约占总有效序列数的 95.7%。3 个地区 AM 真菌的群落构成如图 2-50 所示，其中球囊霉纲占绝大多数。

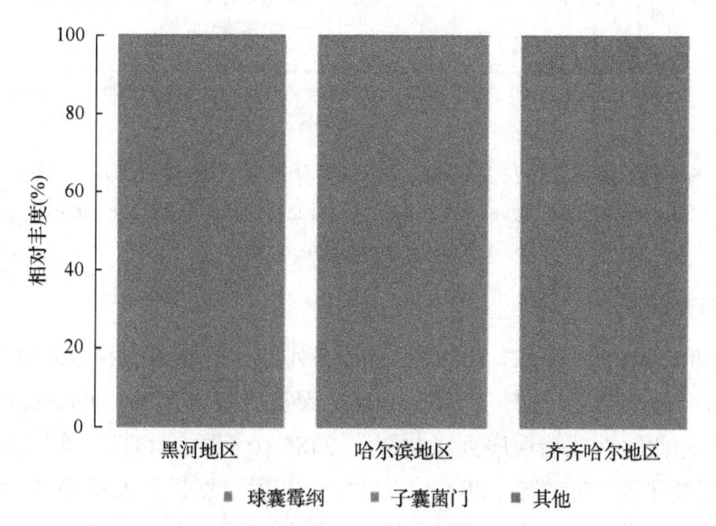

图 2-50 3 个地区 AM 真菌群落结构(彩图请扫封底二维码)

Figure 2-50 AM fungal community structure in three regions (For color version，please sweep QR Code in the back cover)

(2)稀释曲线

通过绘制稀释曲线(dilution curve)来评价测序数量是否足以覆盖所有类群，并间接反映样品中物种的丰富程度。当曲线达到平台期则认为测序数量合理，已经覆盖到样品中的绝大多数物种，继续增加数据对发现新操作分类单元(operational taxonomic unit，OTU)的边际效应很小；与之相反，曲线尚未趋于平缓时则表示样品中物种的多样性仍然较高，还存在大量未被检测到的物种。如图 2-51 所示，*X* 轴代表样品测序的序列数，*Y* 轴代表 OTU 数，曲线表示每个分组的样本的平均 OTU 数。当测序序列数(sequence number)达到 15 000，曲线趋于平缓，则表明随着 read 数目的增加，OTU 数不会有较多的增加，可以说明测序深度已基本覆盖到样品中的绝大多数物种，此次测序具有真实性和有效性。

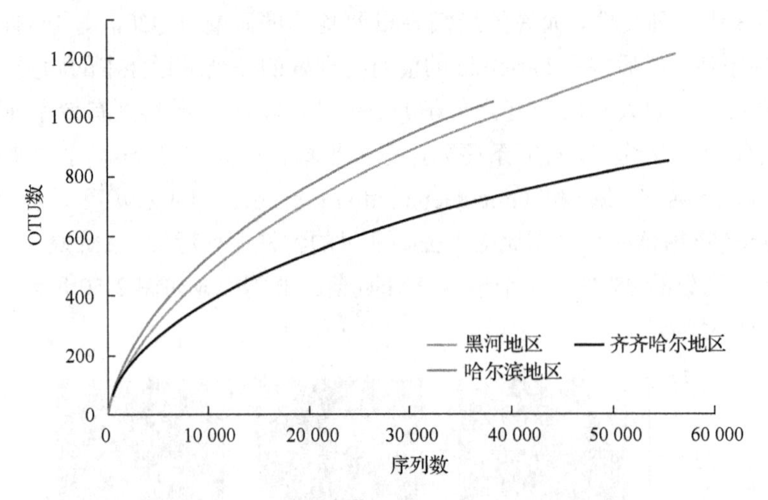

图 2-51　AM 真菌在 3 个地区的物种稀释曲线(彩图请扫封底二维码)

Figure 2-51　Species dilution curve of AM fungi in three regions (For color version，please sweep QR Code in the back cover)

(3) OTU 分析

用 Mothur (Schloss et al.，2009) 对有效序列进行严格筛选和基础分析，序列筛选条件：每个碱基测序可信值≥30，低密度聚类极限为 97% (Kunin et al.，2010)，尽可能地去除假阳性或错误序列，共得到 2485 个不同的 OTU。筛选归类后发现主要 AM 真菌序列分布在前 500 个 OTU 中，其后虽然仍有大量 OTU 冗余，但实际包含序列数量极少，不具有稳定的特征，因此在下一步的聚类分析中不予考虑。前 500 条稳定序列在 GenBank (http://www.ncbi.nlm.nih.gov/genbank) 逐条地进行搜索比对，最后进一步归类得到 33 个非重复且具有较高优势度的 AM 真菌 OTU (Tedersoo et al.，2010)。其中 OTU0004 与 *Rhizophagus irregularis* (又名：根内球囊霉 *Glomus intraradices*) 相似性达到 100% (JX049527)，OTU0006 与摩西管柄囊霉 *Funneliformis mosseae* (又名：摩西球囊霉 *Glomus mosseae*) 相似性达到 100% (KJ792103)，OTU0007 与 *Glomus viscosum* 相似性达到 98% (AJ505813)，OTU0009 与 *Claroideoglomus lamellosum* 相似性达到 100% (FR750221)，OTU00011 与 *G. constrictum* 相似性达到 98% (AM946956)，OTU00014 与 *Glomus indicum* 相似性达

到 99%(GU059543)，OTU28 与 *G. claroideum* 相似性达到 99%(AB193052)。

(4)3 个地区 AM 真菌文氏图

3 个地区共有序列数相对较少，为 90 条；哈尔滨地区和黑河地区共有序列数最多，为 289 条；哈尔滨地区和齐齐哈尔地区共有序列数最少，为 59 条；黑河地区和齐齐哈尔地区共有序列数相对较多，为 107 条(图 2-52)。通过两种方法比较可以看出，形态学鉴定与分子生物学鉴定得出的结论相似，3 个地区共有 AM 真菌数较少，哈尔滨地区与黑河地区共有 AM 真菌数较多，齐齐哈尔地区与其他两地共有 AM 真菌数相对较低。

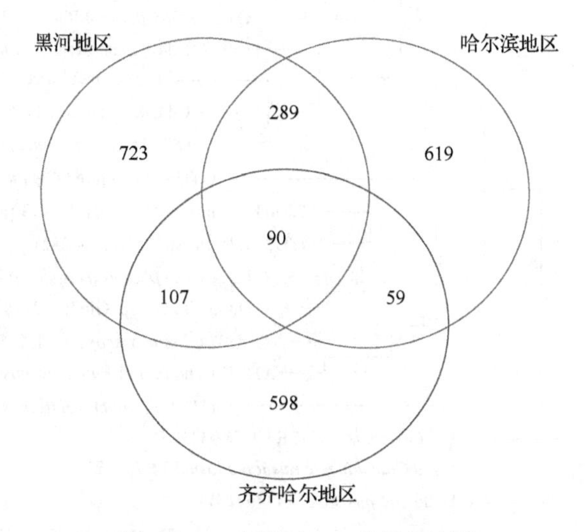

图 2-52 3 个地区 AM 真菌文氏图
Figure 2-52 AM fungi Venn of three regions

(5)AM 真菌系统进化树的建立

采用 MEGA 绘制系统树图，以分析归类得到的优势 AM 真菌 OTU 之间的亲缘关系(图 2-53)。本试验通过高通量测序归类所得的 AM 真菌 OTU 系统树符合 Oehl 等(2011)根据原有基础建立的新分类系统。系统树将具有较高优势度的 33 条 AM 真菌 OTU 分为 3 个目：球囊霉目(Glomerales)、多孢囊霉目(Diversisporales)、类球囊霉目(Paraglomerales)。

不同地区含有阿特拉津残留的黑土农田土壤中具有较高优势度的 AM 真菌 OTU 共计 33 个，均能与 AM 真菌参考序列形成显著的系统学亲缘关系。

(6) α 多样性指数

对样本在种、属水平下的 α 多样性指数进行统计。其中，种水平下的 α 多样性指数是基于 97%的序列相似性而得到，属水平下的是基于 95%的序列相似性而得到。如图 2-54 所示，当曲线趋向平缓时，说明测序数据量足够大，可以反映样品中绝大多数的微生物物种信息。从表 2-16 可知，3 个地区阿特拉津残留农田土壤中 AM 真菌物种丰度和多样性较高。

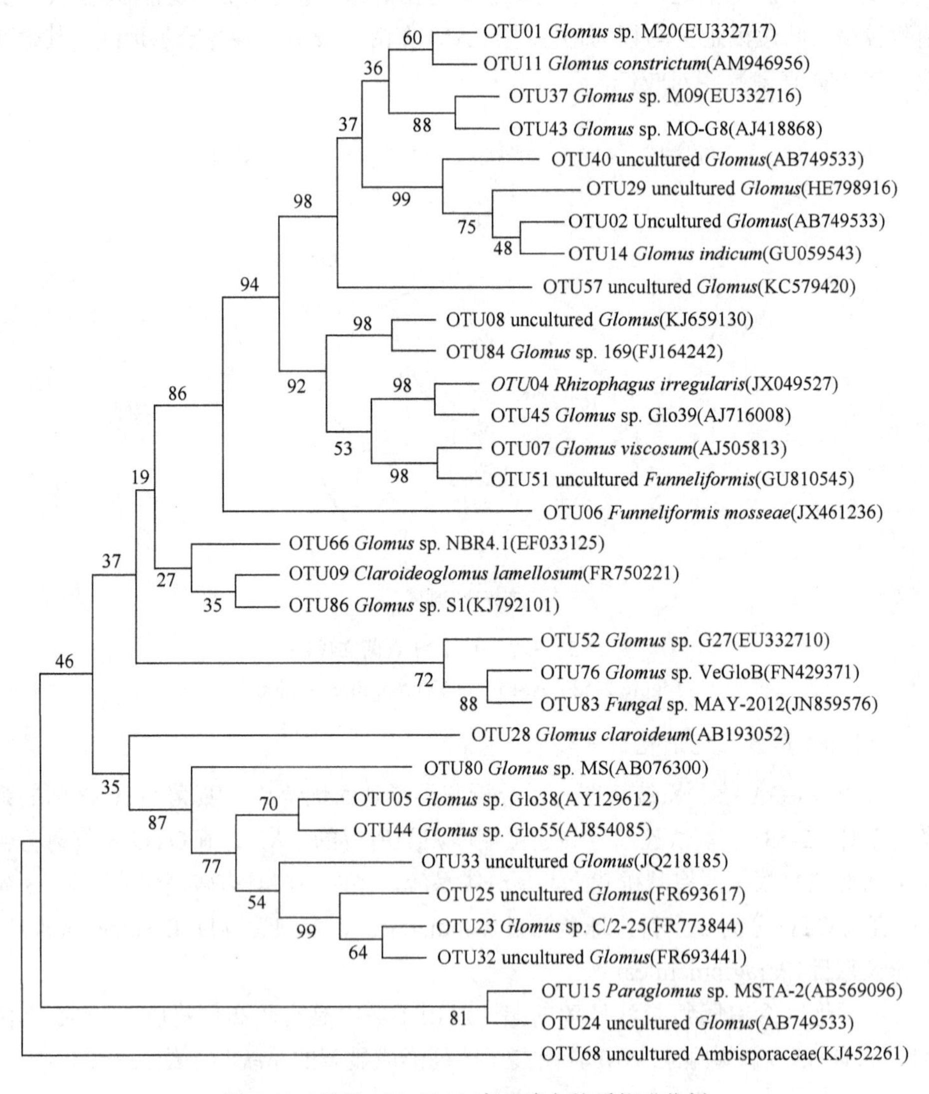

图 2-53　基于 18S rDNA 序列建立的系统进化树

Figure 2-53　Phylogenetic tree based on the sequences of 18S rDNA

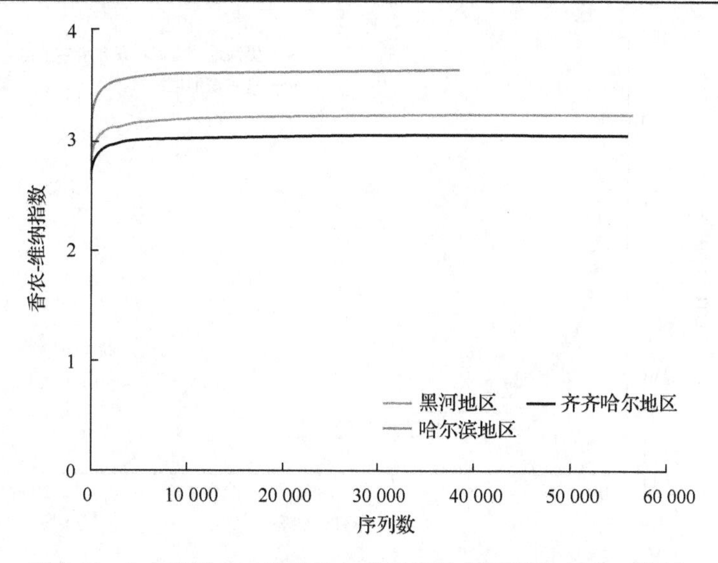

图 2-54 3 个地区 AM 真菌香农-维纳指数(彩图请扫封底二维码)

Figure 2-54 The AM fungi Shannon-Wiener index in three regions(For color version，please sweep QR Code in the back cover)

表 2-16 3 个地区 AM 真菌序列平均数、物种丰度指数及香农-维纳指数(*H*)

Table 2-16 The average series, species richness and Shannon-Wiener index(*H*) of AM fungi in three regions

地区	AM 真菌序列平均数	ACE 指数	Chao1 指数	香农-维纳指数(*H*)	覆盖度
哈尔滨	58.7	2283.9	1802.5	3.66	0.987
齐齐哈尔	47.4	1283.5	1288.4	3.07	0.994
黑河	67.2	2538.9	2042.5	3.25	0.989

(7) Rank Abundance 曲线

3 个地区 AM 真菌的 Rank Abundance 曲线如图 2-55 所示，表示 3 个地区阿特拉津残留农田土壤中，每一个 AM 真菌 OTU 所含的序列数，将 OTU 所含有的序列条数(丰度)按由大到小的等级排序，横坐标为 OTU 等级，纵坐标为每个等级的 OTU 中所含的序列数。根据 Rank Abundance 曲线可以看出 3 个地区 AM 真菌的物种丰富程度和均匀程度。物种的丰富程度由曲线在横轴上的长度来反映，曲线越长，表示物种的组成越丰富；物种组成的均匀程度由曲线的形状来反映，曲线越平缓，表示物种组成的均匀程度越高。可以看出 3 个地区所含 AM 真菌物种的丰富程度在物种等级为 0～500 时较高；物种等级在 500 以上时，由图 2-55 可见，曲线趋于平缓，这可以说明物种组成的均匀程度较高。

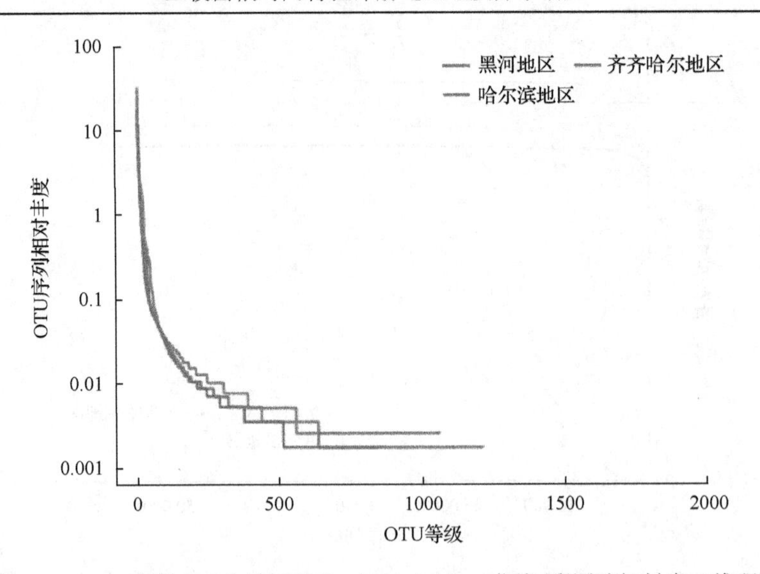

图 2-55　AM 真菌在 3 个地区的 Rank Abundance 曲线(彩图请扫封底二维码)

Figure 2-55　The Rank Abundance curve of AM fungi in three regions (For color version, please sweep QR Code in the back cover)

2.3　讨　论

2.3.1　AM 真菌的分离及形态学鉴定

AM 真菌资源极其丰富，广泛分布于地球上的绝大多数地区，其生态适应性较强，包括南极和北极均有存在(马琨等，2011)。以目前的科学技术难以对 AM 真菌进行纯培养，以致分离得到且有详细描述的 AM 真菌不足自然界总数量的 10%。利用分子生态学虽然可以快速、简洁地鉴定出各种生境下的 AM 真菌种类，但是不能直接获得其中的 AM 真菌，其分子优势种是否可靠也有待进一步验证。所以，对 AM 真菌进行形态学的鉴定十分必要。

本试验采用湿筛倾析-蔗糖离心法对阿特拉津残留农田土壤中的 AM 真菌进行分离。根据文献中所述，孔径在 55～800 μm 的土壤筛对 AM 真菌分离效果较好，但土壤筛孔径跨度大，不同孔径的土壤筛按孔径由大到小的顺序依次从上到下重叠放置，容易造成上部孔径大的土壤筛使土壤混合物直接滤去下层，发挥不出应有的过滤作用，从而导致下层堵塞、AM 真菌流失。另外，AM 真菌体积较小，湿筛后最上面几层土壤筛中很少存在残留的 AM 真菌孢子，所以试验时土壤筛改用 40 目、120 目、250 目、270 目(55～380 μm)重叠放置，并减少土壤样品质量至 50 g，可以有效避免 AM 真菌在分离时的流失。

AM 真菌体积较小，且形态各异。因此，在进行形态学鉴定时，先将分离得到的AM真菌悬液置于体视镜下，从中挑选出个体形态完整的AM真菌孢子，再转移至显微镜下观察。以孢子大小、形状、颜色、孢壁总厚度、连孢菌丝宽度、连点形状及宽度，每层孢壁类型、厚度及纹饰、连点特征，以及孢子大小、颜色、形状等特征，结合孢子果、孢子聚集方式、内含物、产孢子囊、土生辅助细胞、发芽盾室等形态结构特征，对AM真菌进行鉴定分类，必要时可辅助使用棉蓝试剂、Melzer试剂观察孢子的特异反应，对特征明显的随时拍照记录。观察记录的结果与《VA菌根鉴定手册》等相关鉴定材料相印证，进行种属检索和确定。

2.3.2 AM真菌单孢扩繁

AM 真菌是一类专性活体共生多核微生物，其繁殖方式为无性繁殖且具有独特的遗传特性(刘延鹏等，2008)，只能依靠和植物共生进行繁殖，因此AM真菌的纯培养是人们深入研究和推广AM真菌应用的关键技术。目前，双相培养法虽已获得较大成功，但因技术水平要求较高、耗资量大，不适合大规模生产，盆栽培养法仍然是现在繁殖菌种的主要方式。

本试验根据Gerdmann和Nicolson(1963)与Gilmore(1968)等的方法并加以改进，在光照培养室中进行单孢扩繁。试验中发现不同宿主、不同培养基质对菌根真菌的产孢量、根外菌丝量均有不同程度的影响。最终宿主选用高粱，扩繁基质按V(蛭石)∶V(沙)∶V(土)=1∶3∶1混合扩繁效果最佳。宿主植物在与AM真菌共生培养之前，先用10%的H_2O_2溶液浸泡15 min，然后用无菌水冲洗数次，再用75%的乙醇对宿主植物表面进行消毒，无菌水反复冲洗后，置于恒温培养箱中催芽。AM真菌孢子表面使用氯胺T和链霉素混合液进行消毒，在显微镜下挑取孢子放置在滴有无菌水的载玻片上，再用无菌水小心地将其冲至宿主植物已萌发的种子上，覆盖2 cm厚的灭菌基质。

分子生物学技术在AM真菌研究领域的应用，在一定程度上克服了形态学方法的束缚，但其专性共生、自身不能进行DNA复制的特性，限制了人们从较深的层次去认识和解释研究中所遇到的问题。只有加快AM真菌基础研究的步伐，如菌丝与宿主根的接触是被动相遇还是有能力去定位刺激物质源、侵染过程、植物的反应和相互识别的机制等，才能更好地解决其纯培养问题，使AM菌剂生物肥料的大规模生产利用成为可能。

2.3.3 土壤因子对AM真菌多样性的影响

2.3.3.1 土壤pH对AM真菌多样性的影响

以秋季采集的黑龙江地区阿特拉津残留农田土壤为研究对象，发现同种植物在不同pH条件下AM真菌的孢子密度、物种丰度存在差异。试验结果表明，黑龙江省农田土壤 pH 与 AM 真菌孢子密度和物种丰度均呈正相关关系，但不显著。随着土壤 pH 小幅降低，AM 真菌孢子密度和物种丰度会上升，可能是因为 pH 呈酸性的土壤能提供更多活化矿物质。无梗囊霉属在 pH 低于 6 的土壤中分布较广，球囊酶属适应范围较宽(王发园和刘润进，2001)，在 pH 为 5～7 的土壤中均出现较多。

2.3.3.2 氮、磷和有机质含量对 AM 真菌多样性的影响

此前有报道，土壤中的高磷水平能显著抑制 AM 真菌的侵染率、丛枝数目和孢子数量，而在土壤中磷含量较低的情况下，磷含量的升高能在一定程度上促进 AM 真菌对植物的侵染(Beaudet et al.，2013)，在研究中发现磷含量与孢子密度、物种丰度呈显著负相关关系，可能是由于黑龙江省农田土壤肥沃，磷含量较高，处于高磷含量状态，因此对 AM 真菌的生长发育呈抑制状态。

研究表明，AM 真菌可以从土壤环境中汲取不同形态的氮，当土壤中氮水平超过 AM 真菌生长发育的临界浓度，则会抑制 AM 真菌对宿主植物的侵染强度(龙显莉，2017)。随着环境中氮的富集，宿主植物分配了更高比例的碳源到地上部分，以致分配到地下部分的碳量比例下降，最终使宿主植物可以供给 AM 真菌的碳量减少，进而抑制了 AM 真菌与宿主植物共生的建立。试验发现，在阿特拉津残留农田土壤中，氮对 AM 真菌孢子密度和物种丰度具有明显的抑制作用。氮含量与 AM 真菌孢子密度的负相关性明显高于氮含量与 AM 真菌物种丰度的负相关性，可见氮含量对 AM 真菌孢子密度影响更大。与土壤中磷含量相比，土壤中氮含量与 AM 真菌孢子密度和物种丰度的负相关性更显著，这一结果可能是与阿特拉津残留农田土壤中磷水平过高有关：在高磷水平下“凸显”了氮含量对 AM 真菌生长发育的抑制作用。

在一定条件下，向土壤中添加适量的有机质能够有效促进丛枝菌根根外菌丝的生长，从而促进 AM 真菌与宿主植物共生关系的建立。但也有研究表明，土壤中较高的有机质含量对 AM 真菌侵染宿主植物具有抑制作用。本试验结果显示，阿特拉津残留农田土壤中的有机质含量与 AM 真菌孢子密度、物种丰度均呈负相关关系($r = -0.863$ 和 $r = -0.662$)，且有机质含量与 AM 真菌孢子密度的负相关性明显高于有机质含量与 AM 真菌物种丰度的负相关性，可见有机质含量对 AM 真菌孢子密度影响更大。

可以看出阿特拉津残留土壤中氮、磷和有机质含量均与 AM 真菌孢子密度和物种丰度呈显著负相关关系，且氮、磷和有机质含量与 AM 真菌孢子密度的负相关性明显高于氮、磷和有机质含量与 AM 真菌物种丰度的负相关性。可见阿特拉津残留土壤中氮、磷和有机质含量对 AM 真菌孢子密度的影响更大，即对 AM 真菌数量的影响更为显著。

2.3.4 阿特拉津残留量对AM真菌侵染率的影响

AM 真菌在农田生态系统中具有重要地位，能提高农作物对营养元素的吸收能力，是一种应用前景广阔的生物肥料。在一些干旱贫瘠的地区，AM 真菌可以促进作物对水分的吸收和利用，提高其抗旱的能力，进而提高作物的经济效益。

研究表明，AM 真菌与玉米形成的共生体系，其侵染率、孢子密度、种群频度、种群丰度均优于大部分农作物(盖京苹等，2004)。本试验从不同地区多年施加阿特拉津的玉米田间取样，但研究中发现，AM 真菌和玉米共生 3 个多月后，侵染率仍相对较低。不同地区样品对比发现，阿特拉津含量较高的哈尔滨地区菌根侵染率最高；其次是黑河地区，并且泡囊形成率均相对较高；齐齐哈尔地区菌丝侵染率和泡囊形成率相对较低，且同一地区不同取样地点的侵染率相差不大。这一结果，可能是由相对较高的阿特拉津残留量促进了宿主植物与 AM 真菌共生所致。

2.3.5 阿特拉津残留对AM真菌多样性的影响

阿特拉津在我国寒地黑土地区使用广泛，其残留破坏土壤生态系统的可持续利用。本试验从实际出发，研究寒地黑土地区阿特拉津残留对 AM 真菌多样性的影响，为下一步开展 AM 真菌对阿特拉津的降解研究及推广应用奠定了基础。

研究结果表明，AM 真菌孢子密度和物种丰度与阿特拉津含量呈显著正相关关系，阿特拉津含量较高的哈尔滨地区，AM 真菌孢子密度和物种丰度均高于其他两地，可见阿特拉津含量对 AM 真菌多样性有重大影响，低浓度的阿特拉津能增强 AM 真菌活性，促进 AM 真菌产孢，或者抑制土壤腐生菌的生长，而腐生菌能降解土壤有机质，为 AM 真菌输送一定的氨态氮(Colpaert et al.，2011)。当农田土壤中阿特拉津含量较低时，阿特拉津含量与 AM 真菌孢子密度和物种丰度呈正相关关系；当农田土壤中阿特拉津含量高于 0.28 mg/kg 时，AM 真菌孢子密度和物种丰度随阿特拉津含量增加呈明显的下降趋势。可见，AM 真菌对阿特拉津有一定的耐受性，阿特拉津含量较低时对 AM 真菌孢子密度和物种丰度有促进作用，阿特拉津含量较高时对 AM 真菌孢子密度和物种丰度具有抑制作用。土壤样品中阿特拉津含量多集中在 0.28 mg/kg 附近，而且当农田土壤中阿特拉津含量高于 0.28 mg/kg 时，AM 真菌孢子密度和物种丰度随阿特拉津含量增加呈明显的下降趋势。有可能是因为 AM 真菌促进阿特拉津在玉米植株中累积，减少了阿特拉津在土壤中的扩散(Huang et al.，2007)。大量 AM 真菌的存在减缓了阿特拉津浓度的升高，当阿特拉津浓度过高时这一趋势减缓。这些发现对研究 AM 真菌对阿特拉津的降解有重要意义。

2.3.6 AM 真菌多样性研究方法

随着各种新技术不断地渗透到 AM 真菌多样性的研究领域，尤其是 AM 真菌分子信息的不断完善，分子生物学使我们能够对 AM 真菌进行更精确的鉴定。但是每一种方法都有其缺陷，形态学方法依赖经验和资料，分子生物学方法得到的 AM 真菌序列，只有很少一部分能比对确定，其余大量序列堆积。本试验采用传统形态学和现代分子生态学相结合的方法，通过湿筛倾析-蔗糖离心法从多年施加阿特拉津的农田土壤中共分离鉴定出 4 属 47 种 AM 真菌，37 种已鉴定至种，10 种只鉴定至属。哈尔滨地区共鉴定出无梗囊霉属 6 种，球囊霉属 14 种，巨孢囊霉属 1 种；齐齐哈尔地区共鉴定出无梗囊霉属 6 种，球囊霉属 13 种，盾巨孢囊霉属 1 种；黑河地区共鉴定出无梗囊霉属 6 种，球囊霉属 12 种，盾巨孢囊霉属 2 种。其中，*Glomus mosseae* 和 *Glomus* sp. 3 在 3 个地区均有存在且种频度较高。利用 18S rDNA 序列分析，把序列相似度大于 97%的序列划分为一个 OTU，并进一步划分为具有较高优势度的 33 个 251 bp 非重复 AM 真菌分子序列，Blast 序列比对后可以确定的有 7 种，均为球囊霉属。*Rhizophagus irregularis* 在 3 个地区均有存在，且 *G. viscosum* 和 *G. indicum*，在形态学鉴定中并未发现这两个种。

研究中发现，形态学方法除了可以大量地鉴定出球囊霉属 AM 真菌之外，还能分离鉴定出很多无梗囊霉属中的 AM 真菌，但需要大量人力和丰富的鉴定知识。分子生态学分析虽然可以检测出环境中多种 AM 真菌的存在，但 AM 真菌引物的局限性导致鉴定结果中无梗囊霉属 AM 真菌序列较少，分子结果中更是少见盾巨孢囊霉属 AM 真菌的存在。形态学鉴定虽然能将寒地黑土地区阿特拉津残留农田土壤中的 AM 真菌大量地分离鉴定出来，但实际操作过程中很难将不同 AM 真菌的所有孢子都收集到并精确计算，因此难以准确地反映实际环境中 AM 真菌资源，而且 AM 真菌不同种属之间缺少明显相互区别的形态结构特性，多样性评估具有随机性，其鉴定结果的准确性难以保证。例如，本试验形态学鉴定结果中 AM 真菌的多样性指数远远低于分子生物学结果。而且环境因素也对 AM 真菌多样性有较大影响，这给分类鉴定与多样性研究带来了较大困难。以核糖体 rDNA 序列研究 AM 真菌的多样性，能够较快速且准确地反映 AM 真菌的群落结构，但 AM 真菌菌丝体是多核细胞，具有多重基因组，这为正确描述环境样本中的 AM 真菌的 DNA 多样性带来困难。基因交换在 AM 真菌间也时常发生，甚至同一种 AM 真菌中带有不同 AM 真菌种类的基因片段，这种多态性现象挑战着 AM 真菌种水平概念，使得对其环境样本多样性的评价变得更为复杂。应用分子手段对阿特拉津残留土壤及根系优势 AM 真菌的检测结果能否直接用于 AM 真菌菌株的筛选，在实际应用中效果如何，均需进一步验证。

2.4 本章小结

采集位于黑龙江省西北部松嫩平原齐齐哈尔市、黑龙江省中南部哈尔滨市、黑龙江省西北部的小兴安岭北麓黑河市的多年连续施加阿特拉津的玉米根际土壤。经形态学初步鉴定阿特拉津残留土壤中的AM真菌种类，然后对其总基因组扩增产物进行高通量测序，分析阿特拉津残留生境中AM真菌群落的多样性及分布规律。

1)采用湿筛倾析-蔗糖离心法从多年施加阿特拉津的农田土壤中共分离出47种AM真菌，37种已鉴定至种，10种只鉴定至属。其中，球囊霉属27种，无梗囊霉属16种，盾巨孢囊霉属3种，巨孢囊霉属1种。球囊霉属(57.45%)和无梗囊霉(34.04%)属为优势属。哈尔滨地区的优势种为 *Glomus mosseae*，亚优势种为 *Acaulospora scrobiculata*、*G. clarum*、*G. deserticola*、*G. lamellosum*；齐齐哈尔地区的优势种为 *G.* sp. 3，亚优势种为 *A. excavata*、*G. etunicatum*、*G. geosporum*、*G. mosseae*、*A.* sp. 3；黑河地区的优势种为 *G. microaggregatum*，亚优势种为 *A. lacunosa*、*G. etunicatum*、*G. lamellosum*、*G. macrocarpum*、*G. mosseae*。3个地区AM真菌种类有较大差异，哈尔滨地区AM真菌种数最多，齐齐哈尔地区和黑河地区AM真菌种数相近。

2)利用18S rDNA扩增子测序，从3个地区土壤样品中共得到213 932条有效序列，序列平均长度为251 bp。在大于97%的序列相似度水平进行归类，并进一步划分为具有较高优势度的33个非重复AM真菌序列，Blast序列比对后可以确定的有7种，均为球囊霉属。分子生物学手段鉴定出的 *G. viscosum* 和 *G. indicum* 在形态学鉴定中并未发现。

3)采用盆栽试验对阿特拉津残留农田土壤中分离出来的AM真菌孢子进行扩繁，成功扩繁出7种AM真菌。经形态学与分子生物学鉴定，分别为 *G. claroideum*、*G. etunicatum*、*G. constrictum*、*G. versiforme*、*A. lacunosa*、*G. intraradices*、*G. mosseae*。

4)研究发现，农田土壤中阿特拉津残留量较低时，阿特拉津含量与AM真菌孢子密度和物种丰度呈正相关关系；农田土壤中阿特拉津残留量高于0.28 mg/kg时，AM真菌孢子密度和物种丰度随阿特拉津含量增加呈明显的下降趋势。

参考文献

白金峰, 胡外英, 张勤, 等. 2007. 半微量凯氏法测定土壤全氮量的不确定度评定[J]. 岩矿测试, 26(1): 41-44.

陈新萍. 2005. 土壤中全磷测定方法的改进试验[J]. 塔里木大学学报, 17(2): 96-98.

范润珍. 2003. 高效液相色谱法测定土壤中莠去津残留方法的改进[J]. 农药科学与管理, 24(11): 14-16.

丰骁, 段建平, 蒲小鹏, 等. 2008. 土壤脲酶活性两种测定方法的比较[J]. 草原与草坪, 127(2): 70-72.

盖京苹, 冯固, 李晓林. 2004. 我国北方农田土壤中AM真菌的多样性[J]. 生物多样性, 12(4): 435-440.

关松荫. 1986. 土壤酶及其研究[M]. 北京: 农业出版社: 255-258.

季天委. 2005. 重铬酸钾容量法中不同加热方式测定土壤有机质的比较研究[J]. 浙江农业学报, 17(5): 311-313.

李强, 文唤成, 胡彩荣. 2007. 土壤 pH 值的测定国际国内方法差异研究[J]. 土壤, 39(3): 488-491.

刘延鹏, Bokyoon S, 王淼焱, 等. 2008. AM 真菌遗传多样性研究进展[J]. 生物多样性, 16(3): 225-228.

龙良鲲, 姚青, 羊宋贞, 等. 2006. 一株丛枝菌根真菌的形态与分子鉴定[J]. 华南农业大学学报, 27(4): 40-42.

龙显莉. 2017. 氮施肥条件下丛枝菌根真菌对植物种间相互作用影响的研究[D]. 兰州: 兰州大学硕士学位论文.

马琨, 陶媛, 杜茜, 等. 2011. 不同土壤类型下 AM 真菌分布多样性及与土壤因子的关系[J]. 中国生态农业学报, 19(1): 1-7.

汪寅夫, 李丽君, 王娜. 2011. 超声提取-吸附分离-气相色谱法测定土壤中有机磷和阿特拉津农药残留[J]. 吉林农业大学学报, 33(1): 57-59.

王发园, 刘润进. 2001. 环境因子对 AM 真菌多样性的影响[J]. 生物多样性, 9(3): 301-305.

王立仁, 赵明宇. 2000. 阿特拉津在农田灌溉水及土壤中的残留分析方法及影响研究[J]. 农业环境保护, 19(2): 111-113.

许光辉, 郑洪元. 1986. 土壤微生物分析方法手册[M]. 北京: 农业出版社: 88-121.

Beaudet D, Providencia I E, Labridy M, et al. 2013. Intra-isolate mitochondrial genetic polymorphism and gene variants coexpression in arbuscular mycorrhizal fungi[J]. New Phytologist, 200(1): 211-221.

Colpaert J V, Wevers J H L, Krznaric E, et al. 2011. How metal-tolerant ecotypes of ectomycorrhizal fungi protect plants from heavy metal pollution[J]. Annals of Forest Science, 68(1): 17-24.

Daniels B A, Skipper H D. 1982. Methods for the Recovery and Quantitative Estimation of Propagules from Soil[J] *In*: Schenec N C. Methods and Principles of Mycorrhizal Research, ed. St. Paul: Minn: American Society for Phytopathology.

Edgar R C, Haas B J, Clemente J C. 2011. UCHIME improves sensitivity and speed of chimera detection[J]. Bioinformatics, 27(16): 2194-2200.

Gerdmann J W, Nicolson T H. 1963. Spores of mycorrhizal *Endogone* species extracted from soil by wet sieving and decanting[J]. Transactions of the British Mycological Society, 46(2): 235-244.

Gilmore A E. 1968. Phycomycetous mycorrhizal organisms collected by openpot culture methods[J]. Hilgardia, 39: 87-105.

Helgason T, Daniell T J, Husband R, et al. 1998. Ploughing up the wood-wide web[J]. Nature, 394(6692): 431.

Huang H L, Zhang S Z, Shan X Q, et al. 2007. Effect of arbuscular mycorrhizal fungus (*Glomus caledonium*) on the accumulation and metabolism of atrazine in maize (*Zea mays* L.) and atrazine dissipation in soil[J]. Environmental Pollution, 146(2): 452-457.

Koske R E. 1987. Distribution of VA mycorrhizal fungi along a latitudinal temperature gradient[J]. Mycologia, 79(1): 55-68.

Kunin V, Engelbrektson A, Ochman H, et al. 2010. Wrinkles in the rare biosphere: pyrosequencing errors can lead to artificial inflation of diversity estimates[J]. Environmental Microbiology, 12(1): 118-123.

Landeweert R, Leeflang P, Kuyper T W, et al. 2003. Molecular identification of ectomycorrhizal mycelium in soil horizons[J]. Applied and Environmental Microbiology, 69(1): 327-333.

Oehl F, Silva G A, Goto B T, et al. 2011. Glomeromycota: three new genera and glomoid species reorganized[J]. Mycotaxon, 116(1): 75-120.

Phillips J M, Haymen D S. 1970. Improved procedures for clearing and staining parasitic and vesicular-arbuscular mycorrhizal fungi for rapid, assessment of infection[J]. Trans Br Mycol Soc, 55(1): 158-161.

Schenck N C, Perez Y. 1988. Manual for the Identification of Vesicular Abuscular Mycorrhizal Fungi[M]. Florida: University of Florida: 91-97.

Schloss P D, Westcott S L, Ryabin T, et al. 2009. Introducing mothur: open-source, platform-independent, community-supported software for describing and comparing microbial communities[J]. Applied and Environmental Microbiology, 75(23): 7537-7541.

Schwarzott D, Schüßler A. 2001. A simple and reliable method for SSU rRNA gene DNA extraction, amplification and cloning from single AM fungal spore[J]. Mycorrhiza, 10(4): 203-207.

Simon L, Lalonde M, Bruns T D. 1992. Specific amplification of 18S fungal ribosomal genes from vesicular-arbuscular mycorrhizal fungal communities[J]. Applied and Environmental Microbiology, 58(1): 291-295.

Tawaraya K, Saito M, Morioka M, et al. 1994. Effect of phosphate application to arbuscular mycorrhizal onion on the development and succinate dehydrogenase activity of internal hyphae[J]. Soil Science and Plant Nutrition, 40(4): 667-673.

Tedersoo L, Nilsson R H, Abarenkov K, et al. 2010. 454 pyrosequencing and Sanger sequencing of tropical mycorrhizal fungi provide similar results but reveal substantial methodological biases[J]. New Phytologist, 188: 291-301.

Van Tuinen D, Jacquot E, Zhao B. 1998. Characterization of root colonization profiles by a microcosm community of arbuscular mycorrhizal fungi using 25S rDNA-targeted nested PCR[J]. Molecular Ecology, 7(7): 879-887.

3　菌根对土壤中阿特拉津降解及土壤酶活性影响的研究

土壤酶在许多关键生态系统过程中扮演着重要的角色，因此土壤学和生态学领域均对土壤酶在生态系统中的地位与作用给予了高度的重视。在污染土壤修复的研究中，学者发现土壤酶能够参与土壤有机质的转化和能量代谢，对进入土壤中的农药有一定的降解作用，而且越来越多的研究人员认为可以用土壤酶作为土壤农药污染程度的指示剂。

本章选取阿特拉津敏感植物苜蓿作为 AM 真菌的宿主植物，通过 T 型培养体系以期进一步揭示 AM 真菌对阿特拉津的降解作用及对土壤酶活性的影响，旨在为 AM 真菌修复农药污染土壤的研究提供理论依据。

3.1　材料与方法

3.1.1　供试材料

供试植物：蒺藜苜蓿(*Medicago truncatula*)种子由黑龙江省农业科学院提供。

供试真菌：AM 真菌为摩西球囊霉(*Glomus mosseae*)，孢子含量约为 30 个/g 接种物，由黑龙江大学修复生态研究室保存。

3.1.2　试验方法

3.1.2.1　苜蓿种子灭菌及发芽处理

取饱满沉水的苜蓿种子放置于蒸馏水(20℃)中淘洗 2 或 3 遍，用 10%的 H_2O_2 进行表面消毒处理 10 min，取出后用蒸馏水清洗 3 次洗去表面残留的 H_2O_2，放在含双层纱布的平板中萌发 24 h(遮光)，萌发过程中定期添加适量蒸馏水以保证种子需要的水分，选取有突起的种子或已经长出芽的种子准备盆栽试验。

3.1.2.2　培养基质准备

将体积配比(草炭土：蛭石：细沙)为 5：3：2 的培养基质混匀过 10 目筛，121℃、0.1 MPa 高压蒸汽灭菌 1 h，风干至基质含水量为 20%备用(基质 M)。分别取 300 g 基质 M，按最终浓度为 0 mg/kg、10 mg/kg、20 mg/kg、30 mg/kg 干土中添加阿特拉津(基质 N)，保持土壤含水量为 20%，喷洒所用的阿特拉津为水悬液，将土壤称量后放置于白瓷盘中喷洒阿特拉津并清洗所用仪器，喷洒水盖过土壤，并充分搅拌以保证阿特拉津与土壤混合均匀，风干时避光，风干后清洗白瓷盘，将所剩余的水分都加入其中以保证阿特拉津损失最低。将基质 N 分装于塑封袋中置于–4℃冰箱中保存。

3.1.2.3　种植

采用三室培养体系(图 3-1)，选取内径为 4.5 cm 的 PVC 管，生长室(growth compartment)长度为 20 cm，为植物根-AM 真菌共生室(不接种 AM 真菌的情况下为植物根系生长室)，两侧分室长度均为 10.5 cm，分室 1 为阿特拉津添加室，分室 2 为无阿特拉津添加室。用 3‰高锰酸钾对 PVC 管内表面进行消毒，在生长室添加 1.5 kg 基质 M，同时 AM+组(表 3-1)每份在主培养室中添加 30 g 菌剂，而 AM−组每份添加 30 g 灭活的菌剂作为对照，分别与培养基质 M 混匀。生长室和分室用双层纱布隔开，在植物生长初期两侧分室不添加任何基质。每盆添加 50 粒萌发的蒺藜苜蓿种子，覆盖薄土后放于光照培养室中(16 h 光周期，昼夜温度为 25℃/18℃，相对湿度为 60%)，苗期每天浇 3 次水，每盆一次浇水 200 ml，苗期后每两天浇一次水，每盆一次浇水 300 ml(为了保证苜蓿与 AM 真菌共生，创造半干旱条件)。每个处理 3 次重复，共 24 个样(表 3-1)。同时基质 N 中每一组保存 200 g 于–20℃冰箱中作为预留样(编号为 Pre b、Pre c、Pre d，分别代表阿特拉津浓度为 10 mg/kg、20 mg/kg、30 mg/kg)。

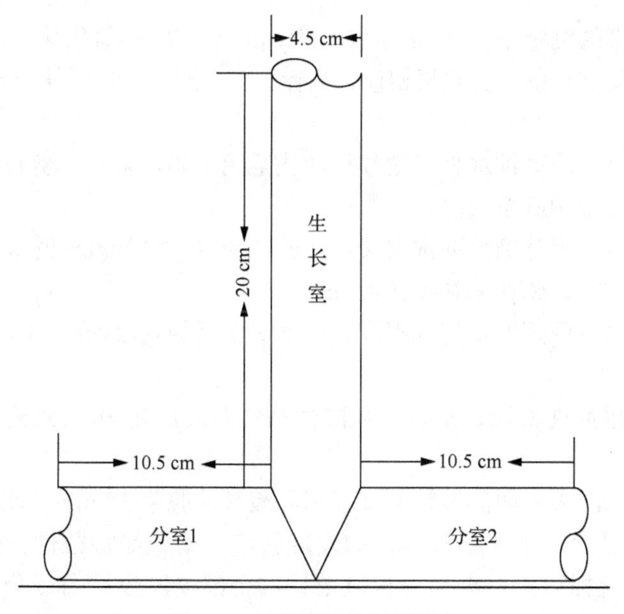

图 3-1　三室培养体系示意图

Figure 3-1　Schematic diagram of compartmented cultivation system

表 3-1　实验组与对照组示意表

Table 3-1　Illustrate table of the experimental groups and the control groups

处理	阿特拉津浓度(mg/kg)			
	0	10	20	30
AM+	A	B	C	D
AM−	a	b	c	d

注：每个处理 3 次重复，其中 AM+为添加 AM 菌剂组，AM−为添加灭活 AM 菌剂组

当苜蓿生长到 25 天时，植物生长茁壮，主生长室内根部达到培养体系底部，在分室 1 添加基质 N，分室 2 添加基质 M，并加同体积蒸馏水，此时控制浇水量，每天浇水 100 ml，因为培养体系底部用一次性 PE 手套封住，无法排出多余的水分。培养过程中保持土壤相对含水量为 20%，继续培养 15 天后分别收集不同分室的不同苜蓿，将苜蓿的须根洗净，用铝箔纸包好并做好标记，于液氮中迅速冷却，然后置于−80℃冰箱中保存备用。根据不同阿特拉津浓度(0 mg/kg、10 mg/kg、20 mg/kg、30 mg/kg)，分别收集不同分室的土壤，避光保存，过 80 目筛分装于不同的塑封袋中做好标记，置于−4℃冰箱中保存备用。

3.1.2.4　菌根侵染率检测

分别采用酸性品红染色法与醋酸墨水染色法测定菌根侵染率。

(1)酸性品红染色法

菌根侵染率的测定采用 Phillips 和 Hayman(1970)的氢氧化钾脱色-酸性品红染色方法。选取 100 条苜蓿须根根段，进行染色、制片、脱色并观察其侵染情况，具体方法如下。

1)在培养皿中用蒸馏水将苜蓿须根冲洗至无土壤及杂质，剪裁成 1 cm 的根段，每个样品收集 100 条根段。

2)在培养皿中用蒸馏水冲洗根段，置于试管中，加入 10%的 KOH 盖过根段，处理 5 min，在 90℃水浴锅中水浴 30min。

3)在培养皿中用蒸馏水清洗根段，倒出清水后加入 2%的 HCl 盖过根段，静置 5 min。

4)用蒸馏水冲洗根段，加入适量酸性品红溶液，在 90℃水浴锅中水浴染色 30 min。

5)用蒸馏水洗去表面的酸性品红，用乳酸甘油脱色 10 min，制片观察。

6)在生物显微镜下观察根部，如发现菌丝、孢子等特征性侵染，则为侵染根段，做好数量标记，根据侵染根段数目占全部根段数目的百分比来计算菌根侵染率。

(2)醋酸墨水染色法

采用 Yang 等(2010)的改进醋酸染色法，选取 100 条须根根段，染色、制片、脱色并观察侵染率变化，方法如下。

1)～3)、6)同 3.1.2.4 中的酸性品红染色法。

4)染色：将材料取出放入新试管中，加入 5%的醋酸墨水染色液浸过根段，再放入 60℃水浴锅内染色 1 h。

5)脱色：蒸馏水冲洗 5 min 脱色。

3.1.2.5 土壤中阿特拉津降解率测定

分别收集分室 1 中含有阿特拉津的土壤，采用超声提取-正己烷、丙酮萃取法从土壤中提取阿特拉津，提取后经过高效液相色谱法(HPLC)检测阿特拉津浓度，同时设置预留组、对照组，测定阿特拉津浓度、降解率等，具体步骤如下(所使用的所有试剂均为色谱纯)。

(1)土壤中阿特拉津的提取

1)每份土壤准确称取 8 g(每份样品重复 3 次，将配好的标准样品和预留组、对照组也进行同样处理，用以测量阿特拉津提取方法的回收率)，每份土壤中加入 20 ml 提取液，超声处理(100 Hz、5 min)，分别将超声后的试管在 5000 r/min 下离心 10 min。

2)吸取上清置于新管中，此时土壤中的阿特拉津将存在于上清中，使用氮气吹干仪将其中的提取液吹干，吹干后的阿特拉津悬于中下部管壁，剩余的阿特拉津存在于土壤中，对剩余土壤准备重复提取。

3)重复步骤 2)3 次。

4)使用甲醇洗壁吹干，重复 3 次，最后用 2 ml 甲醇定容(最后一次添加甲醇的离心管超声处理 5 min，以保证管壁的阿特拉津充分溶于甲醇，避免阿特拉津损失)，过 0.22 μm 滤膜，–20℃冰箱保存(–20℃保存会出现阿特拉津沉淀、悬浮现象，放置在室温下会再次溶解)。

(2)HPLC 检测阿特拉津浓度

1)选用的色谱柱为 C18 烷基柱(填料：Hypersil ODS 2.5 μm；柱号 E2414789；大连伊力特分析仪器有限公司)，流动相为甲醇∶水(4∶1，*V*/*V*)，超声处理 1 h 排出水中溶解的气体，过 0.22 μm 滤膜除去杂质。

2)流速为 0.8 ml/min，每次进样 10 μl。

3)所用的 HPLC 为 Waters 高效液相色谱法，检测器为紫外吸收检测器(紫外检测器)，开机运行流速为 1 ml/min，流动相为甲醇，3 h 后待机器稳定，运行流动相，待基线稳定后运行样品，注意观察柱压力，做好记录。

4) 每份提取的样品重复测量两次。

(3) 阿特拉津标准曲线绘制

1) 应用纯品阿特拉津配置母液，利用甲醇(色谱纯)进行梯度稀释，分别得到 5 mg/ml、20 mg/ml、50 mg/ml、100 mg/ml、200 mg/ml 的阿特拉津标准液，重复 3 次。

2) 每个样品均超声处理后过 0.22 μm 滤膜。

3) 上机测量绘制阿特拉津标准曲线，经过对 HPLC 结果的计算，得出标准曲线，用于计算阿特拉津在溶液中的浓度，可换算为阿特拉津在土壤中的浓度及降解率。

3.1.2.6　土壤中酶活性的测定

针对土壤中的几种关键酶，分别测量土壤中脲酶、过氧化氢酶、磷酸酶、蔗糖酶和纤维素酶的活性，测定方法基于紫外分光光度计，其中脲酶活性的测定采用苯酚钠-次氯酸钠比色法；过氧化氢酶活性的测定采用高锰酸钾滴定法；磷酸酶活性的测定方法为磷酸苯二钠比色法；纤维素酶与蔗糖酶活性的测定方法采用 3,5-二硝基水杨酸比色法。针对有无 AM 真菌、有无阿特拉津、阿特拉津浓度不同 3 个变量来测量土壤中关键酶活性的变化。

3.2　结果与分析

3.2.1　苜蓿培养结果

苜蓿种子发芽率为 95%，每盆播种 50 粒，以保证每盆有 30 粒以上种子发芽，待种子萌发后，选取生长茁壮的苜蓿幼苗 30 株，将其余的幼苗从培养体系中去除，以保证相同的试验条件。前期按照 3.1.2.3 中所述的培养方式培养，经过 25 天的种植，苜蓿生长茁壮，此时分别于分室 1 中添加不同浓度的阿特拉津，培养 15 天后阿特拉津能够明显降解，且暴露在阿特拉津环境下的苜蓿能够正常生长。图 3-2 为三室培养体系实物图，可见苜蓿生长茁壮，其根系能够达到培养体系底部，接触农药并正常生长，苜蓿及其根系总长度超过 80 cm，接近自然环境下生长的苜蓿。

种植苜蓿的土壤选择为草炭土(*V*)∶蛭石(*V*)∶细沙(*V*)(5∶3∶2)，是针对苜蓿的生长特性所设计的，苜蓿的生长环境需要大量水并需要保证水分的流通性(通过适当浇水来实现)，细沙能够降低培养基质的蓄水性，增加水的流动性。所加入的蛭石能够减少基质的养分含量，相对逆境条件下能够增加真菌的侵染。底层纱布能够形成隔绝层，分离阿特拉津土壤与培养基质，土壤中水分的流动性可以最大限度地避免阿特拉津的流失。易于拆卸的分室 1 与分室 2 方便阿特拉津加入与后续的分离测试。

图 3-2 三室培养体系实物图(彩图请扫封底二维码)

Figure 3-2 Physical pictures of compartmented cultivation system (For color version, Please sweep QR Code in the back cover)

3.2.2 菌根侵染情况检测

定期分别测定阿特拉津胁迫下与非阿特拉津胁迫下苜蓿菌根的侵染率，并做好记录，图 3-3a 为醋酸墨水染色法观察到的苜蓿菌根，图 3-3b 为酸性品红染色法观察到的苜蓿菌根，在两张图中都可以观察到真菌后期繁殖体——孢子，以及真菌菌丝。图 3-4 是含有和不含有阿特拉津胁迫时侵染率随时间变化图，从图 3-4 中可以看出在种植的前期侵染率不高，从第 17 天开始侵染率达到 10%以上，25 天后侵染率迅速增高，这和真菌的繁殖特性相关，最终测得在阿特拉津胁迫下苜蓿侵染率达到 80%以上，非阿特拉津胁迫下侵染率达到 75%以上，略低于前者。

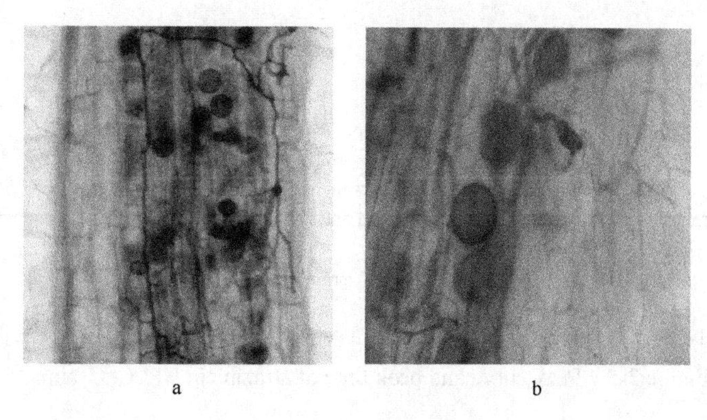

图 3-3 种植 40 天的 AM 真菌侵染率测定(彩图请扫封底二维码)

Figure 3-3 The measurement diagram of colonization rates after 40 days (For color version, please sweep QR Code in the back cover)

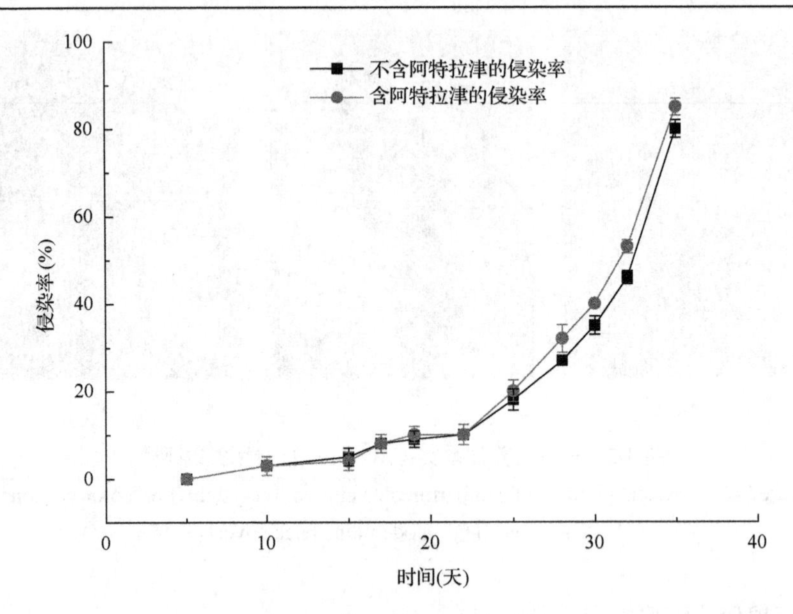

图 3-4　侵染率随时间变化图

Figure 3-4　The picture of infection rate changes with time

3.2.3　土壤中阿特拉津测定结果

经过 HPLC 检测可以发现，超声提取-正己烷、丙酮萃取法可以从土壤中提取阿特拉津，损失较小(回收率为 86.2%)，峰形较好且杂质少，选择甲醇：水为 4：1(*V*：*V*)的流动相也使得出峰快，在进样 5.1 min 时就能够得到阿特拉津峰，阿特拉津标准曲线见图 3-5。

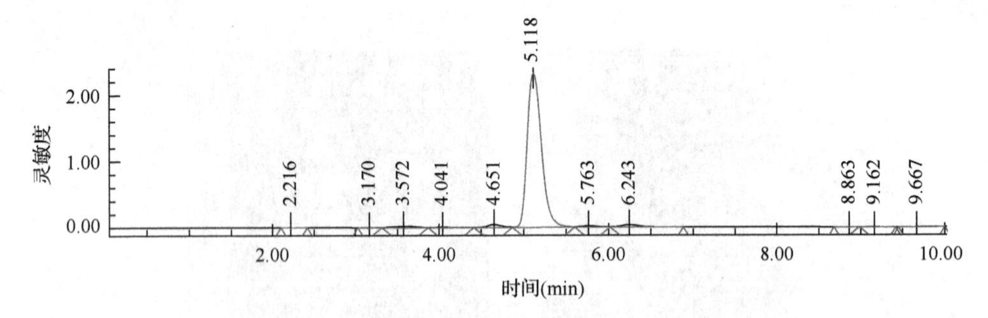

图 3-5　高效液相色谱图中编号为 C 组的阿特拉津出峰曲线及出峰时间

Figure 3-5　Peak curve and peak time of atrazine in HPLC (Group C)

每个处理做 3 个平行样，通过 HPLC 检测阿特拉津浓度，利用平均值绘制标准曲线，首先利用阿特拉津标准液绘制标准曲线；然后利用回收率、进样量计算土壤中残留阿特拉津浓度，可通过将实验组与预留组对比得到。贡献度是通过是否添加摩西球囊霉来计算的，未添加真菌的对照组中阿特拉津降解的贡献度归于植物的吸收与自然环境下的降解，其他的贡献度归于摩西球囊霉，具体每一组的计算结果见图 3-6、表 3-2。

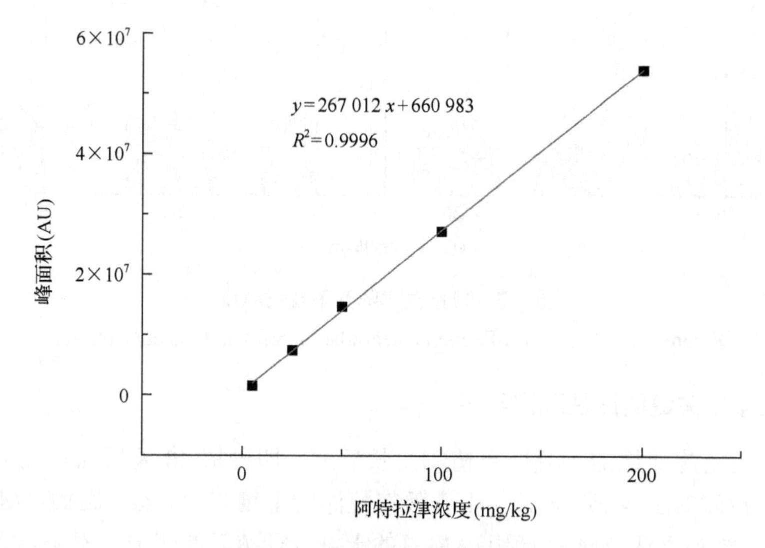

图 3-6 阿特拉津标准曲线

Figure 3-6 Standard curve of atrazine

表 3-2 阿特拉津降解率计算

Table 3-2 Calculation of degradation rate of atrazine

编号	阿特拉津浓度(mg/kg)	阿特拉津降解率(%)	贡献度(%)
Pre b	7.29	—	—
Pre c	13.780	—	—
Pre d	24.095	—	—
B	4.007±0.734[a]	51.29±4.169[b]	78.26±1.91[b]
C	4.328±0.6915[a]	70.22±3.465[b]	77.28±1.155[a]
D	12.15±1.489[b]	52.85±2.681[a]	76.11±3.035[b]
b	5.953±0.116[a]	11.11±1.18[b]	21.74±1.912[b]
c	9.176±0.0756[a]	15.94±1.074[a]	22.71±1.156[a]
d	21.045±0.906[b]	12.47±1.222[a]	23.89±3.034[b]

注：表中的值是平均值±标准误(n=3)；同一列中不同小写字母表示不同处理之间同一指标的显著性差异(P<0.05)

在添加农药的 15 天中，可以看到浓度为 20 mg/kg 的 C 组农药降解率最高，达到 70.22%，其中植物自身吸收及环境降解约 20%，可见植物与真菌的共生对土壤中农药的降解有着积极的作用，而且浓度达到 20 mg/kg 时降解率达到阈值(图 3-7)。

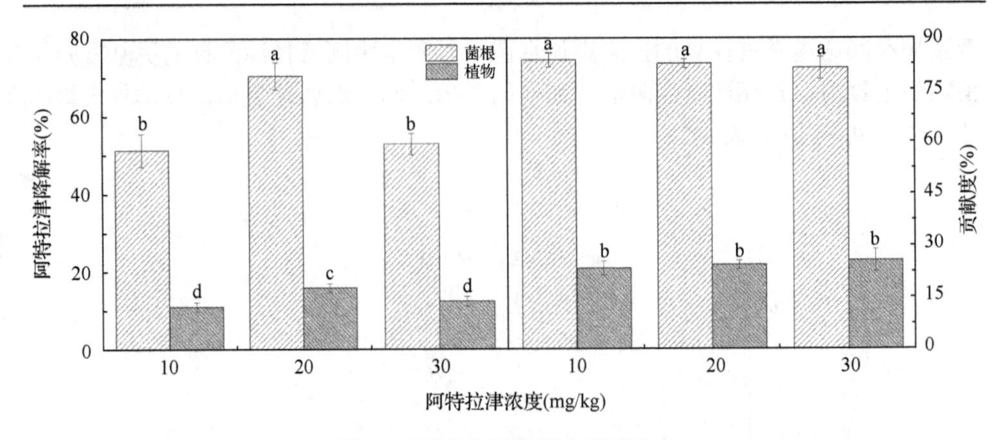

图 3-7　阿特拉津降解率及贡献度

Figure 3-7　The view of atrazine degradation rates and the contribution

3.2.4　土壤中关键酶活性测定结果

用于测定酶活性的土壤取自植物生长后期，即种植 40 天后的盆栽土，分别用含阿特拉津的土壤(分室 1)、不含阿特拉津的土壤(分室 2)，添加 AM 真菌组(AM＋)、添加灭活 AM 真菌组(AM−)的土壤进行酶活性测定。添加阿特拉津组对不同的阿特拉津浓度进行对比分析，并针对是否添加 AM 真菌进行对比分析，在种植的 24 盆盆栽中，每一盆都根据上述方式取得土壤，分别过 80 目筛，按照 2.1.2.4 中所述的方法进行酶活性测定，每个实验组分别进行 3 次重复，根据酶活性的变化分别绘制趋势图。土壤中关键酶的活性能体现土壤中微生物的活力，在阿特拉津胁迫下，随着阿特拉津浓度的上升，土壤中 5 种关键酶除磷酸酶外其他酶活性都上调表达，这 5 种关键酶活性在 AM 真菌存在的条件下都能高于无 AM 真菌添加组，酶活性变化趋势见图 3-8a～图 3-8e，其中横坐标 1～4 分别代表阿特拉津浓度为 0 mg/ml、10 mg/ml、20 mg/ml、30 mg/ml，纵坐标代表各自的酶活性变化。AM+代表添加 *G.mosseae* 组，AM−代表添加灭活 *G.mosseae* 组，AT+代表添加阿特拉津的分室(浓度为 10 mg/ml、20 mg/ml、30 mg/ml)土壤的酶活性，AT−代表无阿特拉津的分室土壤的酶活性。

从具体酶活性上看，阿特拉津可以促进蔗糖酶、脲酶、过氧化氢酶、纤维素酶的活性上调表达，并随着土壤中阿特拉津浓度的上升，向土壤中分泌更多的酶，这有可能促进阿特拉津在土壤中的降解，也有可能是苜蓿本身在阿特拉津胁迫下做出的应答反应，是对植物自身的一种保护策略。AM+组的各项酶活性基本高于 AM−组，说明 AM 真菌的存在可以促进土壤关键酶的表达，在土壤中阿特拉津的降解过程中，AM 真菌起到不可或缺的作用。

从图 3-8a 中可见随着阿特拉津浓度的上升，蔗糖酶活性有上升趋势，总体上看 AM+组的蔗糖酶活性要高于 AM−组。在无阿特拉津胁迫下，蔗糖酶活性变化不明显，AM+组的蔗糖酶活性高于 AM−组。

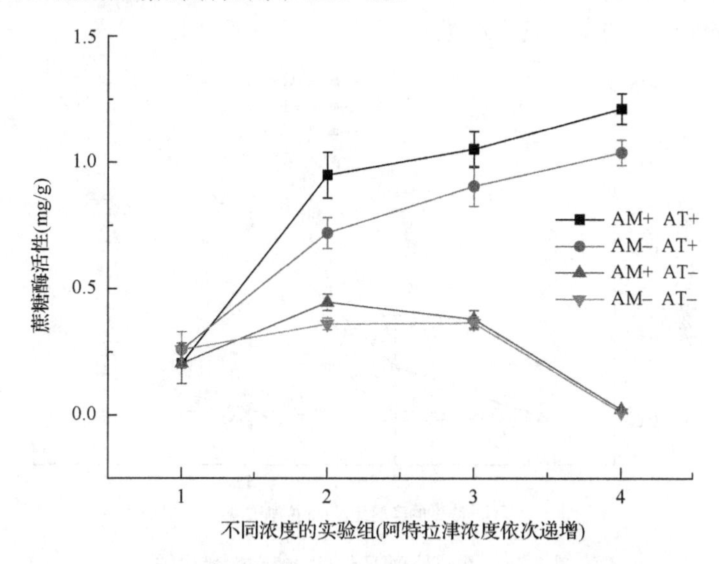

图 3-8a 不同处理下土壤蔗糖酶活性变化图

Figure 3-8a Changing chart of sucrase activity in soil under different treatments

从图 3-8b 中可以得出，在阿特拉津胁迫下，磷酸酶随着阿特拉津浓度上升，其活性先升高，后下降，在阿特拉津浓度为 20 mg/ml 时，磷酸酶活性上升到最高点，土壤磷酸酶活性总体上 AM+组高于 AM−组。在无阿特拉津胁迫下其活性则差异不明显，AM+组高于 AM−组。

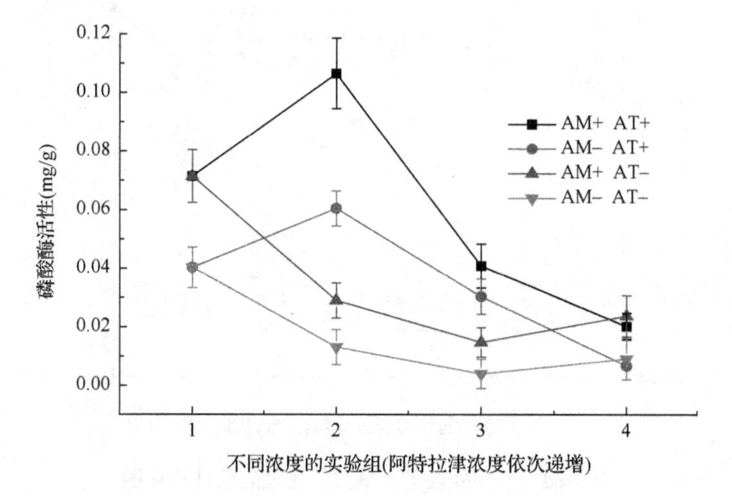

图 3-8b 不同处理下土壤磷酸酶活性变化图

Figure 3-8b Changing chart of phosphatase activity in soil under different treatments

从图 3-8c 中可以得出在阿特拉津胁迫下，随着阿特拉津浓度上升，土壤脲酶活性都有一定程度的上升，且 AM+组脲酶活性高于 AM−组。在无阿特拉津胁迫下，土壤脲酶活性的变化则不明显。

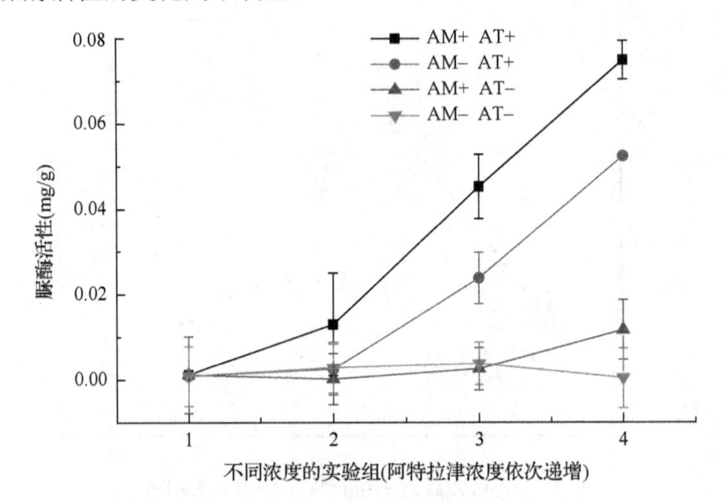

图 3-8c　不同处理下土壤脲酶活性变化图

Figure 3-8c　Changing chart of urease activity in soil under different treatments

从图 3-8d 中可以得出在阿特拉津胁迫下，随着阿特拉津浓度上升，土壤过氧化氢酶活性上调表达，AM+组酶活性高于 AM−组。无阿特拉津胁迫下变化不明显，总体上 AM+组酶活性高于 AM−组。

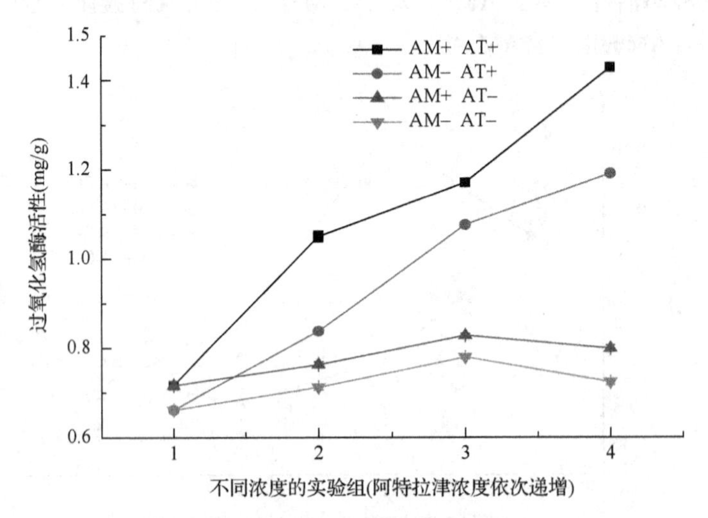

图 3-8d　不同处理下土壤过氧化氢酶活性变化图

Figure 3-8d　Changing chart of catalase activity in soil under different treatments

从图 3-8e 中可以得出在阿特拉津胁迫下，随着阿特拉津浓度上升，土壤纤维素酶活性升高，AM+组纤维素酶活性高于 AM−组。无阿特拉津胁迫下，纤维素酶活性几乎无太大变化，AM+组酶活性高于 AM−组。

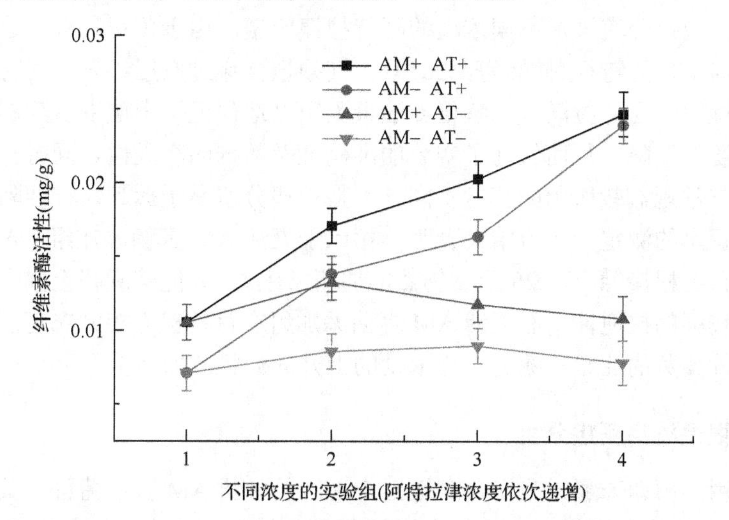

图 3-8e 不同处理下土壤纤维素酶活性变化图

Figure 3-8e Changing chart of cellulase activity in soil under different treatments

3.3 讨 论

3.3.1 苜蓿培养结果

阿特拉津对环境的污染是持久性的，越来越多的学者、科研人员针对这一现象展开研究，但关于应用真菌-植物共生法降解土壤中阿特拉津的报道并不多(Ji et al.，2015)。本文利用蒺藜苜蓿(*Medicago truncatula*)与摩西球囊霉(*Glomus mosseae*)共生进行盆栽试验，试验结果表明土壤中阿特拉津浓度 20 mg/kg 为共生体系降解的最适浓度，降解率达到 70.22%，其中环境及其他因素的贡献度约 20%。选取该组不同分室的菌根进行转录组序列分析，结果表明在阿特拉津胁迫下，一些蛋白质序列均有表达，主要包括锌指蛋白、抗逆境抗病蛋白、电子传递相关蛋白及胞外酶类，而主要起降解阿特拉津作用的是胞外酶中的漆酶和谷胱甘肽过氧化物酶，其他基因的上调表达也对阿特拉津的降解起积极作用。

蒺藜苜蓿是一种阿特拉津敏感作物(南丽丽等，2014)，在设计培养体系时，考虑到在土壤中添加阿特拉津并混匀的常规盆栽试验影响苜蓿的生长，而且苜蓿生长过程中对水分的需求量很大，大量浇水时会导致阿特拉津随水分流失，无法阐明阿特拉津的降解是因为菌根作用还是由于水分流失所造成的阿特拉津流失，对实验有较大影响，不能够客观地体现菌根对阿特拉津的降解效果。于是设计三室培养体系，蒺藜苜蓿在苗期、生长期及真菌共生期不与阿特拉津接触，而是在自然情况下与真菌共生并生长。蒺藜苜蓿生长至25天后，根部到达培养体系底部，此时在阿特拉津分室添加不同浓度的阿特拉津土壤。由于苜蓿具有发达的根系及植物根部向水性的特征(何峰等，2014)，其须根会穿过双层纱布与阿特拉津接触并降解土壤中的阿特拉津。三室培养法最大限度地保证了土壤中农药的含量不会因外界环境而下降，从而保证了实验的准确性及数据的客观性。同时三室培养体系的组成与常规盆栽所用的花盆不同，阿特拉津分室易于拆卸，方便阿特拉津的添加与降解率的测定。实验结果表明，相比于灭活 AM 真菌添加组，AM 真菌添加组在苜蓿菌根接触农药25天后仍然能够正常生长，并能够降解土壤中的阿特拉津，具有较强的抗逆性。而灭活 AM 真菌添加组在苜蓿根部接触农药后出现生长停滞、叶片变黄的症状，随着农药浓度的上升其症状愈加严重。

3.3.2　菌根侵染率测定分析

所选用的摩西球囊霉为东北寒地黑土地区的优势 AM 真菌菌群，其分布也极为广泛，有报道称从草本植物到木本植物都能够与其建立稳定的互惠共生关系(Ruckli et al.，2014)。有学者将 AM 真菌与植物之间的共生比喻为营养交换市场(Wong et al.，2015)，形象地阐述了其共生机制，即以营养物质互换为基础的共生关系，其中植物主要供给真菌生长繁殖所必需的碳水化合物，真菌反过来提供给植物土壤中匮乏的元素(如磷)。菌根侵染则是共生关系建立的标志，有学者将 AM 真菌的侵染分为前期、中期、中后期和后期 4 个阶段，良好共生关系的建立标志是在真菌后期形成繁殖体——孢子结构(Wu et al.，2013)。

通过测定苜蓿侵染率随时间的变化可以得知，培养15天后才会有较明显的侵染，在25～30天侵染率上升(图3-4)，可能是由于土壤中的营养元素不能够满足苜蓿的生长过程，AM 真菌能够较好地改善宿主植物的营养状况，从而建立互惠共生关系(George et al.，2012)。由于培养中浇水方式的特殊性，即在培养早期具有充足的水分，而在培养后期，尤其是在添加了阿特拉津后，在一定程度上减少了其含水量，有报道称 AM 真菌能够显著延长苜蓿须根的长度，并能够改善苜蓿的水分吸收水平，减少的水分供给也就在一定程度上提高了 AM 真菌的侵染率(Chmura and Gucwa-Przepióra，2012)。AM 真菌的侵染是一个周期过程，前期可能在分子水平上建立共生所需的条件，如一些蛋白的特异表达、转录水平的准备(Thanuja et al.，2002)。这也是导致前期侵染率很低的原因之一。

在培养40天后，AM 真菌侵染率达到75%以上，阿特拉津胁迫下的菌根侵染率达到80%以上，在种植后期可以在显微镜下观察到菌丝、泡囊及真菌后期繁殖体——孢子，在添加灭活 AM 真菌的对照组中，并未发现侵染现象。在 AM 真菌共生组，阿特拉津降解率最高能够达到74.65%，而在添加灭活AM真菌组，阿特拉津降解率为20%左右，可见AM真菌在阿特拉津降解中起到不可或缺的作用，而且阿特拉津的胁迫有助于AM真菌侵染。

3.3.3 土壤阿特拉津的提取分析

3.3.3.1 试验阿特拉津浓度的选取

由于我国东北地区连年种植玉米，农田中阿特拉津成为主要的污染物之一，许多文献报道在地下水、地表水中都已经发现阿特拉津严重污染(Trimnell and Shasha，1990)，由于其在土壤中稳定性强，加之连年喷洒，土壤中阿特拉津含量严重超标。这不仅对土壤中微生物的群落组成有很大的影响，而且通过生物富集作用，严重威胁着人类的健康，此外，阿特拉津对两栖动物有致畸、不育的作用。经过对东北寒地黑土地区的调查可以发现，在污染的玉米农田中阿特拉津污染浓度为 0.05～10 mg/kg，局部污染地区可能达到几十或上百毫克每千克不等(王辰等，2015)，根据实际农田中阿特拉津污染情况，设置试验组的阿特拉津浓度梯度为0 mg/kg、10 mg/kg、20 mg/kg、30 mg/kg。

3.3.3.2 土壤阿特拉津提取

本文采用超声提取-正己烷、丙酮萃取法从土壤中提取阿特拉津，操作相对简易，一天内就可以完成相关操作，而且有较高的回收率，经过回收率测量，可以达到 86.2%，在土壤中提取阿特拉津时反复提取会进一步增加回收率，但多次回收提取会导致阿特拉津长时间暴露，进而导致部分阿特拉津降解(贺小敏等，2011)，对试验有较大影响。该提取方法会产生部分杂质，在用甲醇定容的阶段需要用0.22 μm滤膜过滤，这可能会损失一部分阿特拉津。

采用高效液相色谱法(HPLC)测量阿特拉津含量，使用甲醇∶水(4∶1，*V*∶*V*)的流动相能够产生较强的分离性，选择流速为0.8 ml/min能够维持稳定的柱压，在5 min左右就能够出峰，而且能够得到较好的峰形，从而能够准确地测量溶液中的阿特拉津含量。降解率的计算方法：利用阿特拉津标准液绘制标准曲线，换算土壤中阿特拉津残留浓度，试验组与预留组分别进行对比得到。贡献度的计算是通过添加摩西球囊霉对阿特拉津降解的百分比与不添加摩西球囊霉对比所得到的，添加灭活真菌的对照组中阿特拉津降解的贡献度归于植物的吸收与自然环境下的降解，其他的贡献度归于摩西球囊霉。从表3-2中可以得出添加AM真菌且阿特拉津浓度为20 mg/kg的C组降解率最高，达到70.22%，而B、D组的降解率分别达到51.29%和52.85%。灭活AM真菌添加组的b、c、d组，其降解率基本在10%～15%，也就是环境降解及植物自身吸收。

3.3.4 土壤酶活性测定分析

土壤酶是指由土壤微生物分泌到胞外的酶类，或者微生物体内的一些酶类，其对土壤的理化性质有很大的影响，可以促进土壤腐殖质化(曹慧等，2003)，有些报道称其能够减轻重金属、有机物污染，并能够进行废水处理，土壤酶活性能够体现土壤中微生物的活性，并能够体现土壤活力(孙瑞莲和赵秉强，2003)。本试验主要针对 5 种土壤中的关键酶进行不同条件下的酶活性测定，这 5 种关键酶即过氧化氢酶、磷酸酶、蔗糖酶、纤维素酶和脲酶。

从测定的酶活性变化趋势可以看出，若只考虑阿特拉津浓度梯度变化，除了磷酸酶，其他 4 种酶都随着阿特拉津浓度的上升而上调表达，这 4 种酶可能对阿特拉津的降解有一定影响，或者在降解的某一步反应中起到催化调节作用；在无阿特拉津对照组中，酶活性无明显变化。对比添加 AM 真菌的试验组与添加灭活 AM 真菌的对照组，试验组的酶活性都要高于对照组，这也说明在摩西球囊霉的共生条件下，AM 真菌不仅会促进植物的营养吸收，有利于植物生长，还能够增强土壤中关键酶的活性，加速土壤中的化学反应，进一步促进植物生长。土壤中阿特拉津的降解可能发生在苜蓿菌根内部，也有可能是共生体受到阿特拉津胁迫分泌胞外酶，而这些胞外酶对阿特拉津降解有积极的作用。有文章报道称土壤中阿特拉津的降解主要是依赖氧化性强的酶类(万年升等，2006)，有部分细菌能够以阿特拉津作为唯一氮源生长从而降解阿特拉津，但真菌的降解机制及具体降解过程尚未阐明。

3.4 本 章 小 结

试验发明了新型 T 型共生培养体系装置，能够清楚地阐释丛枝菌根(AM)真菌对阿特拉津的降解作用，最大限度地保证土壤中农药的含量不会因外界环境而降解，从而保证了试验的准确性及数据的客观性。当阿特拉津浓度为 20 mg/kg 时，摩西球囊霉仍然能够与苜蓿根系建立良好的共生关系，且对阿特拉津的降解率高达 70.22%，其中菌根贡献度高达 77.28%，这能够更加准确地说明丛枝菌根真菌对阿特拉津的降解作用。与此同时，土壤中蔗糖酶、脲酶、过氧化氢酶和纤维素酶的活性均随阿特拉津添加浓度的增加而提高，并且接种摩西球囊霉的土壤酶活性均高于接种灭活摩西球囊霉处理，这表明 AM 真菌和阿特拉津的双重作用促进了蔗糖酶、脲酶、过氧化氢酶和纤维素酶的上调表达。

本研究结果进一步揭示了 AM 真菌对阿特拉津的降解作用及对土壤酶活性的影响，为 AM 真菌修复农药污染土壤的研究提供了一定的理论依据。

参 考 文 献

曹慧, 孙辉, 杨浩. 2003. 土壤酶活性及其对土壤质量的指示研究进展[J]. 应用与环境生物学报, 9(1): 105-109.

何峰, 韩冬梅, 万里强, 等. 2014. 我国主产区紫花苜蓿营养状况分析[J]. 植物营养与肥料学报, 20(2): 503-509.

贺小敏, 葛洪波, 李爱民. 2011. 固相萃取-高效液相色谱法测定水中呋喃丹、甲萘威和阿特拉津[J]. 环境监测管理与技术, 23(4): 46-48.

南丽丽, 师尚礼, 张建华. 2014. 不同根型苜蓿根系发育能力研究[J]. 草业学报, 23(2): 117-124.

孙瑞莲, 赵秉强. 2003. 长期定位施肥对土壤酶活性的影响及其调控土壤肥力的作用[J]. 植物营养与肥料学报, (4): 406-410.

万年升, 顾继东, 段舜山. 2006. 阿特拉津生态毒性与生物降解的研究[J]. 环境科学学报, 26(4): 552-560.

王辰, 宋福强, 孔祥仕, 等. 2015. 阿特拉津残留对黑土农田中 AM 真菌多样性的影响[J]. 中国农学通报, 31(2): 174-180.

Chmura D, Gucwa-Przepióra E. 2012. Interactions between arbuscular mycorrhiza and the growth of the invasive alien annual impatiens parviflora DC: a study of forest type and soil properties in nature reserves[J]. Applied Soil Ecology, 62: 71-80.

George C, Wagner M, Kücke M, et al. 2012. Divergent consequences of hydrochar in the plant-soil system: arbuscular mycorrhiza, nodulation, plant growth and soil aggregation effects[J]. Applied Soil Ecology, 59: 68-72.

Ji Y F, Dong C X, Kong D Y, et al. 2015. New insights into atrazine degradation by cobalt catalyzed peroxymonosulfate oxidation: kinetics, reaction products and transformation mechanisms[J]. Journal of Hazardous Materials, 285: 491-500.

Phillips J M, Hayman D S. 1970. Improved procedures for clearing roots and staining parasitic and vesicular-arbuscular mycorrhizal fungi for rapid assessment of infection[J]. Transactions of the British Mycological Society, 55: 158-160.

Ruckli R, Rusterholz H P, Baur B. 2014. Invasion of an annual exotic plant into deciduous forests suppresses arbuscular mycorrhiza symbiosis and reduces performance of sycamore maple saplings[J]. Forest Ecology and Management, 318: 285-293.

Thanuja T V, Hegde R V, Sreenivasa M N. 2002. Induction of rooting and root growth in black pepper cuttings (*Piper nigrum* L.) with the inoculation of arbuscular mycorrhizae[J]. Scientia Horticulturae, 92(3-4): 339-346.

Trimnell D, Shasha B S. 1990. Controlled release formulations of atrazine in starch for potential reduction of groundwater pollution[J]. Journal of Controlled Release, 12(3): 251-256.

Wong Y F, Chin S T, Perlmutter P, et al. 2015. Evaluation of comprehensive two-dimensional gas chromatography with accurate mass time-of-flight mass spectrometry for the metabolic profiling of plant-fungus interaction in *Aquilaria malaccensis*[J]. Journal of Chromatography A, 1387: 104-115.

Wu Q S, Zou Y N, Huang Y M, et al. 2013. Arbuscular mycorrhizal fungi induce sucrose cleavage for carbon supply of arbuscular mycorrhizas in citrus genotypes[J]. Scientia Horticulturae, 160: 320-325.

Yang Y N, Ba L, Bai X N, et al. 2010. An improved method to stain arbuscular mycorrhizal fungi in plant roots[J]. Acta Ecologica Sinica, 30(3): 774-779.

4 丛枝菌根根际细菌群落对阿特拉津胁迫的响应

植物形成丛枝菌根(AM)后，直接与污染物接触的根系和具有庞大菌丝网络结构的 AM 真菌共生形成的丛枝菌根被视为有机污染物的“先锋区”。那么根际微生物群落对富集的阿特拉津胁迫和驯化是如何响应的？前文已经证明 AM 真菌能够提高在阿特拉津胁迫下的根际土壤中酶的活性。Huang 等(2009)利用磷脂脂肪酸(PLFA)生物标记技术发现 AM 真菌对土壤微生物群落结构具有显著影响。由此可知，AM 真菌对阿特拉津胁迫下的根际微生物群落结构和生物活性均产生影响，但是关于根际细菌群落组成和多样性的研究还较少。

本研究将蒺藜苜蓿(*Medicago truncatula*)接种摩西球囊霉(*Glomus mosseae*)，在形成 AM 共生体后施加 10 mg/kg 阿特拉津。当阿特拉津降解率达到 50%时，以 16S rRNA 基因的 V4 区为分子标靶，通过 Illumina HiSeq 高通量测序技术揭示 AM 真菌和阿特拉津分别对根际细菌群落组成和多样性的影响，以及摩西球囊霉菌根根际细菌群落对阿特拉津胁迫的响应，旨在为探讨丛枝菌根修复阿特拉津污染土壤的机制提供理论依据。

4.1 材料与方法

4.1.1 供试材料与盆栽设计

蒺藜苜蓿(*Medicago truncatula*)种子购自黑龙江省农业科学院草业研究所；供试 AM 真菌为摩西球囊霉(*G. mosseae*)，接种物由孢子、菌丝及菌根片段组成，孢子含量约为 25 个/g 接种物，由黑龙江大学生命科学学院修复生态研究室保藏。

盆栽基质由林下土、蛭石和细沙以 5∶3∶2(*V*∶*V*∶*V*)的比例均匀混合而成，121℃、0.1 MPa 高温蒸汽灭菌 1 h，以灭活土著 AM 真菌。蒺藜苜蓿种子经消毒、催芽后播种，并以每盆培养基质的 2%(*m*/*m*)接种摩西球囊霉接种物和灭活接种物，分别作为接种处理(AM)与未接种处理(NM)，且每盆(300 mm×100 mm×150 mm，基质约为 3.5 kg)定苗 80 株。植株培养 30 天左右，利用醋酸墨水染色法检测菌根侵染率。当 AM 真菌侵染率达到 90%以上时，施加 10 mg/kg 阿特拉津溶液胁迫(实验团队前期研究发现，当基质中阿特拉津浓度为 10 mg/kg 时，蒺藜苜蓿的光合作用受到抑制但非致死)，最终形成未接种+未施药(NM.NA)、接种+未施药(AM.NA)、未接种+施药(NM.AT)和接种+施药(AM.AT)4 种处理，每种处理有 3 盆重复。盆栽苗在黑龙江省森林植物园内露天常规培养，但水分完全采用人工控制。

定期对阿特拉津降解率进行检测，当 AM.AT 处理中阿特拉津降解率达到 50%时，每盆随机选取 40 个植株，用毛刷收集苜蓿根际土壤(<0.5 cm)混合作为 1 个样品，每种处理 3 次重复，共计 12 个样品，然后分别测定土壤理化性质并提取土壤基因组 DNA。

4.1.2　试验方法

4.1.2.1　土壤理化性质

土壤总氮(total nitrogen，TN)采用重铬酸钾-硫酸消化法测定；铵态氮(ammonium nitrogen，AN)和硝态氮(nitrate nitrogen，NN)采用氯化钾浸提-钼锑抗分光光度法测定；速效磷(available phosphorous，AP)采用碱熔-钼锑抗分光光度法测定；速效钾(available potassium，AK)采用中性乙酸铵提取并用火焰光度计法测定；总有机质(total organic carbon，TOC)采用重铬酸钾容量法测定；pH 采用 2.5∶1 的水土比，用电位法测定。以上分析方法见《土壤农业化学分析方法》(鲁如坤，1999)。土壤中阿特拉津残留量采用液相色谱法测定(Song et al.，2015)。

4.1.2.2　细菌 16S rRNA 基因测序

利用土壤基因组 DNA 提取试剂盒提取土壤基因组 DNA，经 1%琼脂糖凝胶电泳定性检测和 Nanodrop 2000 分光光度计进行 DNA 纯度和浓度检测。稀释后的基因组 DNA 利用通用引物 515F(5′-GTGCCAGCMGCCGCGGTAA-3′)和 806R(5′-GGACTACHVGGGTWTCTAAT-3′)对 16S rRNA 基因的 V4 区进行扩增(Caporaso et al.，2011)。PCR 扩增条件：94℃变性 30 s，56℃退火 30 s，72℃延伸 30 s，25 次循环后，72℃终延伸 5 min。所得 PCR 产物经试剂盒(QIAGEN)纯化后依据浓度等量混合，委托北京诺禾致源生物信息科技有限公司利用其 HiSeq 2500 平台进行测序。

4.1.2.3　数据处理分析

使用 TruSeq® DNA PCR-Free Sample Preparation Kit 建库试剂盒进行文库构建。将 HiSeq 2500 下机的测序数据截去 bar-code 和引物序列后，使用 FLASH(V 1.2.7)进行每个样品的 read 拼接，然后通过 Qiime 进行 Tags 截取和长度过滤(Caporaso et al.，2010)，采用 UCHIME(Edgar et al.，2011)程序和 Gold database 去除嵌合体序列，得到最终的有效 Tags。

利用 Uparse（V 7.0.1001）对所有样品的全部有效 Tags 进行聚类（Edgar，2013），以 97%的一致性将序列聚类成为 OTU，以出现频数最高的序列作为 OTU 的代表序列。用 Mothur 与 Silva（Quast et al.，2013）的 SSU rRNA 数据库进行物种注释分析（设定阈值为 0.8～1），最后对各样品的数据进行均一化处理。

使用 SPSS 19.1 进行数据统计分析，差异显著性检验采用 Two-way ANOVA，相关性分析采用 Spearman 法。细菌群落 α 多样性采用 Observed-species、Chao1 指数、香农-维纳指数和辛普森指数来计算。利用 CANOCO 4.5 对土壤理化性质和微生物群落结构进行典范对应分析（canonical correspondence analysis，CCA）。

4.2 结果与分析

4.2.1 土壤理化性质与 AM 真菌侵染

当蒺藜苜蓿培养到 35 天时测定菌根侵染率发现，摩西球囊霉与蒺藜苜蓿可以形成良好的共生关系，侵染率高达 91%以上，此时在基质中施加阿特拉津进行胁迫。第 50 天时检测阿特拉津残留量发现，接种摩西球囊霉将蒺藜苜蓿对土壤中阿特拉津的降解率由 33.4%提高至 52.23%，由此表明接种 AM 真菌可以显著提高阿特拉津的降解率。此外，施加阿特拉津显著提高了土壤速效钾含量（$P<0.05$）并降低了土壤 pH（$P<0.05$），其他土壤理化指标均未受接种摩西球囊霉、施加阿特拉津及二者交互作用的显著影响（$P>0.05$）（表 4-1）。

表 4-1 不同处理中根际土壤理化性质与 AM 真菌侵染率

Table 4-1 Soil physicochemical properties and AMF colonization rate in different treatments

测量数据	NM.NA	AM.NA	AM.AT	NM.AT
总有机质(%)	5.54 ± 0.96^{Aa}	5.45 ± 0.87^{Aa}	5.57 ± 0.74^{Aa}	6.42 ± 0.39^{Aa}
硝态氮(mg/kg)	103.01 ± 27.64^{Aa}	76.43 ± 0.38^{Aa}	80.50 ± 3.27^{Aa}	93.23 ± 3.67^{Aa}
铵态氮(mg/kg)	25.11 ± 0.85^{Aa}	37.34 ± 4.63^{Aa}	44.24 ± 14.07^{Aa}	30.02 ± 4.13^{Aa}
总氮(mg/g)	1.90 ± 0.12^{Aa}	1.96 ± 0.16^{Aa}	2.02 ± 0.09^{Aa}	2.07 ± 0.09^{Aa}
速效钾(mg/kg)	104.14 ± 11.30^{Ab}	113.21 ± 0.89^{Ab}	121.83 ± 8.59^{Aa}	133.96 ± 1.88^{Aa}
速效磷(mg/kg)	48.67 ± 2.22^{Aa}	59.13 ± 0.59^{Aa}	61.02 ± 8.98^{Aa}	58.38 ± 1.89^{Aa}
土壤 pH	7.10 ± 0.03^{Aa}	7.35 ± 0.01^{Aa}	7.22 ± 0.14^{Ab}	7.04 ± 0.03^{Ab}
AM 真菌侵染率(%)	—	91.54 ± 0.23^{A}	91.65 ± 0.19^{A}	—
阿特拉津降解率(%)	—	—	52.23 ± 0.17^{A}	33.42 ± 0.21^{B}

注：同行不同大小写字母分别表示接种处理和施药处理产生显著性差异（$P<0.05$）

4.2.2 细菌群落构成

在未接种+未施药(NM.NA)、接种+未施药(AM.NA)、未接种+施药(NM.AT)和接种+施药(AM.AT)4种处理的根际土壤中，相对丰度较高的细菌门主要包括变形菌门(Proteobacteria，37.6%～43.3%)、放线菌门(Actinobacteria，10.5%～15.9%)、厚壁菌门(Firmicutes，10.6%～12.9%)、酸杆菌门(Acidobacteria，8.1%～10.2%)和绿弯菌门(Chloroflexi，6.8%～10.1%)等(图 4-1)。其中变形菌门在4种处理中均为优势类群，主要包括α-变形菌纲(Alphaproteobacteria，18.11%～21.95%)、β-变形菌纲(Betaproteobacteria，10.89%～16.51%)、γ-变形菌纲(Gammaproteobacteria，3.85%～4.69%)和δ-变形菌纲(Deltaproteobacteria，2.83%～4.29%)。

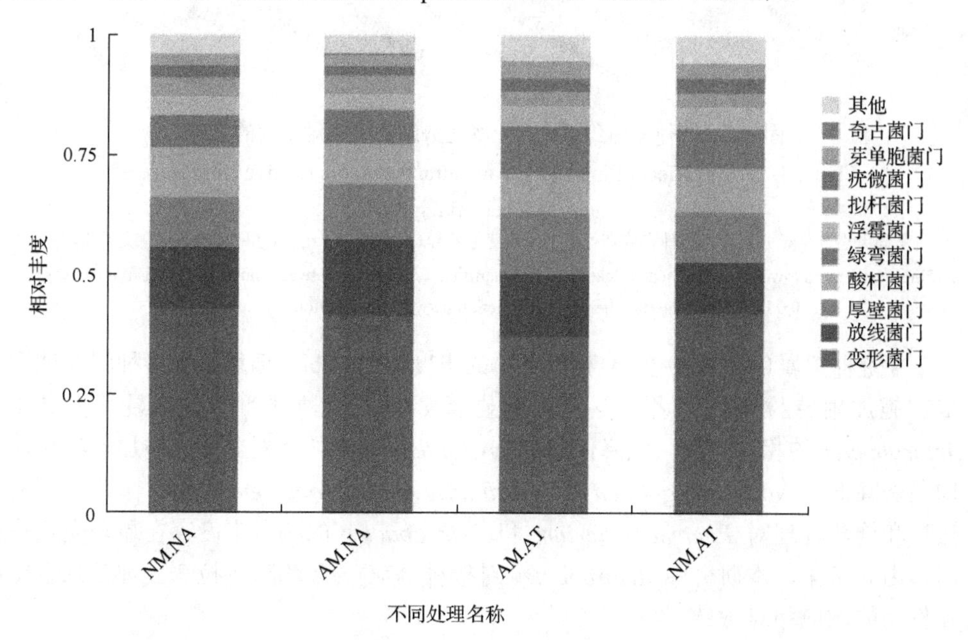

图 4-1 不同处理根际土壤细菌在门水平的相对丰度(彩图请扫封底二维码)

Figure 4-1 Relative abundances of bacterial phyla in different rhizosphere soil (For color version, please sweep QR Code in the back cover)

在4种处理中，平均相对丰度>1%的菌属依次为芽孢杆菌属(*Bacillus*，6.28%～7.85%)、苯基杆菌属(*Phenylobacterium*，2.47%～3.78%)、微枝形杆菌属(*Microvirga*，1.69%～2.20%)、*Tumebacillus*(1.17%～1.51%)、新鞘氨醇杆菌属(*Novosphingobium*，1.13%～2.01%)、类诺卡氏菌属(*Nocardioides*，1.10%～1.29%)、*Ramlibacter*(1.08%～1.59%)、节杆菌属(*Arthrobacter*，1.02%～3.30%)、*Massilia*(1.02%～1.77%)、鞘氨醇单胞菌属(*Sphingomonas*，0.95%～1.29%)和假单

胞菌属(*Pseudomonas*，0.67%～1.49%)，未分类的菌属丰度均在76%以上(图4-2)。

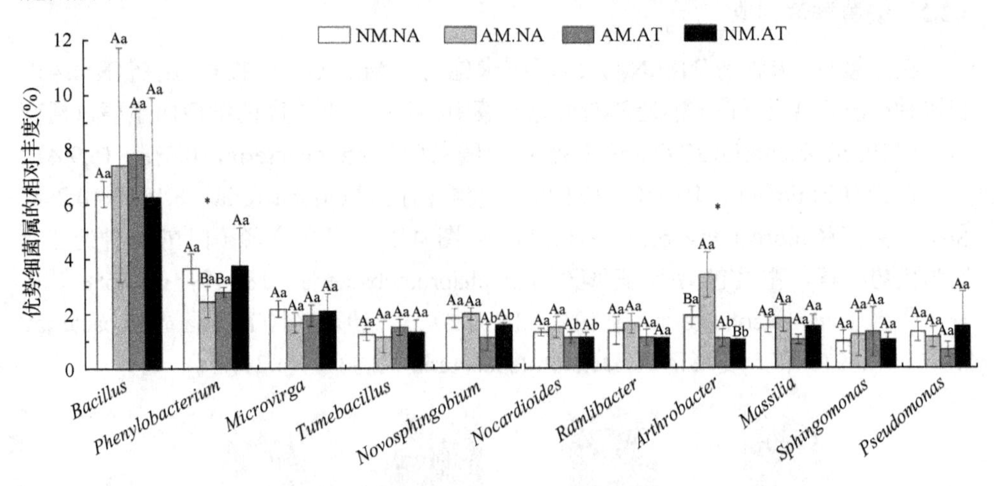

图4-2　接种和施药对根际土壤优势细菌属相对丰度的影响

Figure 4-2　The effect of inoculation and atrazine on the relative abundance of dominant bacterial genera

不同大小写字母分别表示接种和施药处理产生显著性差异(P<0.05)，*表示接种与施药存在交互作用

Different upper and lower lotters indicated that there was significant difference between inoculation and application(P<0.05), *indicating that there was interaction between inoculation and application

芽孢杆菌属(*Bacillus*)在4种处理中的丰度虽为最高，但均不受接种摩西球囊霉、施加阿特拉津及二者交互作用的显著影响。接种摩西球囊霉显著提高了*Arthrobacter*的相对丰度，但降低了*Phenylobacterium*的相对丰度。施加阿特拉津均显著降低了*Novosphingobium*、*Nocardioides*和*Arthrobacter*的相对丰度。另外，接种和施药处理对*Phenylobacterium*和*Arthrobacter*的相对丰度存在显著交互作用。由此可见，本研究中*Arthrobacter*对接种AM真菌和阿特拉津处理及二者交互作用的响应相对敏感。

4.2.3　细菌群落α多样性分析

本研究利用Observed-species(物种数目)、香农-维纳指数(多样性指数)、辛普森指数(优势度指数)和Chao1指数(丰度指数)来表征细菌群落α多样性。由表4-2可知，覆盖度在4种处理中均达到95%以上，说明本次测序结果反映了样本中细菌群落的真实情况。细菌群落香农-维纳指数在接种和施药双处理(AM.AT)中最高。在接种处理(AM.NA与AM.AT)中，施加阿特拉津引起细菌群落香农-维纳指数和物种数目的显著增加。在阿特拉津胁迫下，根际细菌群落丰度与多样性趋势一致，即AM根际(AM.AT)大于未接种根际(NM.AT)。在未胁迫处理下，接种摩西球囊霉提高了细菌群落丰度，降低了多样性指数。

表 4-2 根际细菌群落 α 多样性指标及其与 AM 真菌、阿特拉津相关性

Table 4-2 The α-diversity index of rhizosphere bacteria and its correlation with AM fungi and atrazine

处理	Observed-species	香农-维纳指数	辛普森指数	Chao1 指数	覆盖度(%)
NM.NA	2322.67 ± 47.90^{bc}	8.866 ± 0.04^{ab}	0.994 ± 0.001^{a}	2596.18 ± 52.68^{a}	99.13
AM.NA	2305.67 ± 25.97^{c}	8.724 ± 0.17^{b}	0.993 ± 0.001^{a}	2613.33 ± 147.63^{a}	99.13
AM.AT	2524.67 ± 65.26^{a}	9.150 ± 0.08^{a}	0.995 ± 0.001^{a}	2748.15 ± 73.46^{a}	99.20
NM.AT	2478.00 ± 98.85^{ab}	9.093 ± 0.14^{a}	0.995 ± 0.002^{a}	2737.56 ± 116.83^{a}	99.17

注：同列数值后的不同小写字母表示差异显著($P<0.05$)

4.2.4 苜蓿接种摩西球囊霉与施加阿特拉津对细菌群落结构的影响

对不同处理的土壤细菌的 OTU(97%)组成进行典范对应分析，显示每种处理的 3 个重复聚在一起，说明本研究的样品重现性较好，两轴累计贡献率为 43.46%(图 4-3)。AM.AT 和 NM.AT 分布在第一排序轴的正方向，AM.NA 和 NM.NA 分布在第一排序轴的负方向，这表明阿特拉津胁迫是第一排序轴的主要影响因素，变异解释率为 23.25%。AM.AT 和 AM.NA 分布在第二排序轴的正方向，NM.AT 和 NM.NA 分布在第二排序轴的负方向，这表明接种 AM 真菌是第二排序轴的主要影响因素，变异解释率为 20.21%。

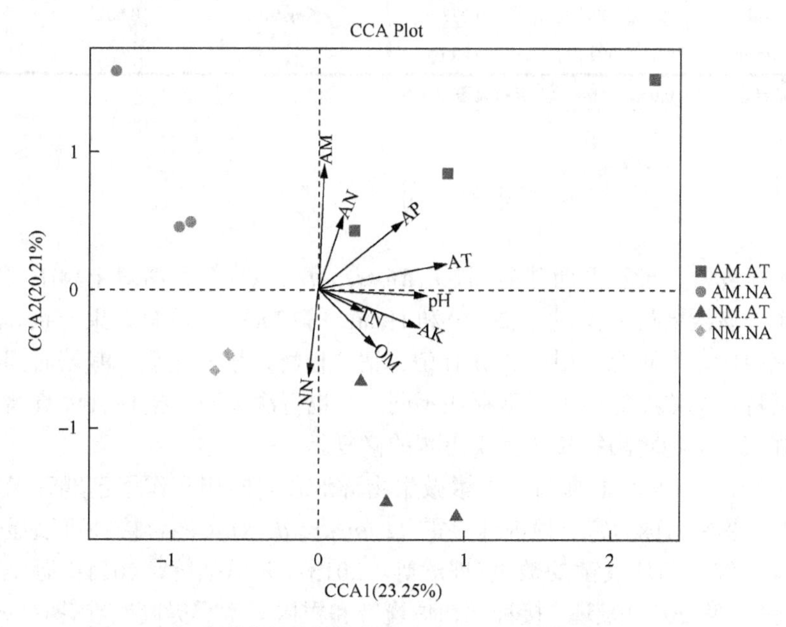

图 4-3 细菌群落结构的典范对应分析(彩图请扫封底二维码)

Figure 4-3 Canonical correspondence analysis of bacterial community structure (For color version, please sweep QR Code in the back cover)

排列检验显示，土壤环境因子 TOC、TN、AP、AK 和 pH 对土壤细菌群落结构也具有一定的影响，但没有接种摩西球囊霉或施加阿特拉津影响显著。

通过根际土壤中细菌属与 AM 真菌、阿特拉津胁迫之间的 Spearman 相关性分析(表 4-3)可知，摩西球囊霉与根际细菌属之间显著相关，均为负相关关系，其中摩西球囊霉与 *Phenylobacterium*、*Bryobacter*、*Variibacter*、*Pirellula* 和 *Ensifer* 呈显著负相关关系，摩西球囊霉与 *Devosia*、*Planctomyces* 呈极显著负相关关系。此外，阿特拉津与 *Arthrobacter*、*Azohydromonas*、*Noviherbaspirillum*、*Flavisolibacter* 呈极显著负相关关系，仅与 *Reyranella* 呈显著正相关关系。

表 4-3　与摩西球囊霉、阿特拉津胁迫处理显著相关的细菌属

Table 4-3　Bacteria that are significantly associated with stress treatment by *G. mosseae* and atrazine

细菌属	摩西球囊霉	阿特拉津	细菌属	摩西球囊霉	阿特拉津
Phenylobacterium	–0.676*	–0.086	*Planctomyces*	–0.728**	–0.220
Arthrobacter	0.392	–0.743**	*Noviherbaspirillum*	0.052	–0.713**
Massilia	–0.150	–0.657*	*Variibacter*	–0.586*	–0.705*
Novosphingobium	0.071	–0.683*	*Flavisolibacter*	0.157	–0.735**
Patulibacter	0.230	–0.656*	*Reyranella*	0.045	0.586*
Azohydromonas	0.269	–0.735**	*Pirellula*	–0.627*	–0.340
Devosia	–0.709**	0.228	*Ensifer*	–0.602*	–0.095
Bryobacter	–0.694*	0.090			

*表示差异显著($P<0.05$)，**表示差异极显著($P<0.01$)

4.3　讨　　论

在本研究中，接种摩西球囊霉(*G. Mosseae*)可以提高苜蓿对土壤中阿特拉津的降解率，该结果与宋福强等(2010)和 Huang 等(2009)的研究结果一致。虽然与上述研究相比，本研究选用的 AM 真菌、宿主植物、培养基质、栽培时间、环境因子和阿特拉津浓度等诸多因素存在不同，但也再次证明了接种 AM 真菌可以有效地增强宿主植物对阿特拉津污染土壤的修复。

近年来，对于 AM 真菌与土壤微生物群落之间的相互作用已展开了大量研究。AM 真菌摩西球囊霉、根内球囊霉(*G. intraradices*)及混合接种可以显著提高土壤真菌、细菌和放线菌的数量(郭欢等，2013；宋福强等，2015；孙金华等，2015)。郭欢等(2013)发现，接种摩西球囊霉和根内球囊霉提高了红花(*Carthamus tinctorius*)根际土壤微生物群落的香农-维纳指数。然而，接种 *G. hoi* 未对长叶车前(*Plantago lanceolata*)根际土壤细菌群落的香农-维纳指数产生显著影响(Nuccio et al.，2013）。接种 *G.caledonium* 也未导致 Chao 1 指数的显著性变化（Cao et al.，2016）。同时，对灌木鼠尾草（*Salvia japonica*）、齿叶薰衣草（*Lavandula dentata*）、法国百里香（*Thymus vulgaris*）和银香菊（*Santolina chamaecyparissus*）分别接种根内根球囊霉，也均未显著改变根际细菌群落的 α 多样性（Rodríguez-Caballero et al.，2017）。由此可见，AM 真菌对根际细菌群落 α 多样性的影响并未达成一致。在本研究中，无论是否受到阿特拉津胁迫，接种摩西球囊霉对根际细菌群落辛普森指数、香农-维纳指数和 Chao1 指数均无显著影响。另外，本研究关于阿特拉津对土壤细菌群落 α 多样性的影响与 Fang 等（2015）的研究结果一致，即施加阿特拉津并未对土壤细菌群落香农-维纳指数产生显著影响。

在假单胞菌 ADP（*Pseudomonas* sp. ADP）和金黄节杆菌（*Arthrobacter aurescens*）TC1 首次分离之后，至今已有大量关于从阿特拉津重度污染生境富集并筛选高降解能力细菌菌株的报道（Zhao et al.，2017），相继获得了假单胞菌属（*Pseudomonas*）、节杆菌属（*Arthrobacter*）和其他菌属的降解菌，如类诺卡氏菌属（*Nocardioides*）（Topp et al.，2000）、弗兰克氏菌属（*Frankia*）（Rehan et al.，2017）、螯合杆菌属（*Chelatobacter*）（Rousseaux et al.，2001）、剑菌属（*Ensifer*）（Ma et al.，2017）、不动杆菌属（*Acinetobacter*）（Yang et al.，2016）、劳特菌属（*Raoultella*）（Swissa et al.，2014）、红杆菌属（*Rhodobacter*）（Du et al.，2011）、产碱杆菌属（*Alcaligenes*）（Aem et al.，2007）、氨基杆菌属（*Aminobacter*）、寡养单胞菌属（*Stenotrophomonas*）（Huang et al.，2009）、甲基杆菌属（*Methylobacterium*）等。在本研究的 4 种处理中，*Arthrobacter*（1.020%～3.295%）、*Pseudomonas*（0.668%～1.487%）和 *Nocardioides*（1.096%～1.464%）的相对丰度均大于 1%。*Ensifer*（0.283%～0.405%）、慢生根瘤菌属（*Bradyrhizobium*）（0.276%～0.538%）、伯克氏菌属（*Burkholderia*）（0.117%～0.282%）、*Rhodobacter*（0.082%～0.145%）、分枝杆菌属（*Mycobacterium*）（0.045%～0.091%）、*Frankia*（0.046%～0.061%）、*Methylobacterium*（0.036%～0.051%）、*Acinetobacter*（0.014%～0.021%）和 *Stenotrophomonas*（0.003%～0.026%）的相对丰度依次降低。在阿特拉津胁迫下，摩西管柄囊霉（*Funneliformis mosseae*）使得 *Arthrobacter* 相对丰度由 1.020%升至 1.075%，*Mycobacterium* 相对丰度由 0.063%升至 0.091%，*Frankia* 相对丰度由 0.046%升至 0.061%，*Stenotrophomonas* 相对丰度由 0.003%升至 0.007%。由此可见，虽然阿特拉津胁迫降低了根际土壤中 *Arthrobacter*、*Frankia* 和 *Stenotrophomonas* 的相对丰度，但接种摩西管柄囊霉在一定程度上提高了具有阿特拉津降解潜力的菌属的相对丰度。

综上所述，接种摩西球囊霉提高了阿特拉津胁迫下土壤中具有阿特拉津降解潜力的菌属如 *Arthrobacter*、*Mycobacterium*、*Frankia* 和 *Stenotrophomonas* 的相对丰度，其中 *Arthrobacter* 受 *G. mosseae*、阿特拉津及二者交互作用的显著影响。

4.4 本章小结

1) 不同处理的根际细菌在门水平相对丰度较高（> 10%）的为变形菌门(Proteobacteria)、放线菌门(Actinobacteria)、厚壁菌门(Firmicutes)、酸杆菌门(Acidobacteria)和绿弯菌门(Chloroflexi)。

2) 单独接种摩西球囊霉或施加阿特拉津均未对苜蓿根际土壤细菌群落 α 多样性产生显著影响。但先接种摩西球囊霉形成丛枝菌根后，再施加阿特拉津可引起细菌群落香农-维纳指数显著增加。

3) 接种摩西球囊霉提高了阿特拉津胁迫下蒺藜苜蓿根际土壤中 *Arthrobacter*、*Mycobacterium*、*Frankia* 和 *Stenotrophomonas* 等具有阿特拉津降解潜力的菌属的相对丰度。

参考文献

郭欢, 曾广萍, 刘红玲, 等. 2013. 丛枝菌根真菌对红花根围微生物多样性特征的影响[J]. 微生物学通报, 40(7): 1214-1224.

鲁如坤. 1999. 土壤农业化学分析方法[M]. 北京: 中国农业科技出版社.

宋福强, 程蛟, 常伟, 等. 2015. 黑土农田施加 AM 菌剂对大豆根际菌群结构的影响[J]. 土壤学报, 52(2): 390-398.

宋福强, 丁明玲, 董爱荣, 等. 2010. 丛枝菌根(AM)真菌对土壤中阿特拉津降解的影响[J]. 水土保持学报, 24(3): 189-193.

孙金华, 毕银丽, 王建文, 等. 2015. 接种 AM 菌对西部黄土区采煤沉陷地柠条生长和土壤的修复效应[J]. 生态学报, 37(7): 2300-2306.

Aem C, Ritter W F, Radosevich M. 2007. Isolation of a selected microbial consortium from a pesticide-contaminated mix-load site soil capable of degrading the herbicides atrazine and alachlor[J]. Soil Biology & Biochemistry, 39(12): 3056-3065.

Cao J, Feng Y, Lin X, et al. 2016. Arbuscular mycorrhizal fungi alleviate the negative effects of iron oxide nanoparticles on bacterial community in rhizospheric soils[J]. Frontiers in Environmental Science, 4(10): 1-12.

Caporaso J G, Kuczynski J, Stombaugh J, et al. 2010. QIIME allows analysis of high-throughput community sequencing data[J]. Nature Methods, 7(5): 335-336.

Caporaso J G, Lauber C L, Walters W A, et al. 2011. Global patterns of 16S rRNA diversity at a depth of millions of sequences per sample[J]. Proceedings of the National Academy of Sciences, 108(suppl. 1): 4516-4522.

Chirnside A E M, Ritter W F, Radosevich M. 2007. Isolation of a selected microbial consortium from a pesticide-contaminated mix-load site soil capable of degrading the herbicides atrazine and alachlor[J]. Soil Biology & Biochemistry, 39(12): 3056-3065.

Du J, Zhang Y, Ma Y, et al. 2011. Simulation study of atrazine-contaminated soil biodegradation by strain W16[J]. Procedia Environmental Sciences, 11(1): 1488-1492.

Edgar R C. 2013. UPARSE: highly accurate OTU sequences from microbial amplicon reads[J]. Nature Methods, 10(10): 996-998.

Edgar R C, Haas B J, Clemente J C, et al. 2011. UCHIIME improves sensitivity and speed of chimera detection[J]. Bioinformatics, 27(16): 2194-2200.

Fang H, Lian J, Wang H, et al. 2015. Exploring bacterial community structure and function associated with atrazine biodegradation in repeatedly treated soils[J]. Journal of Hazardous Materials, 286(11): 457-465.

Huang H, Zhang S, Wu N, et al. 2009. Influence of *Glomus etunicatum*/*Zea mays* mycorrhiza on atrazine degradation, soil phosphatase and dehydrogenase activities, and soil microbial community structure[J]. Soil Biology & Biochemistry, 41(4): 726-734.

Ma L, Chen S, Yuan J, et al. 2017. Rapid biodegradation of atrazine by *Ensifer* sp. strain and its degradation genes[J]. International Biodeterioration & Biodegradation, 116: 133-140.

Nuccio E E, Hodge A, Pett-Ridge J, et al. 2013. An arbuscular mycorrhizal fungus significantly modifies the soil bacterial community and nitrogen cycling during litter decomposition[J]. Environmental Microbiology, 15(6): 1870-1881.

Quast C, Pruesse E, Yilmaz P, et al. 2013. The SILVA ribosomal RNA gene database project: improved data processing and web-based tools[J]. Nucleic Acids Research, 41: 590-596.

Rehan M, Fadly G E, Farid M, et al. 2017. Opening the s-triazine ring and biuret hydrolysis during conversion of atrazine by *Frankia* sp. strain eul1c[J]. International Biodeterioration & Biodegradation, 117: 14-21.

Rodríguez-Caballero G, Caravaca F, Fernández-González A J, et al. 2017. Arbuscular mycorrhizal fungi inoculation mediated changes in rhizosphere bacterial community structure while promoting revegetation in a semiarid ecosystem[J]. Science of the Total Environment, 584-585(15): 838-848.

Rousseaux S, Hartmann A, Soulas G. 2001. Isolation and characterisation of new gram-negative and gram-positive atrazine degrading bacteria from different french soils[J]. FEMS Microbiology Ecology, 36(2-3): 211-222.

Song F, Li J, Fan X, et al. 2015. Transcriptome analysis of *Glomus mosseae*/*Medicago sativa* mycorrhiza on atrazine stress[J]. Scientific Reports, 6: 20245.

Swissa N, Nitzan Y, Langzam Y, et al. 2014. Atrazine biodegradation by a monoculture of *Raoultella planticola* isolated from a herbicides wastewater treatment facility[J]. International Biodeterioration & Biodegradation, 92: 6-11.

Topp E, Mulbry W M, Zhu H, et al. 2000. Characterization of s-triazine herbicide metabolism by a *Nocardioides* sp. isolated from agricultural soils[J]. Applied & Environmental Microbiology, 66(8): 3134-3141.

Yang F, Jiang Q, Zhu M, et al. 2016. Effects of biochars and MWNTs on biodegradation behavior of atrazine by *Acinetobacter lwoffii* DNS32[J]. Science of the Total Environment, 577(15): 54-60.

Zhao X, Ma F, Feng C, et al. 2017. Complete genome sequence of *Arthrobacter* sp. ZXY-2 associated with effective atrazine degradation and salt adaptation[J]. Journal of Biotechnology, 248: 43-47.

5 阿特拉津胁迫苜蓿丛枝菌根生理特性研究

AM 真菌是广泛存在于自然界中的一种植物内生型真菌，其可通过侵染植物根系与植物建立互惠互利的共生关系，促进宿主植物生长，激发植物体内与抗逆性相关的酶的活性等，从而提高植物抵抗环境胁迫的能力。

蒺藜苜蓿是阿特拉津敏感型植物。前文已经证明了蒺藜苜蓿形成菌根后，不但对土壤中的阿特拉津具有降解功能，同时还能提高植物在高浓度农药条件下的抗胁迫能力。本研究在前期试验成果的基础上，通过把菌根化苜蓿培养在霍格兰(Hoagland)营养液中，并施加一定浓度的阿特拉津进行胁迫，对共生体系的生长及生理指标进行测定，旨在揭示菌根植物对农药胁迫的生理响应。

5.1 材料与方法

5.1.1 供试材料

供试植物：宿主植物蒺藜苜蓿(*Medicago truncatula*)种子由黑龙江省农业科学院提供。

供试真菌：AM 真菌为摩西球囊霉(*Glomus mosseae*)，孢子含量约为 30 个/g 接种物，由黑龙江大学生命科学学院修复生态研究室保存。

供试农药：阿特拉津纯品，纯度 99%，购买于百灵威科技有限公司；阿特拉津商品药，纯度 38%，购买于吉林金秋农药有限公司。

供试营养液：改良的半倍霍格兰营养液。

5.1.2 试验方法

5.1.2.1 试验设计及材料培养

(1) 苜蓿种子灭菌及发芽处理

取饱满的苜蓿种子放置于蒸馏水中淘洗 2 或 3 遍，去除浮水的萎蔫种子和杂质，用 10%的 H_2O_2 进行表面消毒处理 10 min，取出后再用蒸馏水清洗 3 次，平铺在含有双层纱布的平板中萌发 24 h(遮光且透气)，双层纱布要时刻保持湿润以保证萌发过程中种子需要的水分。选取已经长出白芽的种子准备盆栽试验，在盆栽试验之前用 0.3%的高锰酸钾对盆和 PVC 管内进行表面消毒。

(2) 培养基质的准备

将体积比为 5∶3∶2(草炭土∶蛭石∶细沙)的培养基质混匀过 10 目筛，121℃，湿热灭菌 2 h，以杀灭土壤中的孢子、细菌等，风干至基质含水量为 20%时备用，然后进行以下两种处理：在培养基质中添加 50 g 菌剂设为处理组 AM，在培养基质中添加 50 g 灭菌的菌剂设为对照组 CK，两种处理分别混匀。

(3) 培养体系的建立

为确保后期苜蓿根系能够很好地与培养基质分离，我们采用如图 5-1 所示的培养体系。该体系由 13 个生长室组成，生长室是直径为 4.5 cm、长度为 20 cm 的 PVC 管，生长室以外的空白部分为固定室。种植苜蓿前，先用已配好的培养基质装满培养体系，然后将 13 个生长室分别插入基质中，确认生长室稳定后，用蒸馏水将土壤浇透，最后在每个生长室中均匀种植 50 粒萌发的种子，覆盖一层薄土，移置光照培养室，光照强度为 350 μmol/(m^2·s)，每日连续光照 14 h，昼夜温度分别为 25℃和 20℃，相对湿度保持在 65%。待幼苗破土后，去除沉压在幼苗上方多余的土团，保证幼苗能够自然生长。

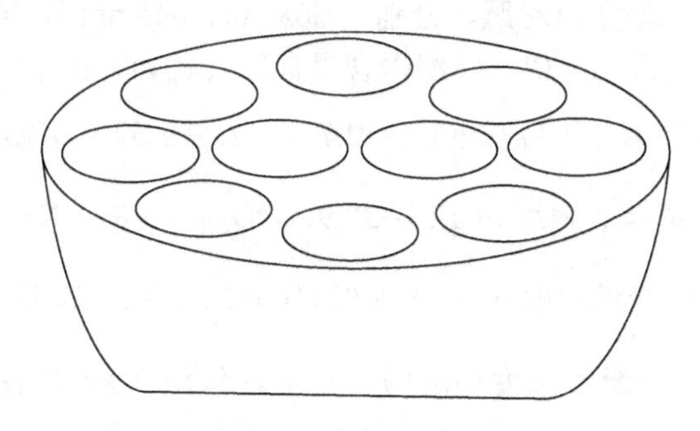

图 5-1 培养体系示意图

Figure 5-1 Schematic diagram of training system

当苜蓿幼苗生长到 40 天时，植物根部可接触到培养体系底部，此时将生长室内的植物连根取出，去掉植物上的土壤，用蒸馏水清洗干净(切记操作要轻柔，以免破坏植物根部)，将长势相似的苜蓿转移到装有霍格兰营养液的黑色玻璃槽中，每个槽中可放置 12～16 株苜蓿。待苜蓿适应水培环境 7 天后(此阶段每两天更新一次营养液)将其更换到含有 0.5 mg/L 的阿特拉津的半倍霍格兰营养液中，继续在光照培养室培养 6 天(此阶段不再更新营养液)。本试验在施加阿特拉津胁迫后的第 2 天、第 4 天、第 6 天时分别收集苜蓿的根、茎、叶和添加有阿特拉津的营养液。

5.1.2.2 不同处理苜蓿各项生长指标的测定

在添加阿特拉津后的第 6 天，分别取每种处理下的 3 株植株，对苜蓿的生长指标进行测定，这些指标可分为苜蓿空间扩展生长指标和苜蓿物质积累生长指标。其中包括主茎长、基径、根冠比、根干重、茎干重和叶干重，具体方法如下。

用米尺和游标卡尺对苜蓿主茎长和基径进行测量。

根冠比=根干重/(茎干重+叶干重)

苜蓿不同组织干重测定：分别取苜蓿根、茎和叶放置烘箱中，105℃杀青 5 min，随后放入鼓风干燥箱内在 80℃烘干至恒重，测定各部分干重。

5.1.2.3　不同处理苜蓿光合指标的测定

(1) 叶绿素含量的测定

叶绿素的提取采用苏正淑和张宪政(1989)的丙酮法并略加改动。称取供试材料叶片约 0.3 g，清除叶表面灰尘后剪碎，加入 80%的丙酮溶液 2～3 ml 进行研磨匀浆后将其转移到棕色容量瓶中，再用 80%的丙酮溶液将研棒和研钵上的叶片残渣冲洗进 10 ml 棕色容量瓶中，定容后静置 60 min(每隔 10 min 摇晃一次)，4000 r/min 离心 15 min，上清液备用。将稀释后的上清液倒入光径为 1 cm 的比色杯中，用 80%的丙酮作空白对照，分别于 663 nm、645 nm 和 440 nm 下比色，每个样品重复 3 次，记录 OD 值。叶绿素含量计算公式如下：

$$\text{叶绿素 a 浓度(mg/L)}=12.7\times OD_{663}-2.69\times OD_{645} \tag{5-1}$$

$$\text{叶绿素 b 浓度(mg/L)}=22.9\times OD_{645}-4.68\times OD_{663} \tag{5-2}$$

$$\text{总叶绿素浓度(mg/L)}=8.02\times OD_{663}+20.20\times OD_{645} \tag{5-3}$$

$$\text{叶绿素含量(mg/g)=叶绿素浓度(mg/L)}\times\text{提取液体积(L)}\times\text{稀释倍数/叶片鲜重(g)} \tag{5-4}$$

(2) 光合参数指标的测定

采用 CI-340 光合测定仪，每天上午 9～10 点对叶片净光合速率 P_n、气孔导度 G_s、蒸腾速率 T_r 和胞间 CO_2 浓度 C_i 进行测定。

5.1.2.4　不同处理苜蓿抗逆性指标的测定

(1) 细胞膜透性

相对电导率的大小可用来表示细胞膜透性的程度。取长势相同的新鲜植物叶片 AM 组和 CK 组各 0.3 g 备用。具体方法参考张治安等(2004)《植物生理学实验指导》中逆境对植物的伤害一节中的电导仪法略加改动。植物细胞膜透性计算公式如下：

$$\text{相对电导率(\%)}=R_1/R_2\times 100 \tag{5-5}$$

式中，R_1 表示煮前电导率；R_2 表示煮后电导率。

(2) 丙二醛含量的测定

丙二醛(malondialdehyde，MDA)含量的测定采用巴比妥酸法。取长势相同、部位相近的植物叶片、茎部和根系各 0.3 g，备用。具体测定方法按照张立军和樊金娟(2007)《植物生理学实验教程》中的植物组织丙二醛含量测定。丙二醛含量的计算公式如下：

$$丙二醛浓度(\mu mol/L)=6.45\times(OD_{532}-OD_{600})-0.56\times OD_{450} \tag{5-6}$$

$$丙二醛含量(\mu mol/g)=丙二醛浓度\times 5/0.3 \tag{5-7}$$

(3) 脯氨酸含量的测定

脯氨酸(proline，Pro)含量的测定采用酸性茚三酮法。取长势相同、部位相近的植物叶片、茎部和根系各 0.3 g，备用。具体测定方法按照《植物生理学实验教程》中的逆境对植物体内游离脯氨酸含量的影响测定(同上)。脯氨酸含量的计算公式如下：

$$脯氨酸含量(\mu g/g)=(提取液中脯氨酸含量\times提取液总体积)/(测定时吸取体积\times样品重) \tag{5-8}$$

(4) 根系活力的测定

采用氯化三苯基四氮唑(2,3,5-triphenyltetrazolium chloride，TTC)法测定根系活力。称取新鲜干净的根系 0.5 g 于 10 ml 烧杯中，备用。具体测定方法参考张志良和瞿伟菁(2002)《植物生理学实验指导》中根系活力的测定。以单位质量新鲜样品的 TTC 还原强度表示根系活力，计算公式如下：

$$TTC还原强度[mg/(g\cdot h)]=TTC还原量(mg)/[根重(g)\times时间(h)] \tag{5-9}$$

5.1.2.5 不同处理苜蓿保护酶系活性的测定

多酚氧化酶(polyphenol oxidase，PPO)活性的测定采用邻苯二酚法。在 525 nm 下测定吸光值，以每分钟内每克鲜重 OD 值变化 0.01 所需的酶量为 1 个酶活性单位(U)(袁庆华等，2002)。

过氧化物酶(peroxidase，POD)活性的测定采用愈创木酚法。在 470 nm 下测定吸光值，以每分钟内每克鲜重 OD 值变化 0.01 所需的酶量为 1 个酶活性单位(U)(张治安等，2004)。

过氧化氢酶(catalase，CAT)活性的测定采用紫外吸收法。在 240 nm 下测定吸光值，以每分钟内 A_{240} 减少 0.1 所需的酶量为 1 个酶活性单位(U)(张治安等，2004)。

超氧化物歧化酶(superoxide dismutase，SOD)活性的测定采用氮蓝四唑(nitro-blue tetrazolium，NBT)法。在 560 nm 下测定吸光值，以抑制 NBT 光化还原的 50%为 SOD 的 1 个酶活性单位(U)(张治安等，2004)。

5.2　结果与分析

5.2.1　苜蓿培养结果

苜蓿种子经过处理，最后检验其发芽率可达到95%以上。水培苜蓿之前进行植物的菌根化培养，利用图 5-2 所示的培养体系进行苗木培养。前期苜蓿根系能够正常生长，经过 45 天的种植，待侵染率达到 90%以上后，将生长室内的植物转移至水培体系中继续培养，如图 5-3 所示。

图 5-2　培养体系实物图(彩图请扫封底二维码)

Figure 5-2　Physical diagram of cultivation system (For color version，please sweep QR Code in the back cover)

图 5-3　苜蓿水培体系实物图(彩图请扫封底二维码)

Figure 5-3　Physical diagram of alfalfa hydroponic system (For color version，please sweep QR Code in the back cover)

菌根化苜蓿和非菌根化苜蓿在水培体系中长势良好，当植物适应水培条件后进行阿特拉津胁迫，前期摸索菌根化苜蓿适应阿特拉津的最大浓度为 0.5 mg/L，以不加阿特拉津为对照，发现 AM 组和 CK 组的苜蓿长势有明显差异。

5.2.2 苜蓿生长指标的测定结果

5.2.2.1 苜蓿空间扩展生长指标的测定结果

土壤中的苜蓿移至水培体系中，植株仍能正常生长。不论是否存在阿特拉津胁迫，均能够明显地看到 AM 处理组和 CK 组的长势差异($P<0.05$)，具体表现在空间扩展生长指标的主茎长、基径、根冠比上。由表 5-1 可知，无阿特拉津胁迫时，AM 处理组较 CK 组的主茎长、基径、根冠比分别增加了 22.61%、81.05%和 36.36%；阿特拉津胁迫降低了苜蓿空间扩展生长指标，但 AM 处理组较 CK 组的主茎长、基径、根冠比分别增加了 31.31%、54.79%和 75.00%。以上苜蓿空间扩展生长指标数据表明 AM 真菌能够在水培体系条件下促进植物更好地生长。

表 5-1 不同处理对苜蓿空间扩展生长指标的影响(加药后 6 天)

Table 5-1 Effect of different treatments on growth index of alfalfa spatial expansion (after dosing 6 days)

阿特拉津浓度(mg/ml)	处理	主茎长(cm)	基径(mm)	根冠比
0	CK	38.04±3.1	0.95±0.08	0.11±0.019 601
	AM	46.64±3.54	1.72±0.21	0.15±0.008 7
	显著性	*	**	*
0.5	CK	30.63±3.99	0.73±0.08	0.08±0.012 253
	AM	40.22±2.57	1.13±0.06	0.14±0.009 035
	显著性	*	**	**

注：表中的值是平均值±标准误(n=3)；*表明 AM 与 CK 之间差异显著($P<0.05$)，**表明 AM 与 CK 之间差异极显著($P<0.01$)

5.2.2.2 苜蓿物质积累生长指标的测定结果

由表 5-2 可知，无论是否存在阿特拉津胁迫，均能明显地看到 AM 处理组和 CK 组的长势差异($P<0.05$)，具体表现在物质积累生长指标的根干重、茎干重和叶干重上。在无阿特拉津胁迫下，AM 处理组较 CK 组的根干重、茎干重和叶干重分别增加了 78.81%、32.67%和 30.80%；在阿特拉津胁迫下，AM 处理组的干物质量仍然显著高于 CK 组，与 CK 组的根干重、茎干重和叶干重相比较，分别增加了 119.20%、29.04%和 26.45%。以上苜蓿物质积累生长指标数据表明 AM 真菌能够在水培体系条件下促进植物更好地生长。

表 5-2 不同处理对苜蓿物质积累生长指标的影响(加药后 6 天)

Table 5-2 Effect of different treatments on growth index of alfalfa material accumulation (after dosing 6 days)

阿特拉津浓度(mg/ml)	处理	根干重(g)	茎干重(g)	叶干重(g)
0	CK	0.011 8±0.001 404 8	0.058 47±0.009 1	0.050 2±0.000 872
	AM	0.021 1±0.001 101 5	0.077 57±0.002 9	0.065 66±0.005 697
	显著性	**	*	**
0.5	CK	0.006 25±0.000 618 8	0.037 29±0.003 7	0.037 96±0.000 661
	AM	0.013 7±0.002 308 9	0.048 12±0.003 1	0.048±0.001 05
	显著性	**	*	**

注：表中的值是平均值±标准误(n=3)；*表明 AM 与 CK 之间差异显著(P<0.05)；**表明 AM 与 CK 之间差异极显著(P<0.01)

5.2.3 苜蓿光合特性分析

5.2.3.1 苜蓿叶绿素含量的测定结果

叶绿素是植物进行光合作用的催化剂，参与光能的吸收、传递。当植物受到外界胁迫时，叶片的叶绿素含量会产生相应的变化，在一定程度上也可以反映植物抵抗逆境胁迫的能力。

由图 5-4 可知，在阿特拉津胁迫下，随着培养时间的延长，苜蓿叶片中的叶绿素 a、叶绿素 b 和总叶绿素含量逐渐下降，AM 组的各项叶绿素指标含量显著高于 CK 组，在培养的第 6 天时，AM 组的叶绿素 a、叶绿素 b 和总叶绿素含量较 CK 组分别提高了 21.06%、44.30%和 31.24%。无阿特拉津胁迫下，随着培养时间的延长，各项叶绿素指标含量变化不显著，但 AM 组的各项叶绿素指标含量仍高于 CK 组，在培养的第 6 天时，AM 组的叶绿素 a、叶绿素 b 和总叶绿素含量较 CK 组分别提高了 30.45%、82.52%和 36.63%。以上数据说明阿特拉津胁迫能够破坏植物叶绿体结构，影响叶绿素含量。AM 真菌能够提高植物的叶绿素含量，说明菌根化植物在水培体系下仍能发挥抗逆作用。

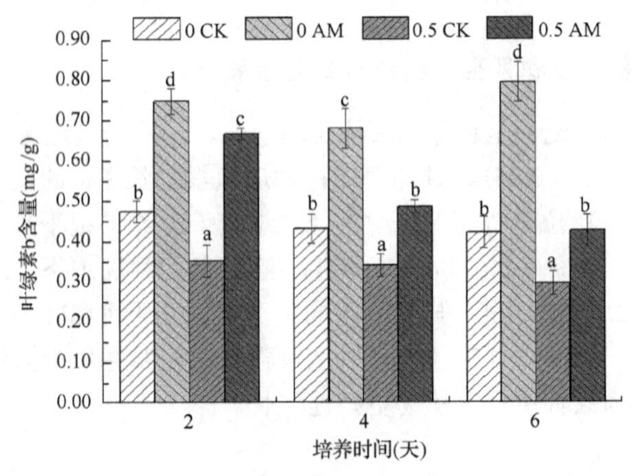

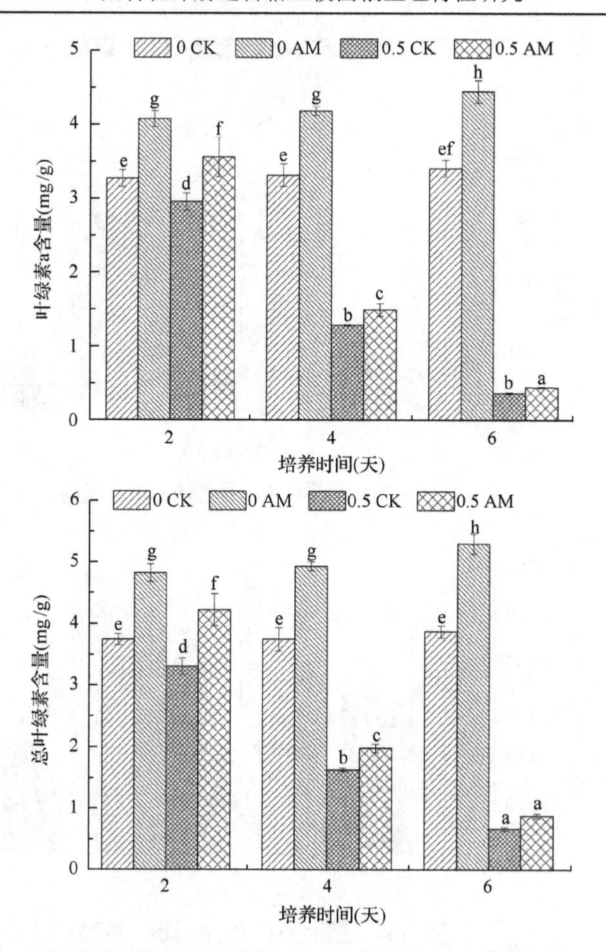

图 5-4　不同培养时间下阿特拉津胁迫对苜蓿叶片叶绿素含量的影响

Figure 5-4　Effects of atrazine stress on chlorophyll content of alfalfa leaves under different culture time

相同字母表示差异不显著，不同字母表示差异显著($P<0.05$)

The same letter indicates that the difference is not significant, and different letters indicate significant difference($P<0.05$)

5.2.3.2　苜蓿光合参数的测定结果

由图 5-5 可知，在阿特拉津胁迫下，随着培养时间的延长，苜蓿叶片中的净光合速率 P_n、蒸腾速率 T_r 和气孔导度 G_s 均逐渐下降，并且 AM 组的各项光合指标均大于 CK 组，在培养的第 6 天时，AM 组的净光合速率 P_n、蒸腾速率 T_r 和气孔导度 G_s 较 CK 组相应指标分别提高了 80.77%、550.00%和 191.18%。无阿特拉津胁迫下，随着培养时间的延长，苜蓿叶片的各项光合指标呈上升趋势，其中气孔导度 G_s 所受影响最大，且 AM 组的各项光合指标均大于 CK 组，在培养的第 6 天时，AM 组的净光合速率 P_n、蒸腾速率 T_r 和气孔导度 G_s 较 CK 组相应指标分别

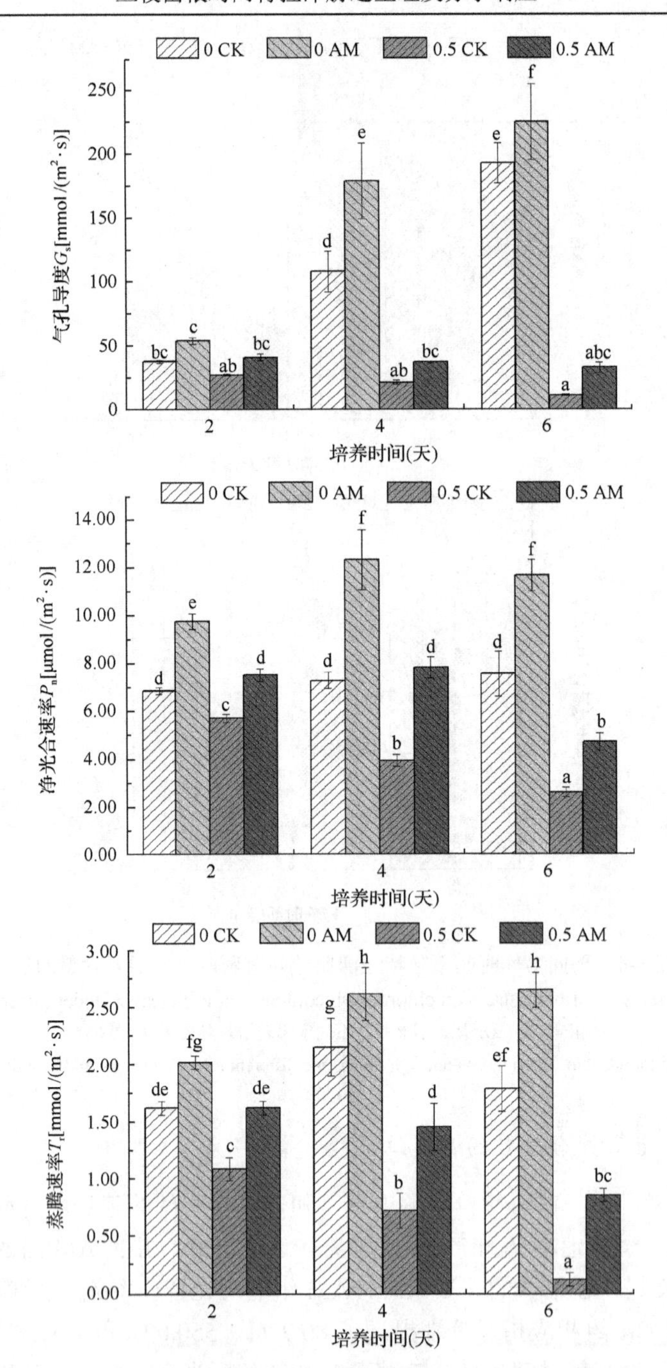

图 5-5 不同培养时间下阿特拉津胁迫对苜蓿叶片光合参数的影响

Figure 5-5 Effects of atrazine stress on photosynthetic parameters of alfalfa leaves under different culture time

相同字母表示差异不显著，不同字母表示差异显著(P<0.05)

The same letter indicates that the difference is not significant, and different letters indicate significant difference(P<0.05)

提高了 54.42%、48.15%和 16.58%。以上数据说明苜蓿叶片的光合指标受阿特拉津胁迫影响比较严重，且受影响程度与时间成正比，此外，AM 真菌能够提高光合指标的参数，缓解植物受到的胁迫危害。

5.2.4 苜蓿抗逆性生理指标分析

5.2.4.1 苜蓿相对电导率的测定结果

植物的细胞膜将细胞与外界环境分隔，维持内部正常的代谢活动。细胞通过细胞膜与外界环境进行物质交换，各种不良因素首先会作用于细胞膜，表现为细胞膜通透性增大，细胞内部分电解质外渗，渗透液电导率增加。

由图 5-6 可知，在阿特拉津胁迫下，随着培养时间的延长，苜蓿叶片中的相对电导率呈上升趋势，并且 AM 组的相对电导率小于 CK 组，在培养的第 6 天时，AM 组的相对电导率较 CK 组下降了 16.70%。无阿特拉津胁迫下，随着培养时间的延长，苜蓿叶片的相对电导率基本不变，且 AM 组与 CK 组无明显差异。以上数据说明阿特拉津胁迫使植物细胞膜受损，细胞膜通透性增大，AM 真菌能够降低细胞膜通透性，缓解植物受到的阿特拉津胁迫危害。

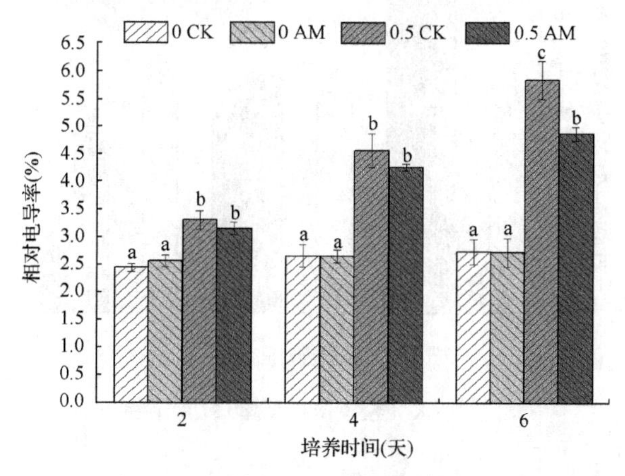

图 5-6 阿特拉津胁迫下 AM 对苜蓿叶片相对电导率的影响

Figure 5-6 Effects of AM on relative conductivity of alfalfa leaves under atrazine stress

相同字母表示差异不显著，不同字母表示差异显著($P<0.05$)

The same letter indicates that the difference is not significant, and different letters indicate significant difference ($P<0.05$)

5.2.4.2 苜蓿丙二醛含量的测定结果

植物处在逆境条件下，往往会产生大量的活性氧(reactive oxygen species，ROS)，这些活性氧很容易使植物体细胞的细胞内膜发生过氧化作用或脱脂作用，而丙二醛(malondialdehyde，MDA)则是植物细胞内膜过氧化或脱脂的产物，它的存在会严重地损伤细胞的生物膜系统，降低细胞膜中不饱和脂肪酸的含量，使生物膜的流动性降低。阿特拉津胁迫下苜蓿细胞内会产生大量的活性氧，因此，生理学上通常将 MDA 含量作为判断植物对逆境条件反应强弱的标志。

由图 5-7 可知，在阿特拉津胁迫下，随着培养时间的延长，苜蓿根部、茎部和叶部的 MDA 含量均呈下降趋势，AM 组的各组织中 MDA 含量均小于 CK 组，在培养的第 6 天时，AM 组中苜蓿根部、茎部和叶部的 MDA 含量较 CK 组分别降低了 11.03%、9.28%和 54.63%。无阿特拉津胁迫下，随着培养时间的延长，苜蓿根部、茎部和叶部的 MDA 含量呈波动上升趋势，且 AM 组的 MDA 含量小于 CK 组，但在根部差异不显著，在培养的第 6 天时，AM 组中苜蓿根部、茎部和叶部的 MDA 含量较 CK 组分别降低了 7.52%、9.53%和 25.75%。以上数据说明当苜蓿受到阿特拉津胁迫时，首先发生应激反应，导致在胁迫后的第 2 天 MDA 含量最高，随后苜蓿可通过自身的调节作用缓解阿特拉津产生的活性氧胁迫，使 MDA 含量下降，此外，AM 真菌能够帮助植株缓解阿特拉津胁迫带来的活性氧危害。本试验中，在培养的第 6 天时茎部 MDA 含量＞根部 MDA 含量＞叶部 MDA 含量。

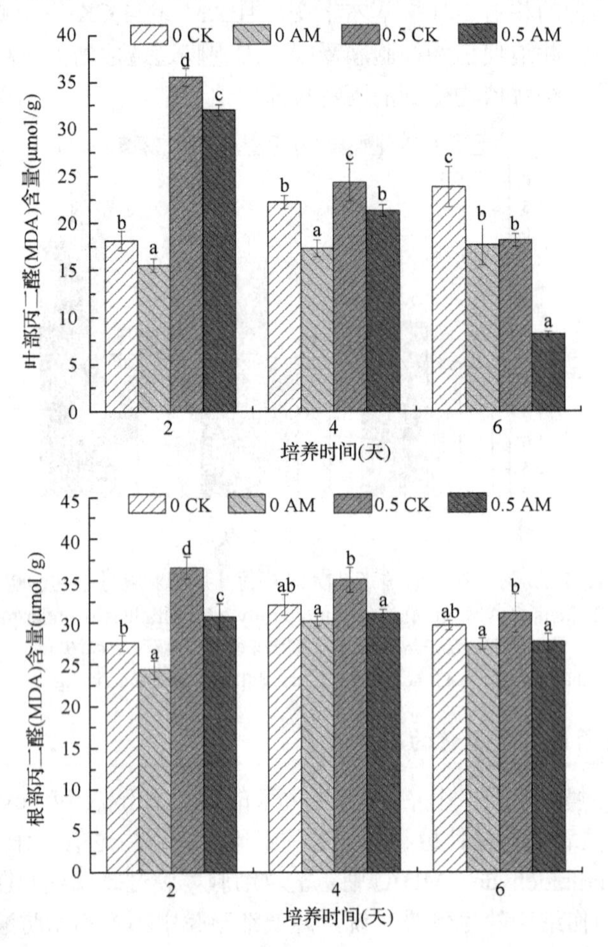

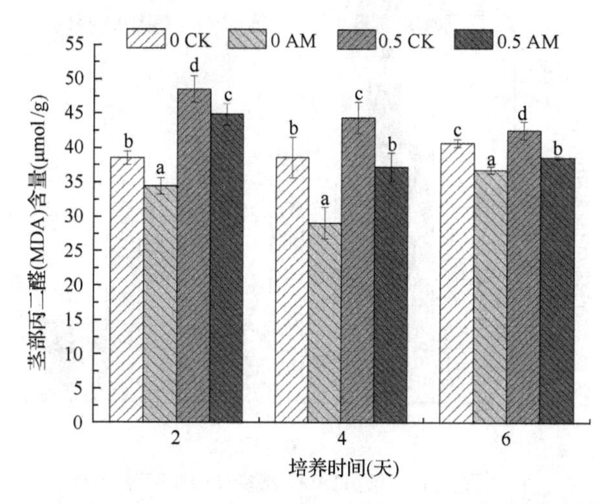

图 5-7 阿特拉津胁迫下 AM 对苜蓿叶、根、茎部的 MDA 含量的影响

Figure 5-7 Effects of AM on MDA of alfalfa leaf, root and stem under atrazine stress

相同字母表示差异不显著，不同字母表示差异显著($P<0.05$)

The same letter indicates that the difference is not significant, and different letters indicate significant difference($P<0.05$)

5.2.4.3 苜蓿脯氨酸含量的测定结果

脯氨酸(Pro)以游离状态存在于植物细胞中，是植物细胞蛋白质的重要组成部分。在极端条件下，植物体内脯氨酸大量积累，可以调节稳定植物细胞渗透压，稳定生物大分子结构，降低细胞酸性。

由图 5-8 可知，在阿特拉津胁迫下，随着培养时间的延长，苜蓿根部、茎部和叶部的脯氨酸含量均呈下降趋势，AM 组的各组织中脯氨酸含量均大于 CK 组，在培养的第 6 天时，AM 组中苜蓿根部、茎部和叶部的脯氨酸含量较 CK 组分别提高了 53.96%、32.42%和 27.02%。无阿特拉津胁迫下，随着培养时间的延长，苜蓿根部和茎部的脯氨酸含量均呈上升趋势，而叶部的脯氨酸含量呈先升高后下降趋势，AM 组的各组织中脯氨酸含量均高于 CK 组，在培养的第 6 天时，AM 组中苜蓿根部、茎部和叶部的脯氨酸含量较 CK 组分别提高了 40.32%、71.13%和 26.59%。以上数据说明苜蓿根部、茎部和叶部的脯氨酸含量受阿特拉津胁迫影响比较严重，且受影响程度与培养时间成正比，此外，AM 真菌能够帮助植株累积大量的脯氨酸来缓解阿特拉津胁迫，但是随着胁迫时间的延长，超过了苜蓿的承受能力，就会引起细胞代谢失调，渗透调节系统紊乱，细胞膜受到损伤，通透性增加，从而导致脯氨酸逐渐流失。本试验中，在培养的第 6 天时，茎部脯氨酸含量＞根部脯氨酸含量＞叶部脯氨酸含量。

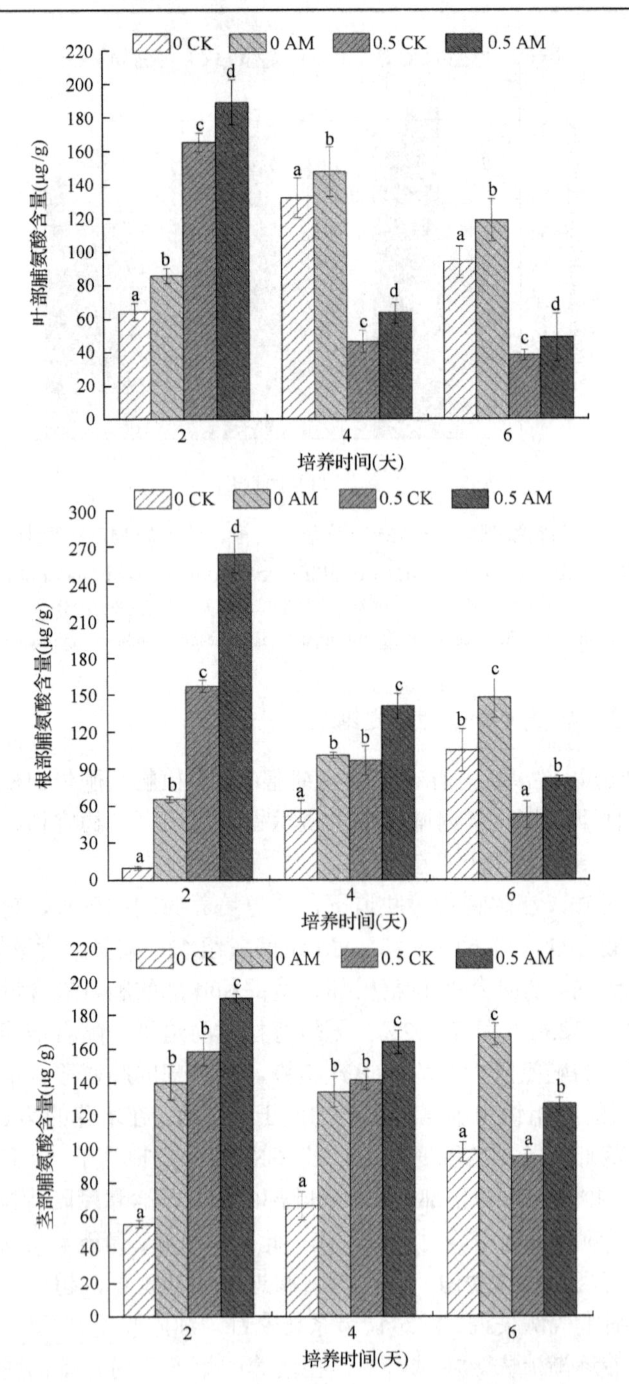

图 5-8　阿特拉津胁迫下 AM 对苜蓿叶、根、茎部的脯氨酸含量的影响

Figure 5-8　Effects of AM on Pro of alfalfa leaf, root and stem under atrazine stress

相同字母表示差异不显著，不同字母表示差异显著（$P<0.05$）

The same letter indicates that the difference is not significant, and different letters indicate significant difference（$P<0.05$）

5.2.4.4　苜蓿根系活力的测定结果

在污染物对植物的毒害作用中，最直接的受害部位是植物的根系。而根系活力能够在一定程度上反映出根系发育的好坏及代谢状况。

由图 5-9 可知，在阿特拉津胁迫下，随着培养时间的延长，苜蓿根部 TTC 还原强度逐渐下降，且 AM 组的 TTC 还原强度大于 CK 组，在培养的第 6 天时，AM 组的 TTC 还原强度较 CK 组提高了 150.51%。无阿特拉津胁迫下，随着培养时间的延长，苜蓿根部 TTC 还原强度呈上升趋势，且 AM 组的 TTC 还原强度高于 CK 组，在培养的第 6 天时，AM 组苜蓿根部 TTC 还原强度较 CK 组提高了 82.76%。以上数据说明苜蓿根部 TTC 还原强度受阿特拉津胁迫影响比较严重，且受影响程度与培养时间成正比，此外，AM 真菌能够提高苜蓿根系活力，缓解外界胁迫。

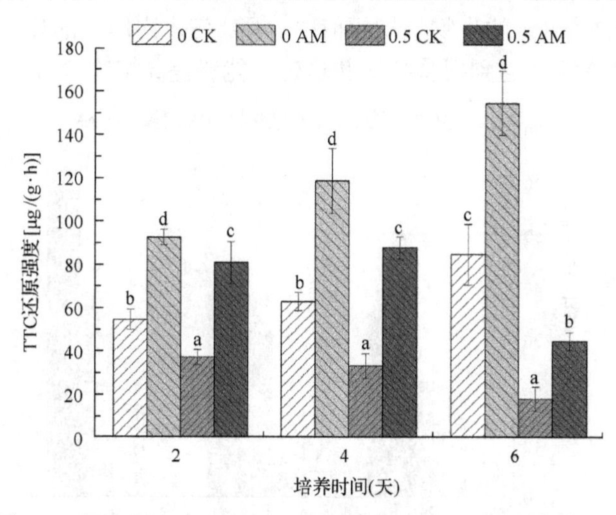

图 5-9　阿特拉津胁迫下 AM 对苜蓿根部 TTC 还原强度的影响

Figure 5-9　Effects of AM on TTC reduction intensity of alfalfa root under atrazine stress

相同字母表示差异不显著，不同字母表示差异显著（$P<0.05$）

The same letter indicates that the difference is not significant, and different letters indicate significant difference ($P<0.05$)

5.2.5　苜蓿抗氧化防御指标分析

5.2.5.1　苜蓿多酚氧化酶活性的测定结果

多酚氧化酶（PPO）是动物、植物、真菌体内普遍存在的一类铜结合酶。PPO 是一种末端氧化酶，参与生物氧化。在 PPO 的作用下，底物脱氢后可能参与了叶绿体内的能量转移，与氧结合调节胞质中的氧化还原水平，以调节叶绿体中有害的光氧化反应速度。PPO 在植物中以潜伏 PPO 形式存在，与叶绿体膜紧密结合。潜伏形式 PPO 通常在植物成熟、衰老或受到胁迫条件下，由于膜受伤害而活化，导致 PPO 活性增加。

由图 5-10 可知，在阿特拉津胁迫下，随着培养时间的延长，苜蓿根部、茎部和叶部的 PPO 活性呈上升趋势，AM 组的各组织中 PPO 活性均大于 CK 组，在培养的第 6 天时，AM 组中苜蓿根部、茎部和叶部的 PPO 活性较 CK 组分别提高了 26.31%、59.81%和 59.37%。无阿特拉津胁迫下，随着培养时间的延长，苜蓿根部、茎部和叶部的 PPO 活性缓慢增长，但变化幅度不大，AM 组的 PPO 活性仍高于 CK 组，在培养的第 6 天时，AM 组中苜蓿根部、茎部和叶部的 PPO 活性较 CK 组分别提高了 21.56%、82.61%和 137.51%。以上数据说明当苜蓿受到阿特拉津胁迫时，PPO 受到激发，随着培养时间的延长，植物所受毒害作用增强，体内产生大量的 H_2O_2，为了使苜蓿体内的 H_2O_2 保持在相对稳定的水平，PPO 活性逐渐增大，在培养的第 6 天时，根部的平均变化幅度＞茎部的平均变化幅度＞叶部的平均变化幅度，说明根部是直接受到胁迫伤害，需要激发更多的 PPO 来抵御阿特拉津胁迫，这与 5.2.2 测定的生物量指标值中，根部变化比地上部分变化剧烈是相关的，此外，AM 真菌在遇到阿特拉津胁迫时，能够提高植物抗氧化的能力。

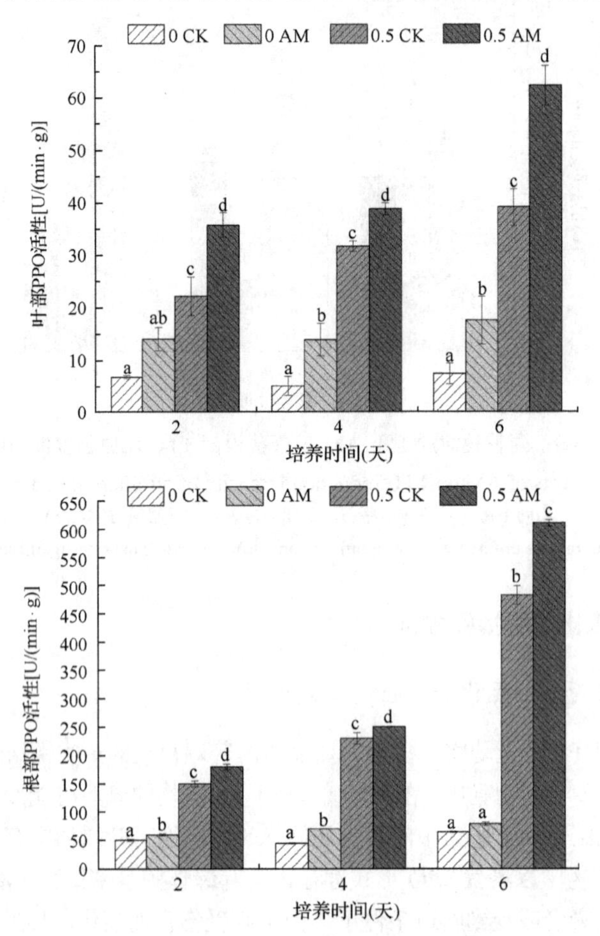

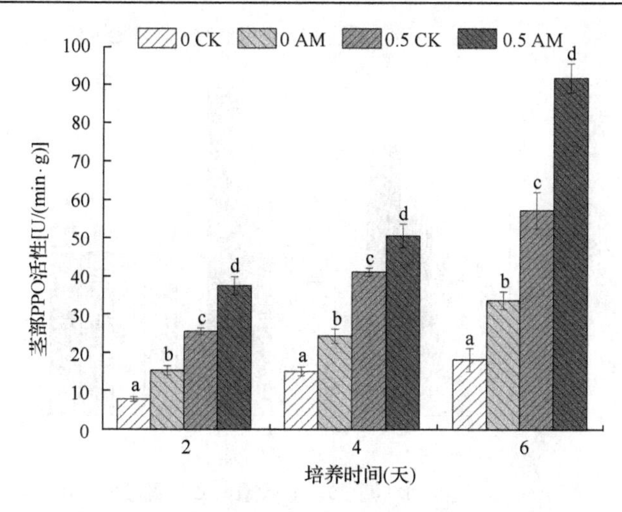

图 5-10 阿特拉津胁迫下 AM 对苜蓿叶、根、茎部的 PPO 活性的影响

Figure 5-10 Effects of AM on PPO activity of alfalfa leaf, root and stem under atrazine stress

相同字母表示差异不显著，不同字母表示差异显著（$P<0.05$）

The same letter indicates that the difference is not significant, and different letters indicate significant difference ($P<0.05$)

5.2.5.2 苜蓿过氧化物酶活性的测定结果

过氧化物酶(POD)是一类以 H_2O_2 为电子受体的酶，可催化 H_2O_2 氧化细胞内产生的酚类和胺类物质，从而消除 H_2O_2 和酚类、胺类对细胞的毒性。植物体内 POD 含量与光合作用、呼吸作用等都有密切的关系，是植物适应能力强弱的生理表征指数之一。大量的资料表明，过氧化物酶的活性往往与植物的抗逆性具有正相关的关系。

由图 5-11 可知，在阿特拉津胁迫下，随着培养时间的延长，苜蓿根部、茎部和叶部的 POD 活性呈先升高再下降的趋势，AM 组的各组织中 POD 活性均大于 CK 组，在培养的第 6 天时，AM 组中苜蓿根部、茎部和叶部的 POD 活性较 CK 组分别提高了 18.23%、56.47%和 17.25%。无阿特拉津胁迫下，随着培养时间的延长，苜蓿根部、茎部和叶部的 POD 活性均呈波动上升趋势，但是增长幅度不大，AM 组的 POD 活性仍高于 CK 组，在培养的第 6 天时，AM 组中苜蓿根部、茎部和叶部的 POD 活性较 CK 组分别提高了 16.45%、76.72%和 1.16%。以上数据说明当苜蓿受到阿特拉津胁迫时，植物体内存在大量的活性氧，表现为 POD 活性的增强，在培养的第 6 天时，茎部的平均变化幅度＞根部的平均变化幅度＞叶部的平均变化幅度，说明根部是直接受到胁迫伤害，需要激发更多的 POD 来抵御阿特拉津胁迫，这与 5.2.2 测定的生物量指标中，根部变化比地上部分变化剧烈是相关

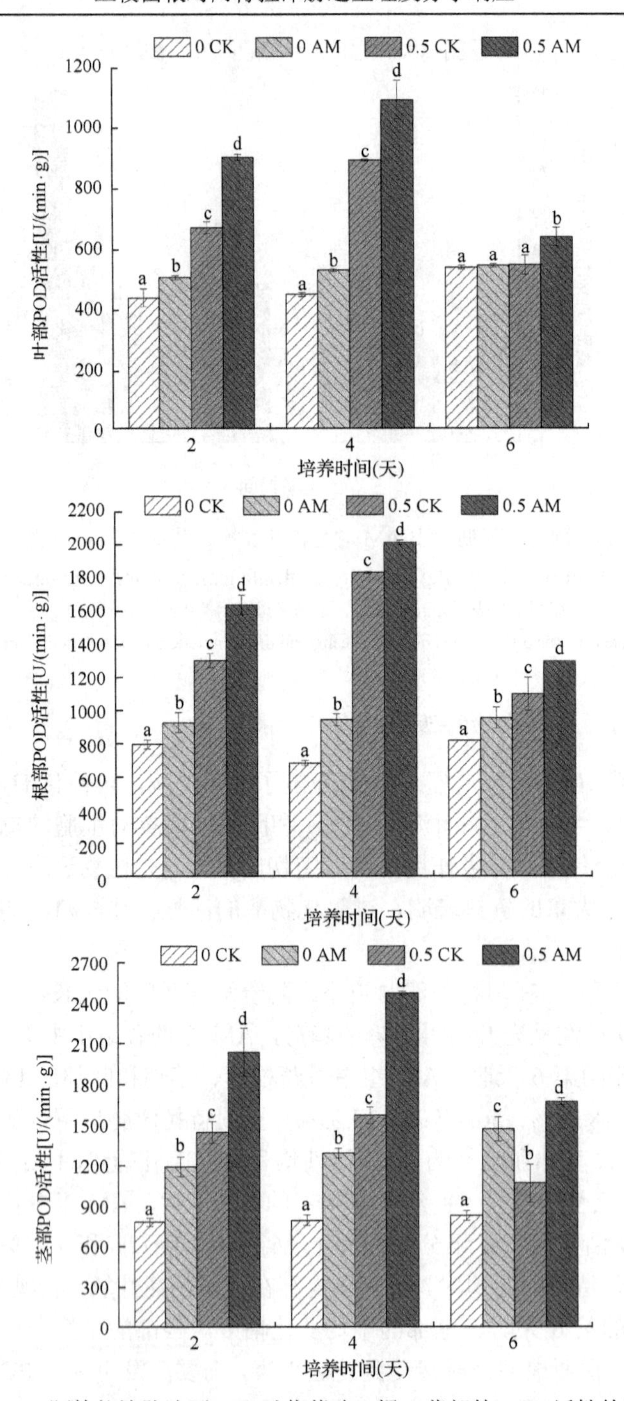

图 5-11　阿特拉津胁迫下 AM 对苜蓿叶、根、茎部的 POD 活性的影响

Figure 5-11　Effects of AM on POD activity of alfalfa leaf, root and stem under atrazine stress

相同字母表示差异不显著，不同字母表示差异显著($P<0.05$)

The same letter indicates that the difference is not significant, and different letters indicate significant difference ($P<0.05$)

的，随着培养时间的延长，植物所受毒害作用增强，超过自身承受范围，抗氧化酶活性被抑制，POD 活性随之降低，此外，AM 真菌能够帮助植株缓解阿特拉津胁迫，提高植物抗逆性。

5.2.5.3 苜蓿过氧化氢酶活性的测定结果

过氧化氢酶(CAT)能清除细胞内过多的 H_2O_2，使其维持在较低水平。CAT 是一种以铁卟啉为辅基的结合酶，可催化 H_2O_2 分解为分子氧和水，清除体内的 H_2O_2，降低 H_2O_2 对细胞的毒害，在生物防御体系中有重要作用。

由图 5-12 可知，在阿特拉津胁迫下，随着培养时间的延长，苜蓿根部、茎部和叶部的 CAT 活性呈上升趋势，AM 组的各组织中 CAT 活性均大于 CK 组，在培养的第 6 天时，AM 组中苜蓿根部、茎部和叶部的 CAT 活性较 CK 组分别提高了 128.97%、41.20%和 98.74%。无阿特拉津胁迫下，随着培养时间的延长，苜蓿根部、茎部和叶部的 CAT 活性缓慢增长，但变化幅度不大，AM 组的 CAT 活性仍高于 CK 组，在培养的第 6 天时，AM 组中苜蓿根部、茎部和叶部的 CAT 活性较 CK 组分别提高了 13.69%、25.50%和 39.51%。以上数据说明当苜蓿受到阿特拉津胁迫时，植物体内存在大量的活性氧，植物产生应激反应，表现为 CAT 活性的增强，随着培养时间的延长，植物所受毒害作用增强，体内产生大量的 H_2O_2，为了使苜蓿体内的 H_2O_2 保持在相对稳定的水平，CAT 活性逐渐增大，其中根部的平均变化幅度＞叶部的平均变化幅度＞茎部的平均变化幅度，说明植物受到胁迫时是整体受到伤害，根部直接接触阿特拉津，已经抵御不了农药胁迫了，需要激发更多叶部位的 CAT 来抵御阿特拉津胁迫，此外，AM 真菌在遇到阿特拉津胁迫时，能够提高植物抗氧化的能力。

5.2.5.4 苜蓿超氧化物歧化酶活性的测定结果

超氧化物歧化酶(SOD)是需氧生物中普遍存在的一种含金属酶，它能够防御活性氧和其他过氧化物自由基对细胞膜系统的伤害。因此，其活性与植物抗性密切相关。作物在受到逆境胁迫时，其自身会产生适量的 SOD，从而使活性氧自由基维持在较低的水平，但随着胁迫时间的延长，作物合成 SOD 的能力下降，不足以消除大量的活性氧自由基，SOD 活性降低。SOD 活性的降低会导致活性氧积累，细胞膜系统破坏，光合能力减弱，从而抑制植物生长。SOD 对于清除氧自由基，防止氧自由基破坏细胞的组成、结构和功能，保护细胞免受氧化损伤具有十分重要的作用。

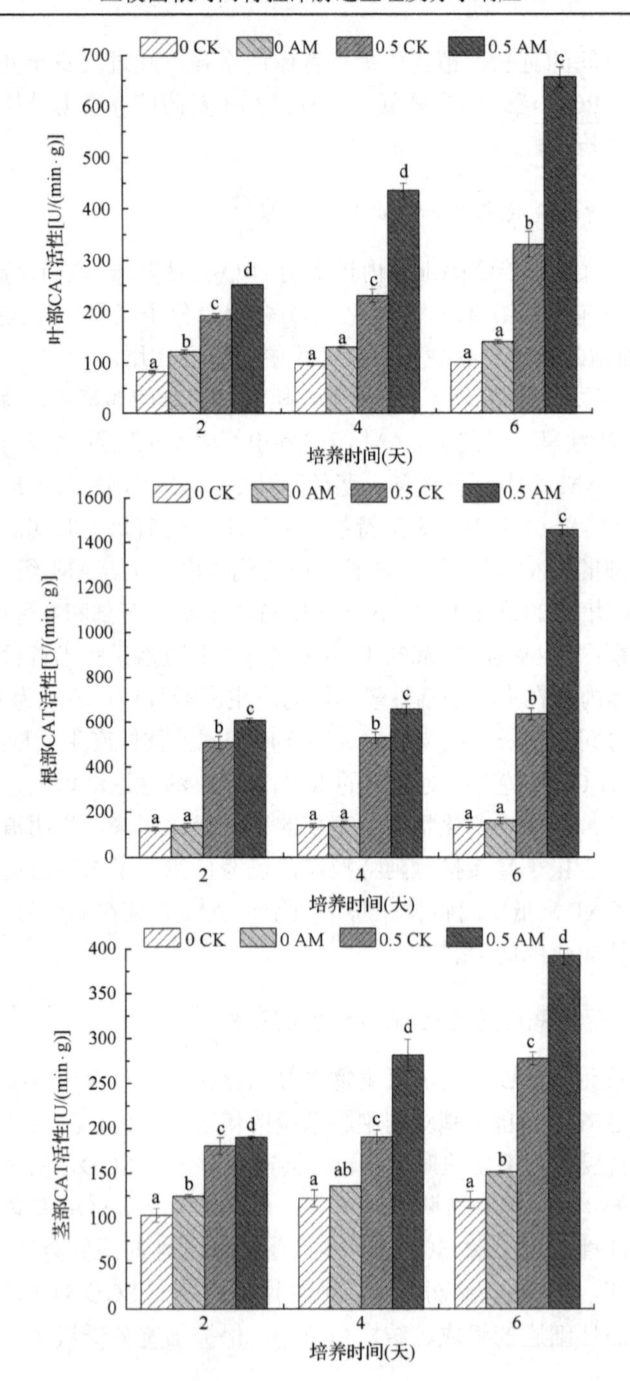

图 5-12　阿特拉津胁迫下 AM 对苜蓿叶、根、茎部的 CAT 活性的影响

Figure 5-12　Effects of AM on CAT activity of alfalfa leaf, root and stem under atrazine stress

相同字母表示差异不显著，不同字母表示差异显著（$P<0.05$）

The same letter indicates that the difference is not significant, and different letters indicate significant difference（$P<0.05$）

由图 5-13 可知，在阿特拉津胁迫下，随着培养时间的延长，苜蓿根部、茎部和叶部的 SOD 活性呈先升高再下降的趋势，在培养的第 4 天，SOD 活性在各组织中被激活到最大，在培养的第 6 天，SOD 活性骤降，但 AM 组各组织中的 SOD 活性仍大于 CK 组，AM 组中苜蓿根部、茎部和叶部的 SOD 活性较 CK 组分别提高了 70.29%、11.75%和 362.85%。无阿特拉津胁迫下，随着培养时间的延长，苜蓿根部、茎部和叶部的 SOD 活性均呈平缓上升趋势，但是增长幅度不大，AM 组的 SOD 活性仍高于 CK 组，在培养的第 6 天时，AM 组中苜蓿根部、茎部和叶部的 SOD 活性较 CK 组分别提高了 36.51%、3.33%和 32.19%。以上数据说明当苜蓿受到阿特拉津胁迫时，植物体内存在大量的活性氧自由基，在植物自身所承受的范围之内时，表现为 SOD 活性增强来消除活性氧自由基的伤害。在培养的第 6 天，SOD 活性骤降，其中茎部的平均变化幅度＞叶部的平均变化幅度＞根部的平

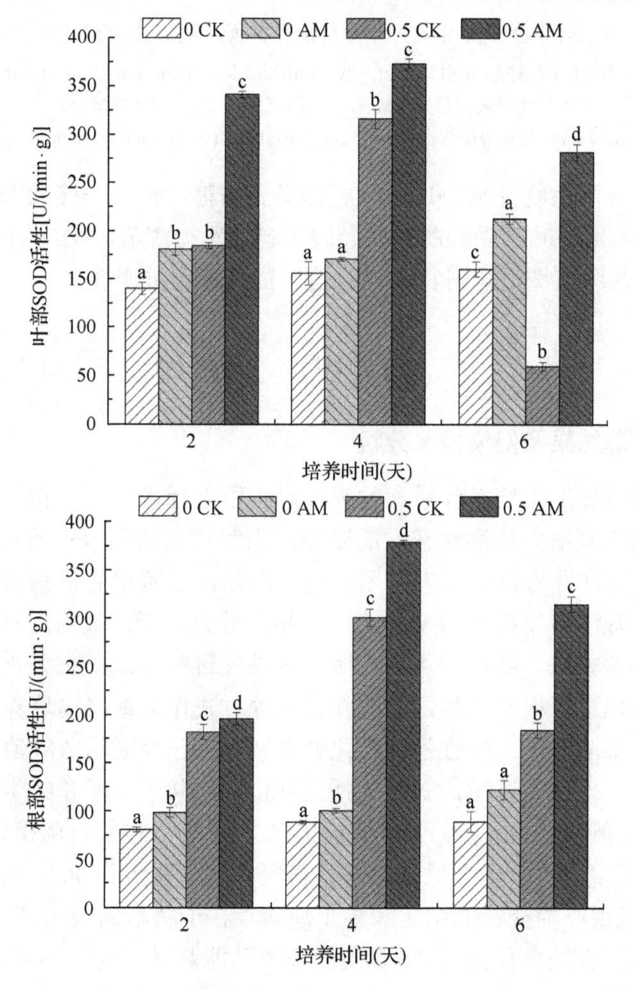

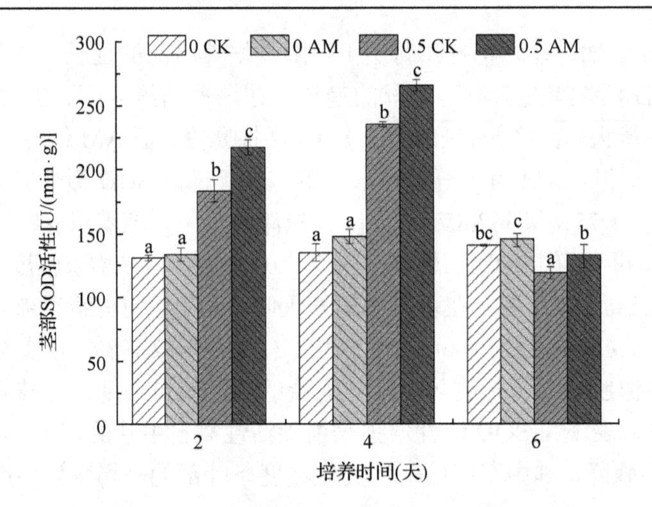

图 5-13 阿特拉津胁迫下 AM 对苜蓿叶、根、茎部的 SOD 活性的影响

Figure 5-13 Effects of AM on SOD activity of alfalfa leaf, root and stem under atrazine stress

相同字母表示差异不显著，不同字母表示差异显著($P<0.05$)

The same letter indicates that the difference is not significant, and different letters indicate significant difference($P<0.05$)

均变化幅度，说明植物受到胁迫时是整体受到伤害，根部先接触农药且承受阈值最大，而苜蓿茎部和叶部受到的影响超越了自身承受阈值，SOD 活性失活。此外，AM 真菌能够帮助植株缓解阿特拉津胁迫，提高植物抗逆性。

5.3 讨　论

5.3.1 苜蓿培养结果及侵染情况分析

试验前期通过三室培养体系和盆栽法对苜蓿进行培养，当苜蓿生长到 28 天左右时可接触到三室培养体系和花盆的底部，当苜蓿生长到 45 天左右侵染率达到 90%以上时，通过外力将土壤中根系分离，但是，三室培养体系数量巨大导致移动不便，且盆栽法植物根系紧密相连，不易用外力分开，故这两种方式都不适合作为试验培养的方法。我们利用升级版盆栽法发现植物既能很好地被菌根侵染，又能比较容易地进行根系分离，故选择该培养方式作为最终的培养方法。

苜蓿进行水培之前，要进行菌根化处理。前人已经证明 AM 真菌与作物侵染是一个持续的、动态的过程，其中包括预共生期、共生早期和共生成熟期 3 个时期(朱先灿和宋凤斌，2008；孙淑斌和徐国华，2007)。在苜蓿菌根化培养过程中，培养 20 天时发现已有少量菌丝横穿在苜蓿须根内，在培养 40 天时发现泡囊，在培养 45 天时发现纵横交错的菌丝和多个泡囊存在于苜蓿须根内部，说明植物能提供给 AM 真菌生存的条件，而 AM 真菌的侵染又能刺激植物分泌更多的信号物质，进而促进植物和 AM 真菌形成共生体并使其进行互利的“交流”(Cavagnaro et al.,

2016)。苜蓿是喜水但不耐水的植物，在培养前期应保证水分充足，而在培养后期可适当地减少水分，这样既可保证植物吸收充足的水分，又能改善植物的侵染情况(Chmura and Gucwa-Przepióra，2012)。在CK组中未发现菌丝和泡囊的存在。

5.3.2 阿特拉津对苜蓿生长指标的影响

我国的农业发展与国民经济的发展息息相关，农业生产中所使用的农药在农业经济发展中是一把双刃剑，能否合理使用较为安全的农药对生态环境而言极为重要。以往的研究已经证明不同浓度的阿特拉津对植物的株高、基径、根长、鲜重、根冠比(曹明竹，2015；张坤，2012)等生长指标表现出不同的抑制作用。在苜蓿空间扩展生长指标的主茎长、基径和根冠比，以及物质积累生长指标的根干重、茎干重和叶干重的研究中可以看到，阿特拉津胁迫对苜蓿的生长产生了不同程度的抑制，延缓了苜蓿的生长，这与Huang等(2009)得到的结果一致。

菌根化植物能够有效地降低除草剂对植物的毒害作用(Huang et al.，2007)，提高植物的耐受性(王强等，2016)。本研究中，在阿特拉津胁迫下，菌根化苜蓿的物质积累生长指标和空间扩展生长指标与非菌根化苜蓿的各个生长指标相比有明显的提高，这与曹明竹等(2015)得到的结果一致，可能的原因是AM真菌能够提高植物的根系发达程度，进而提高植物对营养物质的吸收，促进植物各个指标的增长。

5.3.3 阿特拉津对苜蓿光合特性的影响

阿特拉津主要破坏植物的光系统Ⅱ，扰乱质体醌的电子传递，破坏细胞膜结构。当植物的光系统或者叶绿体受到破坏时，植物叶绿体色素吸收和传递的光能减少，导致转化成的电能和化学能减少，叶绿素的含量和组成与植物响应胁迫的程度及自身的生长状况相关。本研究中，在阿特拉津胁迫下，苜蓿的叶绿素含量和光合参数随着培养时间的延长而呈现下降趋势，说明阿特拉津胁迫对苜蓿的伤害是直接的、显著的，这与江海澜(2013)的结论不完全一致，可能的原因是不同作物在不同时期对除草剂的敏感度不同。

菌根化植物能够有效地降低除草剂对植物叶片光合参数的影响。本研究中，在阿特拉津胁迫下，菌根化苜蓿叶片的叶绿素含量和光合参数与非菌根化苜蓿相比显著提高，P_n、T_r和G_s属于气孔调节因素，可提高植物的光合作用，促进苜蓿的生长，这与曹明竹等(2015)得到的结果一致。

5.3.4 阿特拉津对苜蓿抗逆性生理指标的影响

植物对逆境胁迫的生理响应能体现出对胁迫的耐受性(金彩霞等，2014)，在本研究中，苜蓿抗逆性生理指标的相对电导率、丙二醛含量、脯氨酸含量和根系活力都在不同层面上体现出植物受到的污染物的影响。

在阿特拉津胁迫下，由于苜蓿的细胞膜遭到破坏，电解质外渗，通透性增大，苜蓿叶片细胞浸提液的电导率增大，在本研究中，阿特拉津对苜蓿的伤害随着胁迫时间的延长而增强，说明阿特拉津对植物的伤害具有持久性。此外，当苜蓿受到逆境胁迫时，其细胞膜会发生过氧化作用，进而产生过氧化产物丙二醛，其浓度大小可表示苜蓿所受到胁迫的程度(武永军等，2009)。本研究中，在阿特拉津胁迫下无论在苜蓿作物的根系、茎部还是叶片中，丙二醛的含量都随着胁迫时间的延长而呈递减趋势，这说明阿特拉津对苜蓿造成的膜脂过氧化伤害程度与时间是成正比的，此研究结果与王庆海等(2011)的研究结果相一致。另外，当植物处在正常条件下，体内的脯氨酸含量并不高，但是当植物受到胁迫时，体内的渗透调节物质脯氨酸起到了缓冲作用(秦峰梅等，2010)。在本研究中，当植物接触到阿特拉津胁迫时，植物的根系、茎部和叶片中都迅速地合成大量的脯氨酸，但是随着胁迫时间的延长，脯氨酸含量随之减少，这与蔡鹏元(2016)的结论恰恰相反，可能的原因是当苜蓿遭受阿特拉津胁迫的时间延长时，其承受的能力已经超过其忍耐胁迫的极限，导致细胞代谢失调，渗透调节系统紊乱，脯氨酸逐渐流失。此外，苜蓿的根系是接触污染物的关键部位，也是受害最直接的部位，根系活力指标可说明植物发育的程度(张利红等，2006；陈龙池等，2003)。在本研究中，根系活力在阿特拉津胁迫下减弱，且随培养时间的延长而呈减弱趋势，这与王庆海等(2011)的结论相一致。

前人研究表明，AM 真菌能提高植物在胁迫中的抗逆性生理指标(孙玉芳等，2016)。本研究也发现 AM 真菌的这一重要特性，AM 真菌在很大程度上延缓苜蓿的相对电导率和丙二醛含量的升高，并且诱发脯氨酸含量和根系活力的提高，这对苜蓿缓解阿特拉津胁迫具有重要的作用。

5.3.5 阿特拉津对苜蓿抗氧化防御指标的影响

阿特拉津胁迫紊乱了植物细胞内自由基和氧化还原能力的平衡，破坏了细胞膜和叶绿体等细胞器的结构，导致植物不能够正常地代谢和生长，使其最终死亡。在阿特拉津胁迫下，PPO、POD、CAT 和 SOD 在防御生物体氧化损伤方面起着重要的作用，抗氧化防御系统之间相互协调，消除细胞体有害自由基，进而缓解植物受到过氧化伤害。通常不同浓度的阿特拉津及其胁迫的不同时间会对抗氧化酶类的活性产生不同的影响，且酶活性与植物抗氧化能力呈正相关。

前人研究结果表明，AM 真菌具有能够改善植物抗氧化防御系统的能力(孔静，2015)，在本研究中也发现，阿特拉津胁迫下苜蓿的根系、茎部和叶片中的抗氧化酶均被激活，且其变化规律与培养时间有关。关于菌根化植物中降解阿特拉津的抗氧化酶系的研究很少，但是关于胁迫下菌根化植物抗氧化酶系的研究相对较多。苏金为和王湘平(2002)研究认为POD活性变化存在先扬后抑的过程，曹明竹等(2015)的研究也证实这一观点，随着阿特拉津浓度的升高，POD活性呈先升高再下降的趋势，而在王庆海等(2011)的研究中，各处理组中POD活性不断下降，均低于正常值。陈可等(2013)在盐胁迫下研究连作土壤接种AM真菌对植物抗氧化酶系的影响时发现SOD、CAT和POD的活性呈先升高再下降的趋势。本试验中PPO和CAT的活性随培养时间的延长而上升；而POD和SOD的活性随培养时间的延长呈先上升再下降的趋势，与前人研究存在差异，可能是由物种差异、胁迫处理时间不同、取样部位及AM真菌与植物共生的情况不同等原因造成的，其具体原因有待进一步研究。

5.4 本章小结

试验首次利用水培体系对阿特拉津胁迫下菌根化苜蓿的生理指标进行研究。阿特拉津胁迫可对苜蓿空间扩展生长指标、物质积累生长指标、光合参数指标和抗逆性生理指标产生抑制，表现为主茎长、基茎、根冠比、生物量、叶绿素含量、光合特性、脯氨酸含量、根系活力的降低，相对电导率、PPO和CAT活性的增加，POD活性先上升后下降。

而菌根化苜蓿能在阿特拉津胁迫下正常生长，并且能够有效地降低除草剂对植物的毒害作用。在阿特拉津胁迫下，菌根化苜蓿的主茎长、基径、根冠比较非菌根化分别增加了31.31%、54.79%和75.00%，菌根化苜蓿的根干重、茎干重和叶干重较非菌根化苜蓿分别增加了119.20%、29.04%和26.45%。此外，AM真菌提高了阿特拉津胁迫下苜蓿叶片的叶绿素含量和光合生理特性，菌根化苜蓿的叶绿素a、叶绿素b、总叶绿素含量，气孔导度 G_s、净光合速率 P_n 和蒸腾速率 T_r 均显著高于非菌根化苜蓿。另外，AM真菌也提高了阿特拉津胁迫下苜蓿的防御能力，具体表现在PPO、POD和CAT活性的增加。

参考文献

蔡鹏元. 2016. 不同除草剂对苜蓿田杂草的防效及苜蓿苗期安全性和生理指标的影响[D]. 兰州: 甘肃农业大学硕士学位论文.

曹明竹. 2015. 芦苇-AM真菌共生系统对阿特拉津胁迫的响应及其降解作用研究[D]. 哈尔滨: 哈尔滨工业大学硕士学位论文.

曹明竹, 王立, 马放, 等. 2015. 丛枝菌根真菌对阿特拉津胁迫下芦苇生长及生理特性的影响[J].安徽农业科学, 43(17): 138-141.

陈可, 孙吉庆, 刘润进, 等. 2013. 丛枝菌根真菌对西瓜嫁接苗生长和根系防御性酶活性的影响[J]. 应用生态学报, 24(1): 135-141.

陈龙池, 廖利平, 汪思龙. 2003. 香草醛对杉木幼苗养分吸收的影响[J]. 植物生态学报, 27(1): 41-46.

江海澜. 2013. 除草剂与植物生长调节剂互作对棉田龙葵的影响及生理机制研究[D]. 石河子: 石河子大学硕士学位论文.

金彩霞, 郭桦, 刘军军. 2014. 磺胺间甲氧嘧啶胁迫对小麦幼苗生理生化指标的影响[J]. 农业环境科学学报, 33(4): 634-639.

孔静. 2015. 丛枝菌根真菌对几种草本植物抗旱性的影响研究[D]. 北京: 中国矿业大学硕士学位论文.

秦峰梅, 张红香, 武祎, 等. 2010. 盐胁迫对黄花苜蓿发芽及幼苗生长的影响[J]. 草业学报, 19(4): 71-78.

苏金为, 王湘平. 2002. 镉诱导的茶树苗膜脂过氧化和细胞程序性死亡[J]. 植物生理与分子生物学学报, 28(4): 292-298.

苏正淑, 张宪政. 1989. 几种测定植物叶绿素含量的方法比较[J]. 植物生理学报, (5): 77-78.

孙淑斌, 徐国华. 2007. 植物中丛枝菌根形成的信号途径研究进展[J]. 植物学通报, 24(6): 703-713.

孙玉芳, 宋福强, 常伟, 等. 2016. 盐碱胁迫下AM真菌对沙枣苗木生长和生理的影响[J]. 林业科学, 52(6): 18-27.

王强, 王茜, 王晓娟, 等. 2016. AM真菌在有机农业发展中的机遇[J]. 生态学报, 36(1): 11-21.

王庆海, 张威, 却晓娥, 等. 2011. 水体阿特拉津残留对水葱生物量及生理特性的影响[J]. 植物生态学报, 35(2): 223-231.

武永军, 何国强, 史艳茹, 等. 2009. 不同pH值缓冲液处理下蚕豆叶片相对含水量、脯氨酸及丙二醛含量的变化[J]. 干旱地区农业研究, 27(6): 169-172.

袁庆华, 桂枝, 张文淑. 2002. 苜蓿抗感褐斑病品种内超氧化物歧化酶、过氧化物酶和多酚氧化酶活性的比较[J]. 草业学报, 11(2): 100-104.

张坤. 2012. 阿特拉津对皇竹草生长和活性氧代谢的影响[D]. 昆明: 云南农业大学硕士学位论文.

张立军, 樊金娟. 2007. 植物生理学实验教程[M]. 北京: 中国农业大学出版社: 96-98.

张利红, 李雪梅, 陈强, 等. 2006. 铅对不同品种玉米活性及根系活力的影响[J]. 吉林农业大学学报, 28(2): 119-122.

张志良, 瞿伟菁. 2002. 植物生理学实验指导[M]. 北京: 高等教育出版社: 39-41.

张治安, 张美善, 蔚荣海. 2004. 植物生理学实验指导[M]. 北京: 中国农业科学技术出版社: 130-131.

朱先灿, 宋凤斌. 2008. 丛枝菌根共生的信号转导及其相关基因[J]. 生命科学研究, 12(2): 95-99.

Cavagnaro R A, Ripoll M P, Godeas A, et al. 2016. Patchiness of grass mycorrhizal colonization in the patagonian steppe[J]. Journal of Arid Environments, 137: 46-49.

Chmura D, Gucwa-Przepióra E. 2012. Interactions between arbuscular mycorrhiza and the growth of the invasive alien annual impatiens parviflora DC: a study of forest type and soil properties in nature reserves[J]. Applied Soil Ecology, 62: 71-80.

Huang H, Zhang S, Shan X Q, et al. 2007. Effect of arbuscular mycorrhizal fungus (*Glomus caledonium*) on the accumulation and metabolism of atrazine in maize (*Zea mays* L.) and atrazine dissipation in soil[J]. Environmental Pollution, 146(2): 452-457.

Huang H L, Zhang S Z, Wu N Y, et al. 2009. Influence of *Glomus etunicatum*/*Zea mays* mycorrhiza on atrazine degradation, soil phosphatase and dehydrogenase activities, and soil microbial community structure[J]. Soil Biology and Biochemistry, 41(4): 726-734.

6 阿特拉津胁迫下苜蓿菌根转录组学分析

转录组可以描述特定的细胞类型/组织在特定时间的 RNA 分子表达信息。本研究基于转录组测序技术筛选 AM 真菌与蒺藜苜蓿共生中和阿特拉津降解有关的基因，期待从转录水平揭示植物-真菌共生对阿特拉津降解的机制。

通过前文建立的三室培养体系，验证了摩西球囊霉(*Glomus mosseae*)与蒺藜苜蓿(*Medicago truncatula*)能够良好地共生于该培养体系中。对培养体系施加一定浓度梯度的阿特拉津(0 mg/kg、10 mg/kg、20 mg/kg、30 mg/kg)，在不妨碍植物与 AM 真菌生长的前提下，共生体系能够降解土壤中的阿特拉津，选取降解效果与共生效果最好的一组，分别取施加阿特拉津和未施加阿特拉津的苜蓿菌根进行转录组测序分析。

6.1 材料与方法

6.1.1 供试材料

供试植物：蒺藜苜蓿(*M. truncatula*)种子由黑龙江省农业科学院提供。

供试真菌：AM 真菌为摩西球囊霉(*G. mosseae*)，孢子含量约为 30 个/g 接种物，由黑龙江大学生命科学学院修复生态研究室保存。

供试农药：阿特拉津纯品，纯度 99%，购买于百灵威科技有限公司；阿特拉津商品药，纯度 38%，购买于吉林金秋农药有限公司。

供试营养液：改良的半倍霍格兰营养液。

6.1.2 试验方法

6.1.2.1 试验设计

苜蓿种子灭菌及发芽处理、培养基质准备、种植和收样同前。

6.1.2.2 苜蓿根部 RNA 提取与质量检测

(1)RNA 提取

选取阿特拉津降解率最高的 C 组用于进行阿特拉津胁迫下菌根转录组的分析，分别收集该组分室 1 与分室 2 中的苜蓿须根，经过液氮研磨，为了得到最佳的提取效果，使用 3 种方法抽提 RNA，分别是 TRIZOL 试剂(Invitrogen, American)法、TRIZOL 试剂(生工)法和试剂盒法(北京庄盟国际生物基因科技有限公司)。

(2)RNA 质量检测

采用 NanoDrop 试剂盒与 OD 值检测方法检测 RNA 的浓度和纯度，Agilent 2100 与琼脂糖凝胶电泳方法检测 RNA 的完整性。

6.1.2.3　Illumina 测序及 *de novo* 装配

(1)无参考基因组文库构建

试验采用 Illumina Truseq^{TM} RNA sample prep Kit 方法构建文库，其流程如图 6-1 所示。

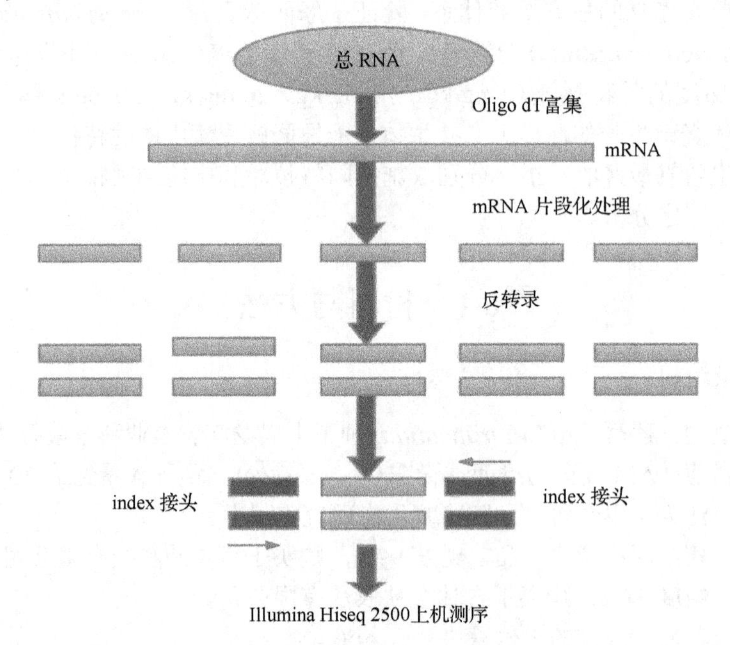

图 6-1　cDNA 文库构建流程

Figure 6-1　cDNA library construction process

(2)原始测序数据质控

Illumina 测序属于第二代测序技术，单次上机测试能产生数十亿级的 read，如此海量的数据无法逐个展示每条 read 的质量情况。应用生物信息软件，可以对所有测序 read 进行碱基分布和质量波动的统计，从宏观上反映出样本的测序质量及文库构建质量。

(3)测序数据质量剪切及统计

原始的测序数据中会包含接头、低质量读段及长度过短的序列，这将对后续的组装及功能注释产生很大影响。为了保证后续分析的准确性，需要对原始测序数据进行过滤，从而得到高质量的测序数据，以保证后续分析的顺利进行，使用

SeqPrep(https://github.com/jstjohn/SeqPrep)和 Sickle(https://github.com/najoshi/ sickle)软件进行数据过滤。

(4) 转录组结果从头组装

针对无参考基因组的转录组研究，获得高质量测序数据后，需要将所有序列从头组装生成重叠群(contig)和单一序列，此项分析是后续处理及生物学功能分析的基础，其原理在于解开短的重复序列，将 read 进行对比，常用软件包括 SOAPdenovo、ABySS、IDBA、Trinity 等，其中 Trinity 软件是目前适用于 Illumina 短片段序列组装的一款比较权威的软件，使用该软件对所有测序数据进行从头组装。

6.1.2.4　组装后功能注释

(1) 可读框功能预测

利用 Trinity 软件组装得到转录本序列后，对这些转录本进行功能注释，以探究这些转录本的生物学功能。注释前，先利用 Trinity 软件提供的可读框(open reading frame，ORF)对组装得到的所有转录本序列进行基因功能预测。

(2) 功能注释

经过 ORF 预测后，组装获得的所有转录本序列被分为两部分：①预测出 ORF 的转录本(以蛋白质序列体现)；②未预测出 ORF 的转录本(以核苷酸序列体现)。对这两部分转录本分别进行功能注释，具体步骤如下。

1) 使用 BlastP(待查询的蛋白质序列及其互补序列，一起在蛋白质数据库中进行查询)将①与蛋白质数据库 NR 进行比对，选择匹配最好的一项作为注释信息。

2) 使用 BlastP 将①与 String 数据库进行比对，选择匹配最好的一项作为注释信息，并根据该注释信息获得 COG(clusters of orthologous groups of proteins)注释信息。

3) 使用 BlastP 将①与 KEGG 数据库进行比对，选择匹配最好的一项作为注释信息。

4) 对于未能预测出 ORF 的核苷酸序列②，使用 BlastX(待查询的核苷酸序列按 6 种 ORF 翻译成蛋白质序列，然后将翻译结果与蛋白质数据库进行比对查询)将其分别与 NR、String、KEGG 数据库进行比对，从而获得相应的注释信息，具体步骤同步骤 1)～步骤 3)。

(3) NR 数据库注释结果统计

NCBI-NR(NCBI 非冗余蛋白库)为综合数据库，包括了 SwissProt、PI(protein information resource)、PRF(protein research foundation)、PDB(protein data bank)蛋白质数据库中非冗余的数据，以及从 GenBank 和 RefSeq 的 CDS 数据库中翻译所得的蛋白质数据，这也是现在针对无参考基因组数据分析最常用的数据库。

(4) GO 数据库注释结果统计

GO (gene ontology) 数据库是基因本体联合会建立的将全世界所有与基因有关的研究结果进行分类汇总的综合数据库。该数据库标准化了不同数据库中关于基因和基因产物的生物学术语，对基因和蛋白质功能进行统一的限定和描述。利用 GO 数据库，可以对一个或一组基因按照其参与的生物过程 (biological process，BP)、分子功能 (molecular function，MF)、细胞组分 (cellular component，CC) 3 个方面进行分类注释。通过 GO 分类图，可以大致了解某个物种的全部基因产物的分类情况。

(5) COG 数据库注释结果统计

COG (clusters of orthologous groups of proteins) 数据库为蛋白质直系同源簇数据库，是通过选取 66 株已完成的基因组的蛋白质序列，根据系统进化关系分类构建而成。与 COG 数据库比对可以进行功能注释、归类及蛋白质共进化分析。与 String 数据库比对可获得基因对应的 COG 检索号，根据 COG 检索号对所有转录本进行功能注释及归类。

6.1.2.5 差异表达基因分析

RNA 数据测序是对片段的 mRNA 随机测序，如果一个转录本的表达丰度较高，测序后定位到其对应位置的基因组区域也就多，对于 *de novo* 转录组测序，可通过定位到转录本区域的读段来估计基因表达水平。

应用 edgeR (empirical analysis of digital gene expression data in R) 软件计算不同样本之间的表达量差异，再进行参数检验及校正显著性 *P* 值，根据所得到的差异量来选取所需要的基因。

6.1.2.6 差异表达基因检验

转录组数据可能得到假阳性数据，设计差异表达基因检验逆转录 PCR (reverse transcription PCR，RT-RCR) 试验来排除假阳性的可能，由于差异表达的基因数量巨大，本研究只挑取与结果密切相关的 10 个差异表达的基因进行该部分试验 (这 10 个差异表达的基因在本试验中起到至关重要的作用，涉及阿特拉津降解、植物抗逆境等重要生理过程)，所选取的基因见表 6-1，编号为 comp441_c0、comp80087_c0、comp81470_c0、comp57797_c0、comp29448_c0、comp74170_c0、comp13165_c0、comp63527_c0、comp50160_c0、comp279364_c0，分别在阿特拉津胁迫下与非阿特拉津胁迫下采用测序用的 cDNA (即测序样本 cDNA) 为模板，根据上述 10 个基因的序列设计引物，分别进行 RT-PCR 试验，根据引物 TM 值设定两组退火温度，进行 35 个循环，PCR 反应体系及扩增程序见表 6-2 和表 6-3。

表 6-1　RT-PCR 引物序列信息

Table 6-1　Primer information of RT-PCR

基因编号	上游引物	下游引物
comp441_c0	GATGGTATGGGAAATGA	TTGGTTCCAGGTTCTTC
comp80087_c0	ATTGGCATGGAGTTAGA	TTGGCTTAGTGAAAGGA
comp81470_c0	TTCTACTAGCTGCTTATTG	ATCTTGTGGCATTCTTC
comp57797_c0	CTTTCACAATGCCAACC	TGCATCACAAGCTCCAC
comp29448_c0	AGCCTACAAAGCCAGTG	ATGACCAGGCTTCTTAC
comp74170_c0	CCACGAAGCCTCTAACC	ACGAGCTATTCCATCCC
comp13165_c0	TCTGTGGCTCATAGTGG	GAACTAGGTTTGTTCTCCC
comp63527_c0	CAACGACAATCTTACCACCTT	AATCCAGCCAACCCAAC
comp50160_c0	GCAAAAGCACTTGTCCC	TACCACCTATGATGTTGTC
comp279364_c0	AAGAATATGTGGTGGTAAAG	CTGTTGCTGCTGGTAAA

表 6-2　PCR 扩增体系

Table 6-2　The amplification reaction system of PCR

组分	体积(μl)
10×PCR buffer(Mg^{2+} Free)	2.5
Taq DNA 聚合酶	0.2
Mg^{2+}(25 mmol)	1.5
dNTP(10 μmol/L)	0.5
上游引物(10 μmol/L)	1.0
下游引物(10 μmol/L)	1.0
去离子水	18.3
总体积	25

表 6-3　PCR 扩增程序

Table 6-3　PCR amplification program

反应过程	温度(℃)	时间	循环数
预变性	94	10min	
变性	94	1min	变性、退火、延伸共循环 35 次
退火	54，50*	30s	
延伸	72	1min	
总延伸	72	87.5	
保存	4		

*针对不同引物设计的 TM 值，将扩增实验分为两组，即 TM 值相近的两组，分别进行 PCR 扩增

6.2 结果与分析

6.2.1 RNA 提取结果

通过对比 3 种提取方法所提取的苜蓿菌根 RNA，发现应用 TRIZOL 法能够得到最佳提取效果。经过琼脂糖凝胶电泳检测（1%）、OD 值检测和 Agilent 2100 检测，结果表明在琼脂糖凝胶电泳图中（图 6-2a）可见 28S、18S 两条清晰的条带，5S 条带较暗，说明 RNA 提取质量较好，几乎没有降解。图 6-2b、图 6-2c 是提取的 RNA 经过 Agilent 2100 检测所得的结果，两个样本的浓度分别达到 310 ng/μl、270.2 ng/μl。$OD_{260/280}$ 分别达到 1.98 与 1.95，可以排除 DNA、蛋白质污染及确保 RNA 的完整性，所提取的总量及质量足以满足两次以上的测序需求，可以进行后续试验。

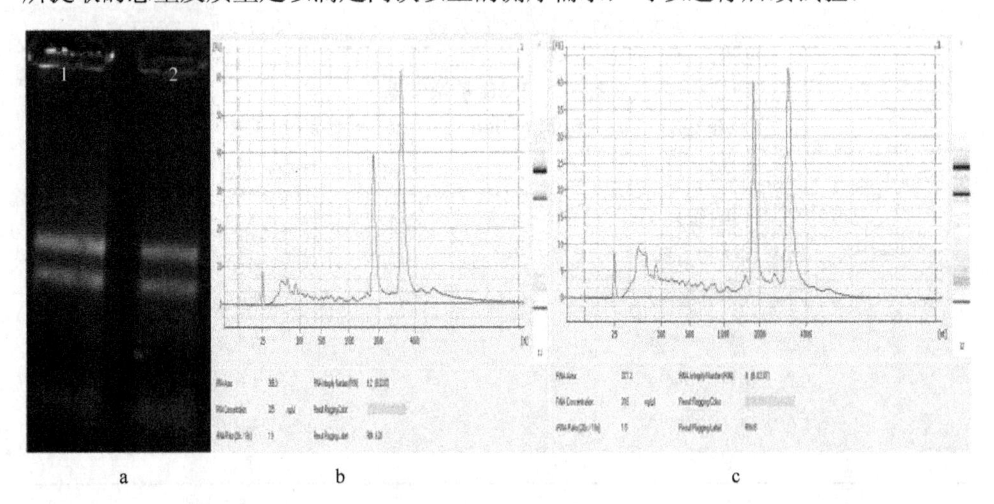

a　　b　　c

图 6-2　试验组与对照组 RNA 提取结果

Figure 6-2　The extraction result of RNA of experimental group and control group

6.2.2 Illumina 测序流程

6.2.2.1　原始数据质量检测

因测序过程会产生大量数据，有可能对试验结果产生较大偏差，针对原始数据的质量检测就尤为重要，其中图 6-3 为碱基组成分布图，图 6-4 为原始数据碱基质量分布图，图 6-5 为原始数据碱基错误率分布图，对原始数据进行质量检测，可以保证结果的准确性，从这 3 张质检结果图可以得出本次测序数据误差较小，可以进行后续分析的结论。

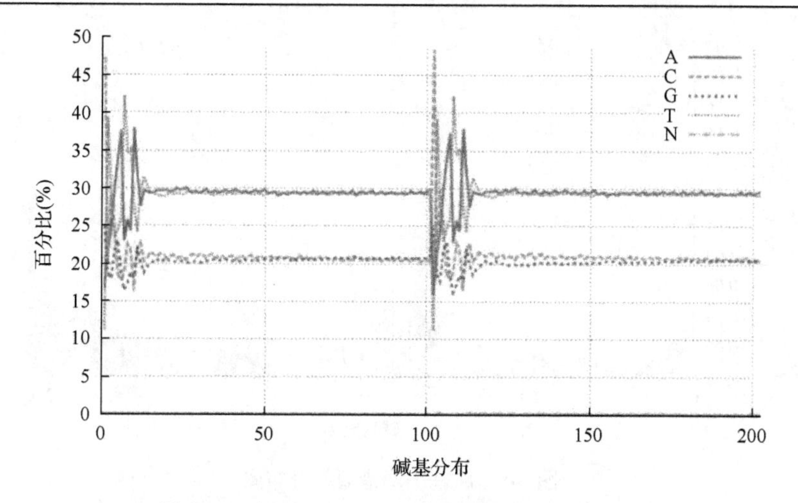

图 6-3 碱基组成分布图(彩图请扫封底二维码)

Figure 6-3 Base composition distribution diagram(For color version, please sweep QR Code in the back cover)

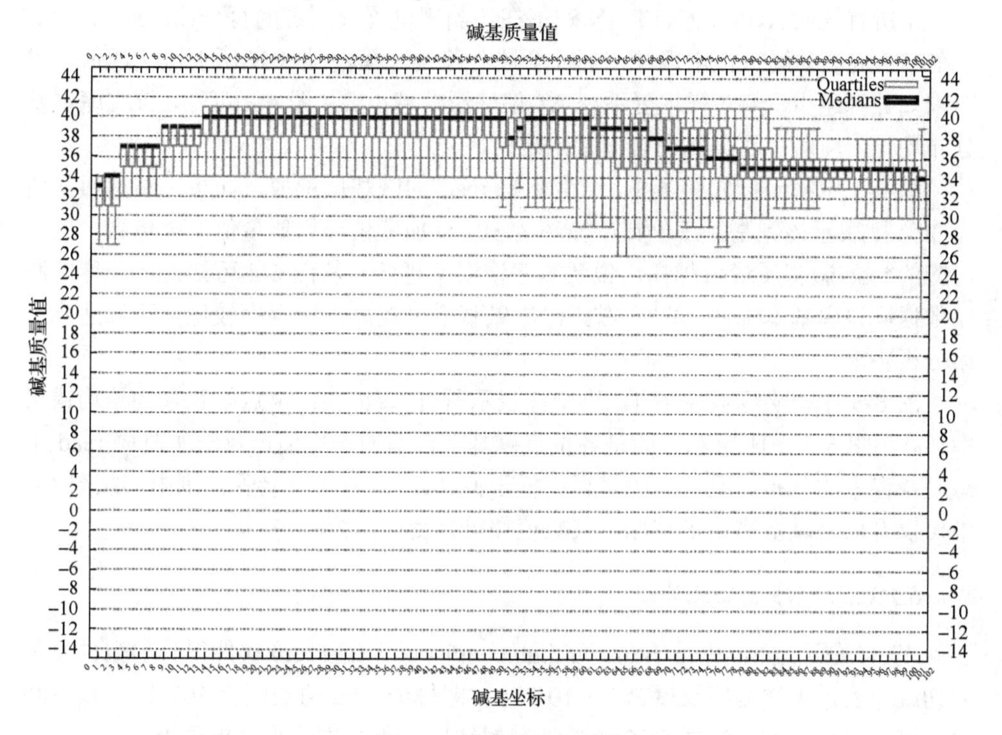

图 6-4 碱基质量分布图

Figure 6-4 Base mass distribution diagram

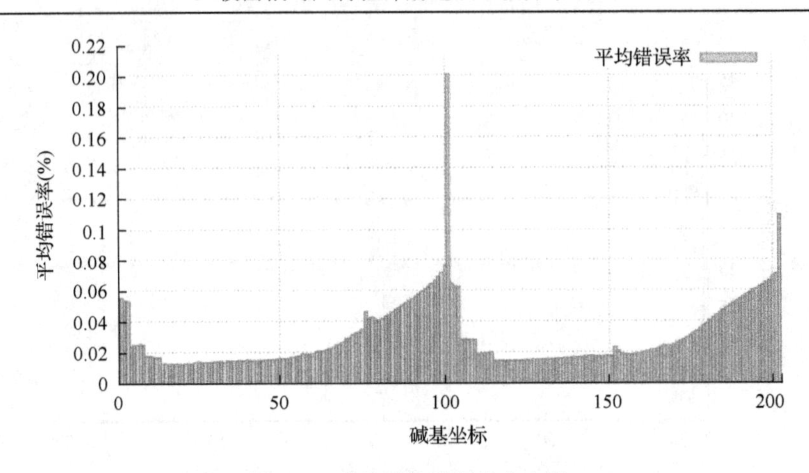

图 6-5　碱基平均错误率分布图

Figure 6-5　Distribution of base error ratio

图 6-3 中横坐标是 read 碱基，代表 read 上从 5′端到 3′端碱基的依次排列。纵坐标是所有 read A、C、G、T、N 碱基在该测序位置分别占的百分比。A、C、G、T 在起始端波动属于正常现象，后面会趋于稳定。模糊碱基 N 所占比例越低，说明未知碱基越少，测序样本受系统 AT 偏好影响越小。从图 6-3 可知，该文库碱基分布均匀，N 所占百分比在合理范围之内。

图 6-4 中横坐标同图 6-3，纵坐标是 read 的碱基质量值，如果某碱基质量值为 30，则表示该碱基测序出错的概率为 10^{-3}。加黑粗线为质量值的中位数，黑线对应的 read 碱基质量值越高，说明测序错误率越低。从图 6-4 可知，所获得的测序数据错误率基本都在 10^{-4} 左右，测序碱基质量较高，错误率较低，可以达到后续分析要求。

图 6-5 中横坐标同图 6-4，纵坐标表示所有 read 在该位点处碱基的平均错误率(%)。图 6-5 中阴影对应的是各位点碱基错误率的平均值，反映了测序 read 中碱基错误率的分布情况，一般错误率低于 0.1%即认为在可接受范围内，从图 6-5 中可以看出，碱基错误率较低，其数值在可接受范围内。

6.2.2.2　测序数据统计

表 6-4 是通过 SeqPrep(https://github.com/jstjohn/SeqPrep) 软件得到的数据质量剪切统计表，本次测序长度为 2×101 bp，即每个 read 的长度为 101 bp，双端测序，可以得出高质量数据 Q30 含量很高的结果，符合进一步分析要求。

表 6-4 测序数据统计结果

Table 6-4 Statistical results of sequencing data

样本名称	原始序列数(条)	原始碱基数(bp)	Q30(%)	高质量序列数(条)	高质量碱基数(bp)	Q30(%)
AT+	47 739 160	4 821 655 160	97.03	46 518 018	4 613 891 727	99.1
AT−	55 395 342	5 594 929 542	97.11	54 061 248	5 362 891 491	99.1

6.2.2.3 转录组从头组装

cDNA 文库是由收集自培养体系分室 1 与分室 2 的苜蓿菌根共同构建的。应用 Illumina 经过双端 101 bp 测序共得到 103 134 502 reads，然后利用 Trinity 软件进行从头组装，总共得到 75 957 个重叠群，其长度为 351～14 643 bp，平均长度为 1132.66 bp(表 6-5)，图 6-6 为组装结果长度分布图。

表 6-5 摩西球囊霉与蒺藜苜蓿转录组序列统计表

Table 6-5 Summary of data generated for *G. mosseae* and *M. truncatula* transcriptome

Reads 总数	103 134 502
碱基总数(bp)	10 416 584 702
重叠群总数	75 957
重叠群平均长度(bp)	1 132.66
重叠群长度范围(bp)	351～14 643
基因总数	33 948
所有基因长度(bp)	86 033 596

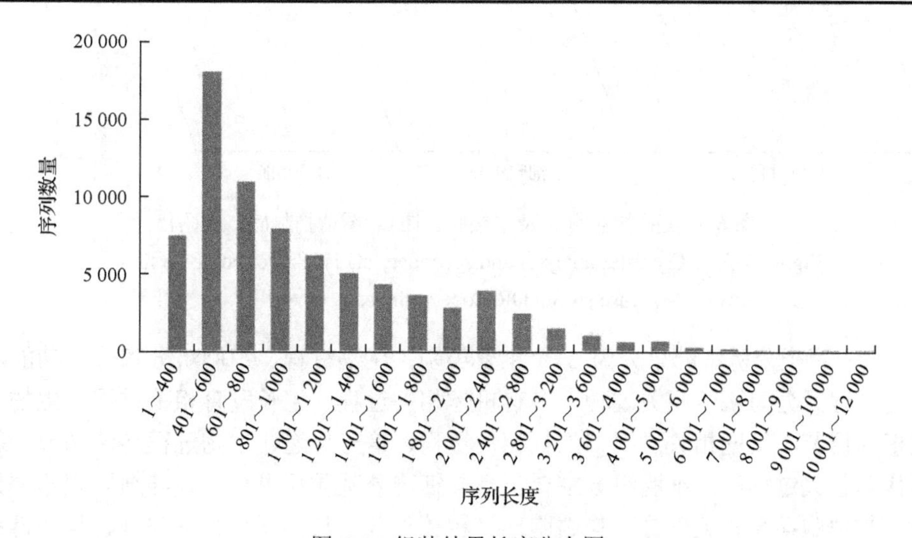

图 6-6 组装结果长度分布图

Figure 6-6 Assembly result length distribution chart

6.2.3　组装后功能注释结果

试验所获得的测序序列是通过利用非冗余数据库(NR 数据库)、UniProtKB/SWISS-PROT(SWISSPROT)数据库、GO 数据库、COG 数据库进行对比分析预测其功能的，GO 数据库应用苜蓿菌根转录组数据进行功能预测及分类，基于序列同源性，33 948 个基因被分为 55 个官能团(图 6-7)，在每个 GO 分类中，代谢过程被分为 3 个类别，即生物过程、细胞组分和分子功能，不同细胞活动在催化活性方面占据不同优势。其中“只能进行一般功能预测”是最大的一类，3834 个基因，占据 11.29%；其次是“复制、重组及修复”分类，3728 个基因，占据 10.98%；“具有细胞核结构”和“细胞运动”是所占较小的两组，分别为 5 个和 36 个基因，占据 0.001%和 0.11%。

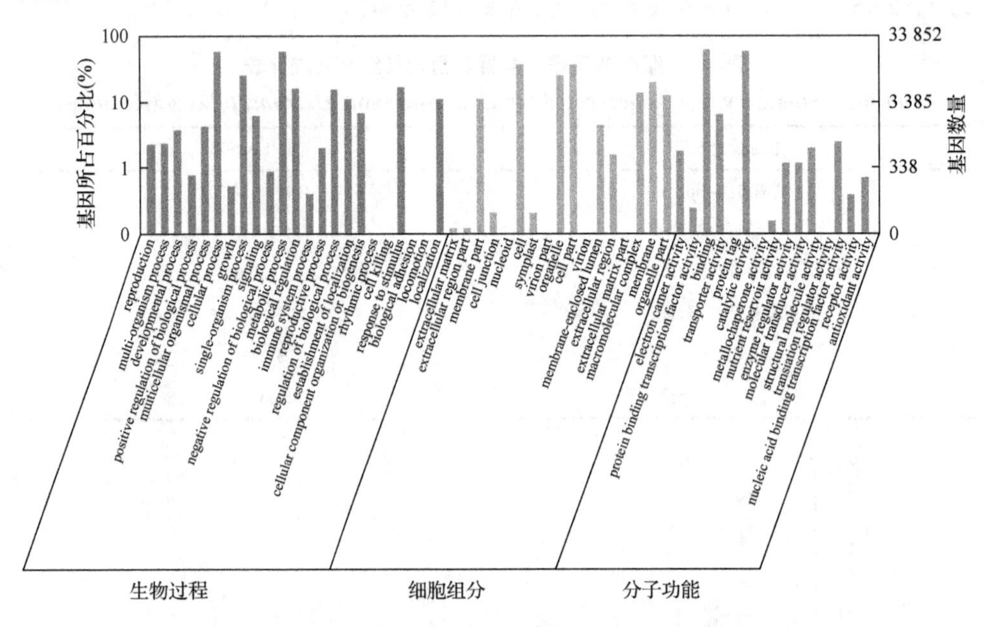

图 6-7　GO 聚类分析及二级统计图(彩图请扫封底二维码)

Figure 6-7　GO cluster analysis and secondary statistics(For color version, please sweep QR Code in the back cover)

GO 聚类分析将结果分为 3 个主要类别：生物过程、细胞组分和分子功能。生物过程又分为繁殖相关过程、多有机体相关过程、生长发育相关过程、生物过程正向调节、细胞相关过程、生长相关过程、信号传递、生物过程逆向调节、新陈代谢相关过程等；细胞组分主要包括与细胞外基质相关部分、与细胞膜相关部分、与细胞黏合相关部分、与细胞连接相关部分、与共质体相关部分、与病毒相关部分、与细胞的有机构成相关部分等；分子功能包括电子携带相关蛋白、结合转录因子相关蛋白、标签蛋白、新陈代谢蛋白等。与阿特拉津降解有关的基因主要集中在分子功能这一模块中。

经过 COG 功能分类(图 6-8),所获得的序列按功能共分为 25 类,分别是 RNA 过程与修饰,染色质结构与动态,产能与耗能,转氨及代谢,核酸转运及代谢,碳水化合物转运及代谢,辅酶转运及代谢,核糖体结构及生物发生,转录,离子转运及代谢,次生代谢物生物合成、转运及代谢,仅够预测其功能,未知功能,单向转换机制、细胞间物质运输、分泌及运输通道,防御机制等。后续分析主要关注产能与耗能、转氨及代谢、离子转运及代谢、次生代谢物生物合成等方面,其中所占比例较大的为只能进行功能预测的部分及分子过程中的复制、碱基配对等部分,在进行转录组差异表达基因分析时,可以忽略仅够预测其功能的基因,分析的着重点在于防御机制、次生代谢物生物合成、分泌及运输通道等模块部分。

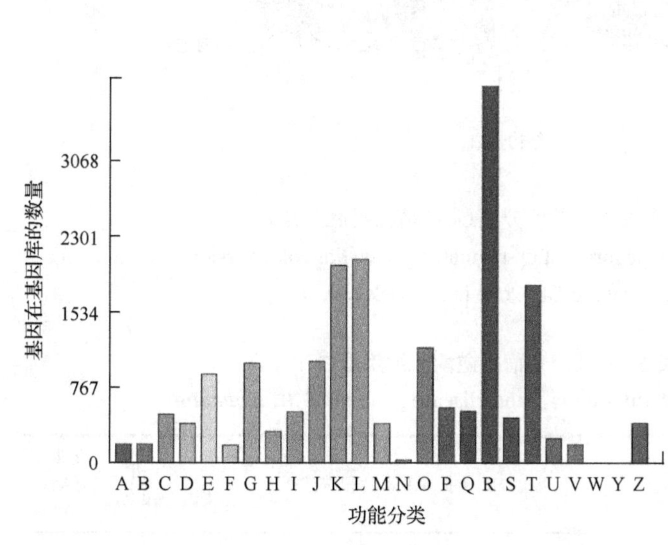

图 6-8 COG 功能分类结果(彩图请扫封底二维码)

Figure 6-8 the result of COG function classification(For color version, please sweep QR Code in the back cover)

6.2.4 试验组与对照组差异表达分析

两个测序样本是针对苜蓿菌根是否处在阿特拉津的胁迫下,也就是 C 组中分室 1 与分室 2 中的苜蓿须根。在通过 edgeR 软件进行对比分析后,总共鉴定得到

2060 个差异表达的基因，在这 2060 个差异表达的基因中，有 570 个上调表达的基因(图 6-9)，1490 个下调表达的基因，排除“未知功能的基因”和“只能够进行功能预测的基因”与表达量差异较小的基因，可以得到 172 个高量表达的基因，将这 172 个基因分别进行分析注释，根据其功能分为 7 类，分别为分子过程及其他蛋白，锌指蛋白，胞内胞外酶，结构蛋白，抗逆境、抗病蛋白，电子传递相关蛋白，植物生长发育相关蛋白。表 6-6 和表 6-7 列举了植物抗逆境、抗病蛋白，锌指蛋白，电子传递相关蛋白和漆酶及其表达量的差异。

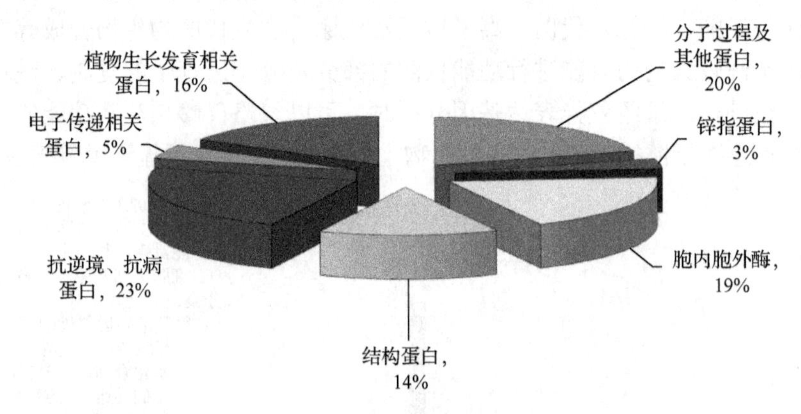

图 6-9　上调表达基因分类(彩图请扫封底二维码)

Figure 6-9　The categories of up-regulated genes (For color version, please sweep QR Code in the back cover)

表 6-6　蒺藜苜蓿抗逆境、抗病蛋白

Table 6-6　Plant anti-stress, anti-disease protein of *M. truncatula*

基因编号	序列长度(bp)	序列号	NR 数据库基因片段描述	相似度(%)	倍率比(ATa/AT)
comp42025_c0	91	gi|357475395	乙烯应答转录因子 2B[蒺藜苜蓿]	71	8.89
comp68957_c0	138	gi|357498565	Kunitz 型胰蛋白酶抑制剂类 1 蛋白[蒺藜苜蓿]	81	8.82
comp53515_c0	59	gi|357473133	含 Burp 结构域蛋白[蒺藜苜蓿]	90	8.55
comp211111_c0	1059	gi|193237563	转录因子 C2H2 [莲藕]	68	8.30
comp29588_c0	53	gi|357469835	F 盒/LRR 重复蛋白[蒺藜苜蓿]	95	7.94
comp341394_c0	299	gi|357453133	CCR4 相关因子 1 相关蛋白[蒺藜苜蓿]	84	7.26
comp32566_c0	151	gi|357452821	抗病蛋白[蒺藜苜蓿]	69	6.39
comp279364_c0	160	gi|357443099	NAC 结构域蛋白[苜蓿 NAC 结构域蛋白] [蒺藜苜蓿]	91	6.31
comp350759_c0	133	gi|357455019	F 盒/KelCH 重复蛋白[蒺藜苜蓿]	92	5.85
comp49732_c0	119	gi|357497861	Kunitz 型丝氨酸蛋白酶抑制剂 DRTI [蒺藜苜蓿]	69	5.85

续表

基因编号	序列长度(bp)	序列号	NR 数据库基因片段描述	相似度(%)	倍率比(ATa/AT)
comp321001_c0	349	gi|357515301	黄酮醇磺基转移酶样蛋白[蒺藜苜蓿]	84	4.99
comp347025_c0	222	gi|357511791	壁相关受体激酶样蛋白[蒺藜苜蓿]	98	4.86
comp229988_c0	523	gi|357499349	抗性基因模拟蛋白[蒺藜苜蓿]	100	4.23
comp68237_c0	188	gi|357498545	Kunitz 型胰蛋白酶抑制剂类 2 蛋白[蒺藜苜蓿]	61	4.23
comp60043_c0	96	gi|357512199	苯甲酰辅酶苄醇苯甲酰基转移酶[蒺藜苜蓿]	99	4
comp331723_c0	182	gi|357515301	黄酮醇磺基转移酶样蛋白[蒺藜苜蓿]	95	3.87
comp28527_c0	125	gi|357503357	热休克蛋白(苜蓿热休克蛋白)[蒺藜苜蓿]	73	7.59
comp60376_c0	153	gi|357499615	抗病性蛋白[蒺藜苜蓿]	61	3.11
comp67472_c0	137	gi|357498545	Kunitz 型胰蛋白酶抑制剂类 2 蛋白[蒺藜苜蓿]	35	3.02
comp54873_c0	298	gi|357466893	类受体蛋白激酶[蒺藜苜蓿]	99	3.02
comp59808_c0	73	gi|357441047	胰蛋白酶抑制剂与哈格曼因子	75	2.88
comp22103_c0	372	gi|357473133	Burp	95	2.85
comp72039_c0	215	gi|71534908	含 Burp 结构域蛋白[蒺藜苜蓿]	96	2.76
comp68035_c0	158	gi|357468219	类 Germin 蛋白(苜蓿属 Germin 样蛋白)[蒺藜苜蓿]	98	2.71
comp67862_c0	418	gi|357438305	含抗病蛋白的 NBS[蒺藜苜蓿]	65	2.71
comp70036_c0	614	gi|357437677	Snakin-1[蒺藜苜蓿]	100	2.63
comp68404_c0	214	gi|357497861	Kunitz 型丝氨酸蛋白酶抑制剂 DRTI [蒺藜苜蓿]	65	2.36
comp77797_c0	872	gi|357493453	类受体蛋白激酶[蒺藜苜蓿]	87	2.28
comp78808_c0	494	gi|357492309	Er 甘油磷酸酰基转移酶[蒺藜苜蓿]	98	2.08
comp74170_c0	591	gi|357476949	单杯氧化酶类蛋白 Sku5 [蒺藜苜蓿]	99	2.03
comp75799_c0	320	gi|357481947	Knolle [蒺藜苜蓿]	99	2.01
comp67429_c0	153	gi|357497581	花青素 3-*O*-葡糖基转移酶[蒺藜苜蓿]	98	7.09
comp33808_c0	370	gi|30686851	亚硫酸盐出口 TAUE/安全家族蛋白[拟南芥]	100	5.74
comp35862_c0	255	gi|357477405	硝酸转运蛋白(NTL1)〔蒺藜苜蓿〕	98	4.61
comp65594_c0	114	gi|357497581	花青素 3-*O*-葡糖基转移酶[蒺藜苜蓿]	99	4.42
comp76446_c0	183	gi|357480825	早结瘤样蛋白[蒺藜苜蓿]	99	2.45
comp47317_c0	826	gi|357440947	CCP[蒺藜苜蓿]	91	2.26
comp67605_c0	252	gi|357509773	CCP 样蛋白(苜蓿 CCP 样蛋白)[蒺藜苜蓿]	95	2.36
comp75321_c0	309	gi|357518019	桃金娘素样蛋白[蒺藜苜蓿]	99	2.25

注：NR 为非冗余蛋白

表 6-7 锌指蛋白、电子传递相关蛋白和漆酶

Table 6-7 Zinc finger proteins, electron transport related proteins and laccases

基因编号	序列长度(bp)	序列号	NR 数据库基因片段描述	相似度(%)	倍率比(ATa/AT)
漆酶					
comp80087_c0	568	gi|357492827	漆酶[蒺藜苜蓿]	100	2.24
comp65604_c0	342	gi|357491147	多铜氧化酶，漆酶类[蒺藜苜蓿]	100	2.26
comp81470_c0	569	gi|357490575	漆酶 1A [蒺藜苜蓿]	98	2.26
comp57797_c0	249	gi|357505329	漆酶[蒺藜苜蓿]	98	2.85
comp85523_c0	581	gi|357483501	漆酶-11 [蒺藜苜蓿]	98	2.82
电子传递相关蛋白					
comp67947_c0	144	gi|357486521	硫氧还蛋白(苜蓿属硫氧还蛋白 H6)[蒺藜苜蓿]	99	2.73
comp72639_c0	828	gi|357445481	钾通道(苜蓿属钾通道)[蒺藜苜蓿]	98	2.06
comp74170_c0	591	gi|357476949	单杯氧化酶类蛋白 Sku5 [蒺藜苜蓿]	99	2.03
comp29448_c0	138	gi|124359194	Na^+/H^+逆向转运蛋白样蛋白，拟南芥[蒺藜苜蓿]	89	6.46
comp59009_c0	116	gi|357511171	单巯基谷胱甘肽 S6 [蒺藜苜蓿]	100	7.30
comp441_c0	69	gi|357520459	谷胱甘肽过氧化物酶[蒺藜苜蓿]	93	5.95
comp72359_c0	76	gi|269315890	硫氧还蛋白 H7 [蒺藜苜蓿]	100	2.63
comp50160_c0	121	gi|357511173	谷丙氧还蛋白(苜蓿属还原酶) [蒺藜苜蓿]	98	2.43
锌指蛋白					
comp23376_c0	145	gi|357479803	锌指蛋白[蒺藜苜蓿]	98	6.66
comp13165_c0	98	gi|357462041	锌指含 CCCH 结构域蛋白[蒺藜苜蓿]	96	6.46
comp63527_c0	136	gi|357457663	锌指 A20 和 AN1 结构域含胁迫相关蛋白[蒺藜苜蓿]	77	5.85
comp204408_c0	228	gi|357452119	锌指 C_2H_2 型家系蛋白[蒺藜苜蓿]	83	4.79
comp62891_c0	265	gi|358348823	锌指 CCCH 结构域蛋白，部分[蒺藜苜蓿]	100	2.38

图 6-10a 为差异表达基因散点图，横纵坐标分别表示两个样本中每个基因的表达量(FPKM 值)，每个点代表一个基因或转录本，横坐标为该基因或转录本在样本 AT 中的表达量，纵坐标为该基因在 AT+中的表达量。

图 6-10b 为火山图，横坐标为基因或转录本在两个样本之间表达差异的倍数变化值，即样本 1 的表达量除以样本 2 的表达量得到的数值，纵坐标为基因或转录本表达量差异显著性检验值(*P* 值)，*P* 值越高差异越显著。

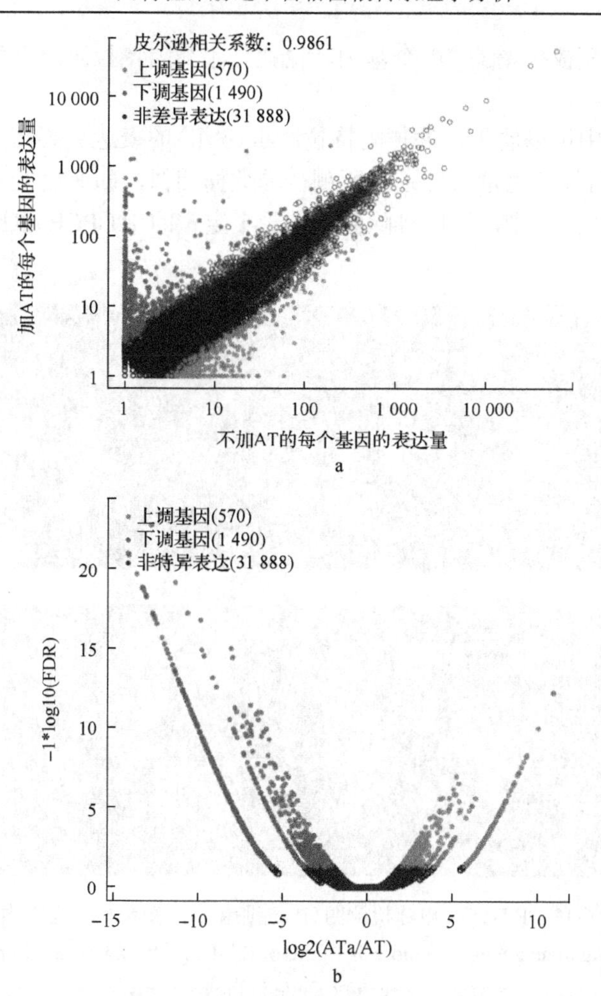

图 6-10 显著差异表达基因/转录本可视化图(散点图和火山图)(彩图请扫封底二维码)

Figure 6-10 Significantly differentially expressed genes/transcripts visualization graph (scatter plots and volcanic map) (For color version, please sweep QR Code in the back cover)

图中红色点表示显著上调的基因，蓝色点表示显著下调的基因，黑色点表示差异不显著基因

The red dots show a significant up-regulation, the blue dots a significant down-regulation, and the black dots a nonsignificant difference

6.2.5 RT-PCR 检验结果

根据 RT-PCR 所针对的 10 个基因，即 comp441_c0、comp80087_c0、comp81470_c0、comp57797_c0、comp29448_c0、comp74170_c0、comp13165_c0、comp63527_c0、comp50160_c0、comp279364_c0，分别对应为 1a、1b，2a、2b，3a、3b，4a、4b，5a、5b，6a、6b，7a、7b，8a、8b，9a、9b，10a、10b 泳道，其中 a 组为未添加阿特拉津组，b 组为添加阿特拉津组，1～10 指的是相同引物以

不同 cDNA 为模板扩增的 10 个基因，也就是添加阿特拉津组合和未添加阿特拉津组合。

从图 6-11 中可以看出，添加阿特拉津组(b 组)的表达量要高于未添加阿特拉津组(a 组)，而且表达量与转录组所测得的数据相似，即亮度差异比接近差异表达量，能得到特异条带，可以排除假阳性，半定量的 RT-PCR 试验结果与转录组数据吻合。

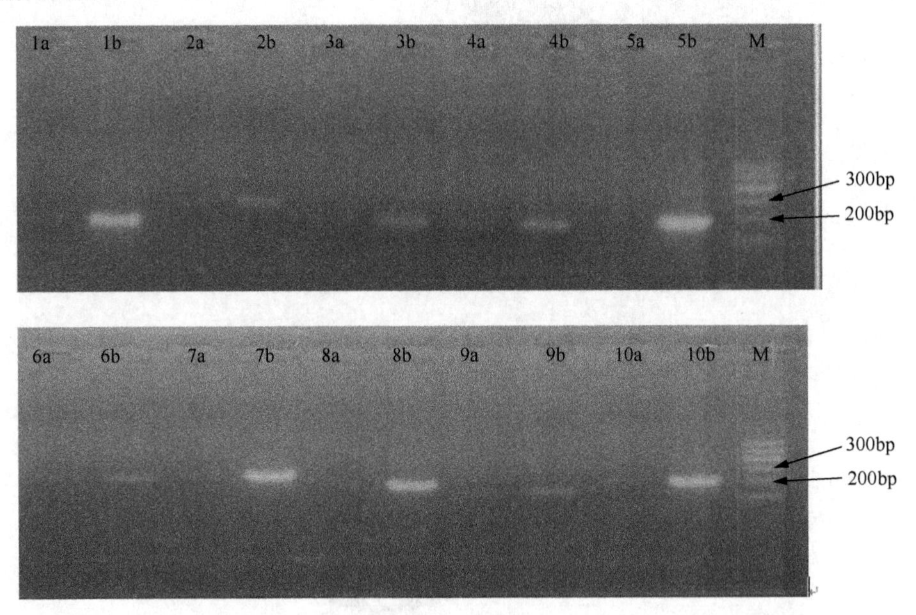

图 6-11　RT-PCR 电泳检测图(1%琼脂糖)(彩图请扫封底二维码)

Figure 6-11　Agarose gel electrophoresis figure of RT-PCR(1% agarose)(For color version, please sweep QR Code in the back cover)

6.3 讨　　论

6.3.1 RNA 提取优化

本文采用 3 种方法提取苜蓿菌根 RNA，分别是 TRIZOL 试剂(Invitrogen 与生工)法和植物 RNA 试剂盒方法，经过对比分析，TRIZOL 试剂(Invitrogen)法能够较完整地提取植物和真菌的 RNA；试剂盒方法提取的 RNA 杂质较少，在柱分离阶段会有部分 RNA 降解，质量不高，而且 RNA 量不足，无法满足后续分析的需求；TRIZOL 试剂(生工)法提取的 RNA 电泳条带正常，可以观察到 3 条亮带，但其 DNA 杂质较多，对后续试验影响较大。故最终选取 Invitrogen 的 TRIZOL 试剂法提取 RNA，两个样本中提取的 RNA 经电泳检测能够看到 28S、18S 两条亮带，

5S 有较暗的条带，说明 RNA 降解较少，而且 $OD_{260/280}$ 分别能够达到 1.98 与 1.95，说明 RNA 中基本不含有蛋白质杂质和 DNA 杂质，经过安捷伦(Agilent Technologies Inc)2100 检测 RNA，得到所提取的 RNA 的浓度为 310 ng/μl、270.2 ng/μl，满足建库、测序需求。

针对 TRIZOL 试剂法所附带的 RNA 提取方法，我们将提取方法稍作改进，在分离步骤中根据所加入的 TRIZOL 试剂加入一定量 10%的聚乙烯吡咯烷酮(polyvinylpyrrolidone，PVP)，PVP 在溶于水后有胶体性质，能够保护所溶物质(崔英德和黎新明，2002)，在 RNA 提取的过程中加入 PVP 能够进一步隔离所提取的 RNA，避免其暴露在空气中，从而避免了空气中 RNA 酶对其的降解。在 RNA 沉淀步骤中，不使用离心沉淀，而是放入–20℃冰箱中自然沉淀过夜，这有助于长链 RNA 的沉淀，可以避免因离心力巨大而导致的长链 RNA 断裂(Smart and Roden，2010)，也是进一步保护所提取的 RNA。在生物材料的收集过程中尽量减少机械损伤，并将材料分为两部分，一部分用液氮速冻，保存于–80℃冰箱，另一部分收集后用液氮速冻，研磨提取 RNA，这在最大程度上保证了样品的新鲜，增加了 RNA 提取的成功率及完整性。

6.3.2　差异基因表达分析

通过对转录组数据进行分析，共得到 2060 个差异基因，其中上调表达的有 570 个，因为分析针对阿特拉津生物降解，所以不考虑下调表达的 1490 个基因。上调表达的 570 个基因中，差异显著的基因共发现有 172 个，对其功能讨论如下。

6.3.2.1　抗逆境、抗病基因

通过分析阿特拉津胁迫下菌根与非阿特拉津胁迫下菌根的转录组数据，发现上调表达且差异显著的基因有 172 个，其中包括植物自身抗逆境、抗病基因 39 个。阿特拉津胁迫下 39 个抗逆境、抗病相关蛋白高量表达的基因，对蒺藜苜蓿(*M. truncatula*)抵抗阿特拉津环境具有重要作用，如 NAC 转录因子、乙烯转录因子等。有研究报道 NAC 转录因子参与植物次生生长，在细胞分裂过程中发挥作用，参与激素调控和信号转导，在生物胁迫中植物的防御反应及在非生物逆境中发挥重要作用(Wang et al.，2009)，可见 NAC 转录因子提高了苜蓿在阿特拉津胁迫下的抗逆性。乙烯转录因子与细胞发育、激素、病原、低温及干旱、高盐等信号传递有关，在植物抗逆境、抗病信号转导中具有重要的调控作用，在植株中高量表达能够提高植物的抗逆境、抗病能力，并且具有一定的广谱效应(陈嘉贝等，2014)。有报道称在动植物体内，蛋白酶抑制剂的一项功能便是调控蛋白在适当的时候降解，维持动植物的正常发育(Hemández-Nistal et al.，2009)。与其他类型的蛋白酶抑制剂比较，丝氨酸蛋白酶抑制剂活性位点的突变频率较高，表明这些突变体可能受到

植物为抵御各种不同病菌和害虫的侵害而产生的选择压力的影响，可见Kunitz型胰蛋白酶抑制剂的高量表达有利于植物抵抗病菌及病虫害。F-box 蛋白家族参与了植物激素(乙烯、生长素、赤霉素、茉莉酸)的信号传导及自交不亲和、花器官发育等生物学过程，F-box 蛋白还参与了植物的胁迫反应(Burles et al.，2014)，在AM 真菌共生的情况下，F-box 蛋白的高量表达提高了苜蓿的抗逆性，并能够促进苜蓿的生长。39 个抗逆境、抗病蛋白的高量表达赋予了蒺藜苜蓿抵抗阿特拉津的特性，其余的基因都具有类似的功能，对植物抗逆境有着重要作用。

6.3.2.2 电子传递相关基因

电子传递相关蛋白的高量表达解释了蒺藜苜蓿在阿特拉津胁迫下仍然能够正常生长的原因，上调表达的蛋白中有 8 个与电子传递相关，阿特拉津对植物的作用主要是通过植物的根和叶片进入植物体内，沿木质部和韧皮部在植物体内扩散，通过破坏植物叶绿体光系统Ⅱ(PSⅡ)来抑制植物的光合作用。试验结果表明没有与AM 真菌共生的苜蓿在根部接触农药后会出现叶片变黄、生长停滞等病态，这些与电子传递相关的蛋白的高量表达对阿特拉津破坏植物叶绿体具有抵抗作用。添加摩西球囊霉的试验组与未添加摩西球囊霉的对照组相比，在阿特拉津胁迫下不仅叶片没有出现变黄萎蔫的现象，而且株高、株重也要高于对照，这是由于与摩西球囊霉共生，苜蓿被摩西球囊霉赋予了抵抗阿特拉津破坏的特性，有利于其生长。

在 8 个与电子传递相关的蛋白中，谷胱甘肽过氧化物酶能够催化谷胱甘肽(glutathione，GSH)变为氧化型谷胱甘肽(glutathiol，GSSG)，将有毒的过氧化物还原成无毒的羟基化合物，从而保护细胞膜的结构及功能不受过氧化物的干扰与损害(Passaia and Margis-Pinheiro，2015)，该蛋白的高量表达可以促进植物抗氧化，保护植物自身，这可以在一定程度上保证植物在阿特拉津胁迫下正常生长，并可能促进阿特拉津降解；谷氧还蛋白除了有在抗氧化保护方面的功能外，细菌与植物的谷氧还蛋白还能够结合到铁硫簇上，并在需要时将铁硫簇传递到酶中，该蛋白的高量表达能够协助植物对阿特拉津进行降解，其他的 6 种蛋白如硫氧还蛋白、钾通道蛋白、铜离子氧化酶蛋白、Na^+-H^+逆向转运蛋白和苜蓿谷氧还蛋白也有类似的作用，即赋予植物抗氧化等特性，并能够进行水解反应降解有机污染物。

6.3.2.3 胞内胞外酶相关基因

对于土壤中阿特拉津的降解我们做出了两种假设，一种是菌根在阿特拉津胁迫下向外分泌降解酶，从而导致了土壤中阿特拉津的降解；另一种是植物对阿特拉津进行吸收并在体内降解。也可能是两种假设同时存在共同作用从而降解土壤中的阿特拉津。针对第一种假设，土壤中阿特拉津的降解主要是由漆酶高量表达所致，许多研究表明漆酶对阿特拉津等许多有机污染物都有降解作用，本研究转录组数据表明漆酶在阿特拉津胁迫下高量表达，这与阿特拉津的降解密切相关。针对第二种假设，有研究表明阿特拉津在植物体内降解主要是由于谷胱甘肽的作用，在谷胱甘肽的作用下，阿特拉津形成可溶于水的复杂轭合物，此外还发生羟基化作用和脱烷基化作用。在本研究分子过程及其他蛋白的分类中，通过数据分析发现阿特拉津胁迫下谷胱甘肽过氧化物酶高量表达，这对阿特拉津的降解起到积极的作用。

在土壤关键酶活性的测定中，可以发现在阿特拉津胁迫下，所测量的 4 种酶都上调表达，而在转录组数据中，漆酶、过氧化物酶等在分子水平上都高量表达，其中过氧化物酶表达量很高，这与酶活性数据相吻合，胞内胞外酶高量表达并分泌到土壤中对阿特拉津的降解有积极的作用。其中 GDSL 脂肪酶据报道具有参与植物生长发育、油脂代谢和抗逆性反应的功能，胞外酶的高量表达也能够促进植物抵抗阿特拉津胁迫(Lee et al.，2009)。β-1,4-内切木聚糖酶等具有强氧化特性的酶在阿特拉津降解过程中的某一步可能也具有重要作用(阮同琦等，2008)。

6.3.2.4 锌指蛋白

有研究表明锌指蛋白是植物抗逆境蛋白中很重要的一个蛋白家族(Jamieson et al.，2003)。研究者发现冷诱导的大豆 C_2H_2 型锌指蛋白基因 *SC0F-1*，在拟南芥和烟草中过量表达可提高转基因植株的耐冷性(Sakamoto et al.，2004)。拟南芥其他 3 个 C_2H_2 型锌指蛋白基因 *AZF1*、*AZF2*、*AZF3* 在高盐、干旱及冷诱导等胁迫处理条件下，表达量均有不同程度的增强；Gimeno-Gilles 等(2011)发现将蒺藜苜蓿 CCCP 锌指蛋白基因 *MtSAP1* 进行 RNAi 处理后苜蓿种子变小，萌发率降低。可见锌指蛋白在植物生长发育过程中发挥着重要作用，在植物处于逆境时锌指蛋白会高量表达以增强植物的抗逆性。其作用机制主要是通过蛋白质之间相互作用传递信号从而激活下游相关基因的表达来响应逆境应答。在阿特拉津胁迫下，蒺藜苜蓿与摩西球囊霉相互作用，蒺藜苜蓿体内锌指蛋白高量表达，这不仅增强了植物的抗逆性，而且可能与阿特拉津降解相关。

6.3.3 RT-PCR 检验

RNA-seq 深度与基因组覆盖度之间是一个正相关的关系，测序带来的错误率或假阳性结果会随着测序深度的提升而下降，转录测序过程中也有假阳性的可能，为了排除转录组假阳性，特设计 RT-PCR 半定量试验排除几个关键基因的假阳性，所检测的基因为谷胱甘肽过氧化物酶、漆酶、多铜氧化酶、漆酶 1a、钠离子通道蛋白、氢离子逆向转运蛋白、铜离子氧化酶蛋白、CCCH 型锌指蛋白、A20/AN1 锌指结构域蛋白、苜蓿谷氧还蛋白、NAC 结构域蛋白。这些基因是有关阿特拉津降解的基因，且在不同样本之间表达量差异较大，便于分析，故选取这些基因进行 RT-PCR 试验，以排除假阳性对本试验的影响。

6.4 本章小结

采用转录组测序技术研究了在阿特拉津胁迫下，蒺藜苜蓿(*M. truncatula*)与摩西球囊霉(*G. mosseae*)形成的丛枝菌根中差异表达的基因。通过转录组测序共得到 33 948 个基因，其中差异表达基因 2060 个，上调表达且差异显著的基因 172 个，其功能分别属于分子过程及其他蛋白，锌指蛋白，胞内胞外酶，结构蛋白，抗逆境、抗病蛋白，电子传递相关蛋白，植物生长发育相关蛋白。

在阿特拉津胁迫下，菌根一方面提高苜蓿对阿特拉津的抗性，另一方面提高漆酶与谷胱甘肽过氧化物酶的表达从而降解土壤中的阿特拉津，这为真菌-植物联合法降解土壤中阿特拉津提供了理论依据。测定的土壤中相关酶活性的结果与转录组数据中胞外酶这一类别的结果相吻合，可以进一步验证本试验的准确性。这在一定程度上揭示了苜蓿菌根土壤中阿特拉津降解的分子机制。

参 考 文 献

陈嘉贝, 张芙蓉, 黄丹枫. 2014. 盐胁迫下两个甜瓜品种转录因子的转录组分析[J]. 植物生理学报, (2): 150-158.

崔英德, 黎新明. 2002. PVP 水凝胶的应用与制备研究进展[J]. 化工科技, 10(2): 43-47.

阮同琦, 赵祥颖, 刘建军. 2008. 木聚糖酶及其应用研究进展[J]. 山东食品发酵, (1): 42-45.

Burles K, Buuren N V, Barry M. 2014. Ectromelia virus encodes a family of ankyrin/F-box proteins that regulate NFκB[J]. Virology, 468-470: 351-362.

Gimeno-Gilles C, Gervais M L, Planchet E, et al. 2011. A stress-associated protein containing 20/AN1 zing-finger domains expressed in *Medicago truncatula* seeds[J]. Plant Physiol Biochem, 49(3): 303-310.

Hemández-Nistal J, Martín I, Jiménez T, et al. 2009. Two cell wall Kunitz trypsin inhibitors in chickpea during seed germination and seedling growth[J]. Plant physiology and Biochemistry, 47(3): 181-187.

Jamieson A C, Miller J C, Pabo C O. 2003. Drug discovery with engineered zinc-finger proteins[J]. Nature Reviews Drug Discovery, 2(5): 361-368.

Lee D S, Kim B K, Kwo S J, et al. 2009. *Arabidopsis* GDSL lipase 2 plays a role in pathogen defense via negative regulation of auxin signaling[J]. Biochemical and Biophysical Research Communications, 379(4): 1038-1042.

Passaia G, Margis-Pinheiro M. 2015. Glutathione peroxidases as redox sensor proteins in plant cells[J]. Plant Science, 234: 22-26.

Sakamoto H, Maruyama K, Sakuma Y, et al. 2004. *Arabidopsis* Cys2/His2-Type zinc-finger proteins function as transcription repressors under drought, cold, and high-salinity stress conditions[J]. Plant Physiology, 136(1): 2734-2746.

Smart M, Roden L C. 2010. A small-scale RNA isolation protocol useful for high-throughput extractions from recalcitrant plants[J]. South African Journal of Botany, 76(2): 375-379.

Wang X, Basnayake B M V S, Zhang H J, et al. 2009. The *Arabidopsis* ATAF1, a NAC transcription factor, is a negative regulator of defense responses against necrotrophic fungal and bacterial pathogens[J]. Mol Plant-Microbe Interact, 22(10): 1227-1238.

7 阿特拉津胁迫下苜蓿菌根蛋白质组学研究

植物体在生长过程中经常会遇到很多逆境胁迫，如农药胁迫、重金属胁迫、CO_2胁迫、致病菌胁迫、盐碱地胁迫等，这些不利条件会影响植物的生长和发育，植物体内必须具有特定的反应或修复机制应对这些逆境胁迫。通过蛋白质组学技术分析某特定条件下植物产生的差异蛋白或是对特定表达蛋白进行定性和定量分析是目前植物抗逆性研究中的重要方向。

本章借助同位素标记相对和绝对定量(isobaric tags for relative and absolute quantification，iTRAQ)技术对阿特拉津胁迫下蒺藜苜蓿菌根共生体的植物根部蛋白质表达变化进行分析研究，进一步从蛋白质角度揭示了菌根植物降解阿特拉津的分子机制。

7.1 材料与方法

7.1.1 供试材料

供试材料同 6.1.1。

7.1.2 试验方法

7.1.2.1 试验设计

苜蓿种子灭菌及发芽处理、培养基质准备、种植和收样见 3.1.2。

7.1.2.2 阿特拉津胁迫下苜蓿根部蛋白质提取及质量检测

蛋白质提取方法采用 TCA/丙酮沉淀+SDS 裂解法，并采用 BCA 蛋白浓度检测法进行蛋白质定量。取蛋白质样品各 20 μg 分别加入 5×loading buffer 混合，沸水浴 5 min，进行 12.5%的 SDS-聚丙烯酰胺凝胶电泳(SDS-polyacrylamide gel electrophoresis，SDS-PAGE)(恒流 14 mA，90 min)，考马斯亮蓝染色，最后观察胶图。

7.1.2.3 苜蓿根部蛋白质的酶解、iTRAQ 标记和分级

蛋白质酶解具体步骤见 Wisniewski 等(2009)；各样品分别取 100 μg 肽段，按照 AB SCIEX 公司 iTRAQ 标记试剂盒说明书进行标记；采用 AKTA Purifier 100 分

级，首先用缓冲液 A（10 mmol/L KH_2PO_4，25% ACN，pH 3.0）（A 液）复溶，流速为 1 ml/min，然后用缓冲液 B（10 mmol/L KH_2PO_4，500 mmol/L KCl，25% ACN，pH 3.0）（B 液）进行梯度洗脱，过程如下：①B 液线性梯度 0%～8%洗脱 22 min；②B 液线性梯度 8%～52%洗脱 25 min；③B 液线性梯度 52%～100%洗脱 13 min；④B 液维持在 100%洗脱 8 min；⑤最后 B 液重置为 0。整个过程在 214 nm 处进行，每 2 min 收集洗脱组分一次，共计收集洗脱组分约 10 份，分别脱盐冻干，备用。

7.1.2.4 苜蓿根部蛋白质的质谱鉴定和数据库检索

（1）质谱鉴定

对已分级的样品采用纳升级的 UPLC 液相系统 Easy-nLC 进行分离。首先，色谱柱以 95%的 A 液（0.1%的甲酸水溶液）平衡，流速为 300 nl/min，样品由自动进样器上样到上样柱（Thermo Scientific Acclaim PepMap100，100 μm×2 cm，nanoViper C18），经过分析柱（Thermo scientific EASY column，10 cm，ID75 μm，3 μm，C18-A2）分离；再用 B 液（0.1%的甲酸乙腈水溶液）进行梯度洗脱，过程如下：①B 液线性梯度 0%～35%洗脱 50 min；②B 液线性梯度 35%～100%洗脱 5 min；③B 液维持在 100%洗脱 5 min。

样品经色谱分离后用 Q-ExactiveTM 质谱仪进行质谱分析。分析时长为 60～240min，检测方式为正离子，母离子扫描 300～1800 m/z，一级质谱分辨率在 200 m/z 为 70 000，AGC target 为 3e6，一级 Maximum IT 为 10 ms，Number of scan ranges 为 1，Dynamic exclusion 为 40.0 s。多肽和多肽碎片的质量电荷比按照下列方法采集：每次全扫描（full scan）后采集 10 个碎片图谱（MS2 scan），MS2 Activation Type 为 HCD，Isolation window 为 2 m/z，二级质谱分辨率在 200 m/z 为 17 500，Microscans 为 1，二级 Maximum IT 为 60 ms，Normalized Collision Energy 为 30 eV，Underfill 为 0.1%。

（2）数据库检索

质谱分析原始数据为 RAW 文件，用软件 Mascot 2.2 和 Proteome Discoverer 1.4 进行查库鉴定及定量分析。相关参数和说明见表 7-1。

表 7-1 质谱分析相关参数

Table 7-1 Mass spectrometry analysis of parameters

项目	值
酶	胰蛋白酶
允许的最大漏切位点数目	2
固定修饰	Carbamidomethyl（C），iTRAQ4/8plex（N-term），iTRAQ 4/8plex（K）
可变修饰	Oxidation（M），iTRAQ 4/8plex（Y）
一级离子质量容差	±20 mg/kg

续表

项目	值
二级离子质量容差	0.1Da
用于计算 FDR 的数据库模式	Decoy
可信蛋白质的筛选标准	≤0.01
蛋白质定量方法	根据唯一肽段定量值的中位数进行蛋白质定量
试验数据矫正方法	根据蛋白质定量值的中位数进行数据矫正

7.2 结果与分析

7.2.1 蛋白质浓度及 SDS-PAGE 初步检测

以牛血清白蛋白(bovine serum albumin，BSA)浓度为横坐标，OD 值为纵坐标，绘制蛋白质浓度测定标准曲线，如图 7-1 所示。根据蛋白质标准曲线，对每个试验组(AM 组)和处理组(CK 组)各进行 3 次生物学重复，计算蛋白质浓度，具体数值如表 7-2 所示。取各样品蛋白质 20 μl，进行 12.5%的 SDS-PAGE，胶图如图 7-2 所示。

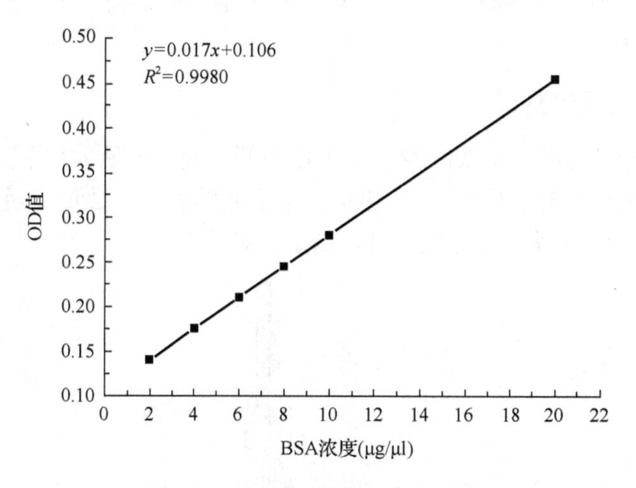

图 7-1 蛋白质浓度测定标准曲线

Figure 7-1 The standard curve of protein concentration

表 7-2 CK 组和 AM 组蛋白质浓度

Table 7-2 The protein concentration of CK and AM

生物学重复	重复 1	重复 2	重复 3
CK 组(μg/μl)	6.571	7.451	4.970
AM 组(μg/μl)	7.674	7.114	7.840

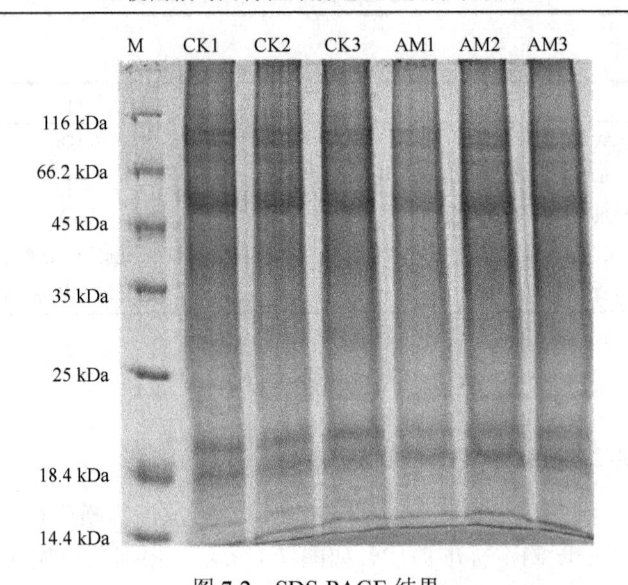

图 7-2　SDS-PAGE 结果

Figure 7-2　The results of SDS-PAGE

根据蛋白质浓度和电泳结果，各组样品制备正常，样品间平行性较好，满足后续试验要求。

7.2.2　苜蓿蛋白质的鉴定

经生物统计学分析，可知 AM/CK 蛋白质的丰度，如图 7-3 所示，横坐标为差异倍数(以 2 为底的对数变换)，纵坐标为鉴定到的蛋白质数量。经过对照组和处理组比较后可知比值大部分趋近于 1，满足正态分布。

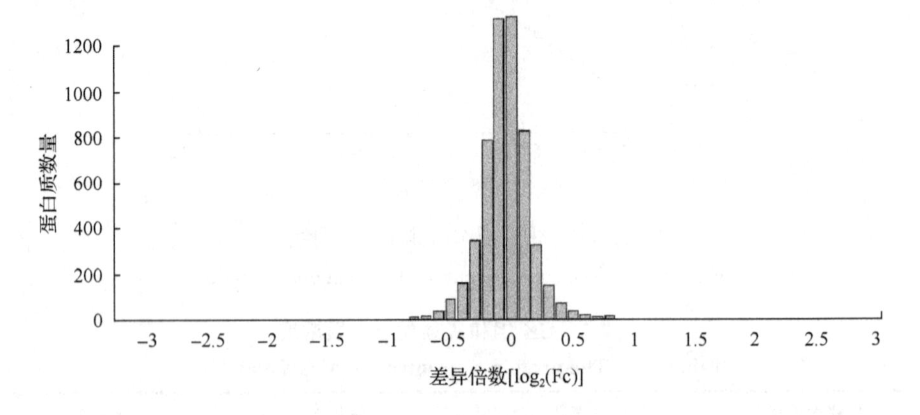

图 7-3　AM/CK 蛋白质丰度分布图

Figure 7-3　AM/CK Protein Abundance Ratio Distribution

根据 iTRAQ 技术可以得出阿特拉津胁迫下 CK 组和 AM 组中共鉴定到的蛋白

质总数为 5554 个。由图 7-4 可知，横坐标为鉴定到的肽段序列的氨基酸个数，纵坐标为鉴定到的肽段数量百分比，随着鉴定到的肽段序列的氨基酸个数逐渐增多，鉴定到的肽段数量百分比呈现先增多再减少的趋势，当氨基酸数目为 7～13 时，所得到的肽段数目最多，约占总数的 50%。图 7-5 为蛋白质序列覆盖分布图，即所测肽段序列占该预测蛋白质氨基酸序列的比例，由图 7-5 可知，横坐标为鉴定到的蛋白质序列覆盖百分比，纵坐标为鉴定到的蛋白质数量。随着鉴定到的蛋白质序列覆盖百分比逐渐增加，鉴定到的蛋白质数量逐渐减少，其中当蛋白质序列覆盖百分比为 0～5%时，所得到的蛋白质数量最多，约为 1500 个，占蛋白质总数的 27%。

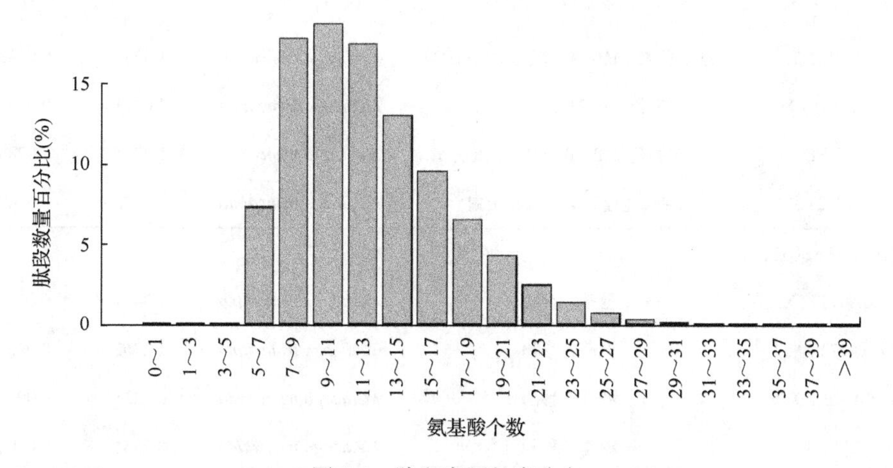

图 7-4 肽段序列长度分布

Figure 7-4 The peptide length distribution

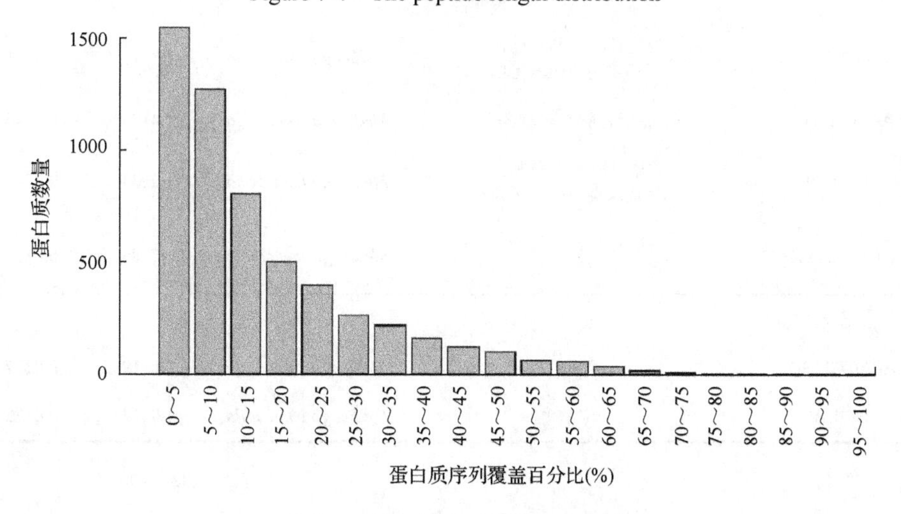

图 7-5 蛋白质序列覆盖度分布图

Figure 7-5 The protein sequence coverage distribution

根据拟定的差异显著蛋白的筛选原则，即①$P<0.05$，②上调蛋白需满足AM/CK>1.2或下调蛋白需满足AM/CK<0.83，可得到差异明显的蛋白质总数为533个，其中上调的蛋白质有276个，下调的蛋白质有257个。其中参与阿特拉津降解和与抵抗胁迫相关的蛋白质见表7-3和表7-4。

表7-3　利用iTRAQ技术鉴定到的参与阿特拉津降解的差异蛋白(仅部分列举)

Table 7-3　The differential protein that was identified by iTRAQ technology in the biodegradation of atrazine(only partially enumerated)

编号	蛋白种类	植物种类	AM/CK	*P* 值
P450				
Q1WCN7	细胞色素P450单加氧酶CYP83G2	*Medicago truncatula*	1.5238	0.0133
A0A072TVX3	细胞色素P450家族蛋白	*Medicago truncatula*	2.0751	0.0205
G7KEE9	细胞色素P450家族71蛋白	*Medicago truncatula*	1.4371	0.0289
A0A072TSI8	细胞色素P450家族蛋白	*Medicago truncatula*	0.7323	0.0169
糖基转移酶(GT)				
A0A072TFX3	糖基转移酶	*Medicago truncatula*	1.3407	0.0094
A0A072UA34	糖基转移酶	*Medicago truncatula*	1.2762	0.0428
A0A072UQY5	糖基转移酶	*Medicago truncatula*	0.7235	0.0042
G7LES1	糖基转移酶	*Medicago truncatula*	0.7881	0.0104
谷胱甘肽S-转移酶(GST)				
A0A072UGV0	谷胱甘肽S-转移酶，氨基末端结构域蛋白	*Medicago truncatula*	1.3391	0.0131
A0A072U4C4	谷胱甘肽S-转移酶	*Medicago truncatula*	1.4194	0.0346
G7JPE9	谷胱甘肽S-转移酶，氨基末端结构域蛋白	*Medicago truncatula*	1.2234	0.0348
A0A072V9X8	谷胱甘肽S-转移酶，氨基末端结构域蛋白	*Medicago truncatula*	0.7885	0.0132
漆酶				
A0A072UHQ4	漆酶	*Medicago truncatula*	1.8119	0.0137
G7ILB5	漆酶	*Medicago truncatula*	1.9514	0.0172

表 7-4　利用 iTRAQ 技术鉴定到的参与阿特拉津胁迫的差异蛋白(仅部分列举)

Table 7-4　The differential protein that was identified by iTRAQ technology in the stress of atrazine(only partially enumerated)

编号	蛋白种类	植物种类	AM/CK	P 值
脱氢酶				
Q40311	6-磷酸葡糖酸脱氢酶，脱羧	*Medicago truncatula*	1.2409	0.0041
G7L8D3	NADH 脱氢酶 1α 亚复合体，组装因子 1	*Medicago truncatula*	1.4253	0.0093
A0A072UPZ8	NAD(P)H 脱氢酶 B2	*Medicago truncatula*	1.3396	0.0192
A0A072UGE8	甲酸脱氢酶，线粒体	*Medicago truncatula*	1.3676	0.0293
A0A072V4D1	NAD(P)H 脱氢酶 B2	*Medicago truncatula*	1.3756	0.0324
羟化酶				
G7JJ05	脯氨酰-4-羟化酶亚单位 α 蛋白	*Medicago truncatula*	1.2098	0.0209
氧化还原酶类				
A0A072TQ77	醌氧化还原酶	*Medicago truncatula*	1.5523	0.0285
G7IPB4	NADH-泛醌氧化还原酶复合物 I，21kDa 亚基	*Medicago truncatula*	0.7371	0.0053
A0A072UX31	NAD(P)H:醌氧化还原酶，Ⅳ型蛋白	*Medicago truncatula*	0.8017	0.0074
A0A072TEP5	Aldo/酮还原酶家族氧化还原酶	*Medicago truncatula*	0.8146	0.0446
A0A072VNJ9	氧化还原酶家族，与 NAD 结合的 rossmann 折叠蛋白	*Medicago truncatula*	0.8209	0.0483
A0A072UV79	2OG-Fe(II) 氧化还原酶的酶家族	*Medicago truncatula*	1.6613	0.0056
G7J9I2	Aldo/酮还原酶家族氧化还原酶	*Medicago truncatula*	1.3296	0.0077
过氧化物酶				
G7IBW1	过氧化物酶	*Medicago truncatula*	2.7109	0.0022
G7IBT2	过氧化物酶	*Medicago truncatula*	2.8963	0.0027
A0A072U8W1	过氧化物酶	*Medicago truncatula*	1.2482	0.0135
A0A072UAE2	过氧化物酶	*Medicago truncatula*	1.2086	0.0179
A4UN77	过氧化物酶	*Medicago truncatula*	1.3441	0.0241
G7KFM2	过氧化物酶	*Medicago truncatula*	1.2259	0.0283
A0A072V2Y0	过氧化物酶	*Medicago truncatula*	1.2087	0.0366
Q43790	过氧化物酶	*Medicago truncatula*	1.2631	0.0366
G7JIS0	过氧化物酶	*Medicago truncatula*	1.3294	0.0413
A0A072VDU0	过氧化物酶	*Medicago truncatula*	0.7292	0.0274
A0A072VLG5	过氧化物酶	*Medicago truncatula*	0.7709	0.0312
I3S041	过氧化物酶	*Medicago truncatula*	0.8251	0.0333

续表

编号	蛋白种类	植物种类	AM/CK	*P* 值
硫氧还蛋白				
G7IE85	硫氧还蛋白样蛋白	*Medicago truncatula*	1.3102	0.0444
G7IHD7	硫氧还蛋白	*Medicago truncatula*	0.6301	0.0105
锌指蛋白				
A0A072UWB6	RNA 结合结构域 CCCH 型锌指蛋白	*Medicago truncatula*	1.2397	0.0062
B7FME7	GATA 型锌指转录因子家族蛋白	*Medicago truncatula*	0.7874	0.0377
F-box 蛋白				
I3T224	F-box SKIP22-样蛋白	*Medicago truncatula*	1.2429	0.0013
GDSL 脂肪酶				
G7I8E7	GDSL-样脂肪酶/酰基水解酶	*Medicago truncatula*	0.8046	0.0188
A0A072TQ09	GDSL-样脂肪酶/酰基水解酶	*Medicago truncatula*	0.8187	0.0361
抗性				
G7JY83	抗病蛋白(TIR-NBS-LRR 类)	*Medicago truncatula*	1.2141	0.0011
G7LIX4	抗病蛋白(TIR-NBS-LRR 类)	*Medicago truncatula*	1.7827	0.0055
G7LAH9	植物抗镉蛋白	*Medicago truncatula*	1.5372	0.0074
G7KPF0	抗病蛋白(TIR-NBS-LRR 类)	*Medicago truncatula*	1.6003	0.0084
B3VTL7	TIR-NBS-LRR RCT1 样抗性蛋白	*Medicago truncatula*	1.4263	0.0228
G7IMF5	耐药转运蛋白样 ABC 结构域蛋白	*Medicago truncatula*	1.5198	0.0236
G7IMZ2	抗病反应蛋白	*Medicago truncatula*	1.4039	0.0277
A0A072TJ11	抗病蛋白(TIR-NBS-LRR 类),假定	*Medicago truncatula*	1.3269	0.0362
G7IMZ0	抗病反应蛋白	*Medicago truncatula*	1.2452	0.0364
G7J0J4	LRR 和 NB-ARC 域抗病蛋白	*Medicago truncatula*	0.6025	0.0028
A0A072VCN3	植物抗镉蛋白	*Medicago truncatula*	0.7465	0.0111
G7LI80	抗病蛋白(TIR-NBS-LRR 类)	*Medicago truncatula*	0.6757	0.0166
Kunitz 型胰蛋白酶抑制剂				
A0A072TS76	Kunitz 型胰蛋白酶抑制剂	*Medicago truncatula*	3.9215	0.0041
G7KMG8	Kunitz 型胰蛋白酶抑制剂/*α*-岩藻糖苷酶	*Medicago truncatula*	1.6252	0.0169
G7KMU3	Kunitz 型胰蛋白酶抑制剂/*α*-岩藻糖苷酶	*Medicago truncatula*	0.6409	0.0038
G7KP86	Kunitz 型胰蛋白酶抑制剂/*α*-岩藻糖苷酶	*Medicago truncatula*	0.8234	0.0339
苯甲酰基转移酶				
G7J2I5	邻氨基苯甲酸 *N*-苯甲酰基转移酶	*Medicago truncatula*	0.7176	0.0401
热休克				
G7JKF9	热休克蛋白 70(HSP70)-相互作用蛋白，推定	*Medicago truncatula*	1.3856	0.0081

续表

编号	蛋白种类	植物种类	AM/CK	*P* 值
Q45NN0	推定的热休克蛋白 70(片段)	*Medicago truncatula*	1.2425	0.0256
G7JYI2	热休克同源 70 kDa 蛋白质	*Medicago truncatula*	1.3424	0.0459
G7J6T0	DnaJ 热休克氨基末端结构域蛋白	*Medicago truncatula*	0.7201	0.0026
G7ZZY8	热激蛋白	*Medicago truncatula*	0.7607	0.0096
G8A2M0	DnaJ 热休克家族蛋白	*Medicago truncatula*	0.7839	0.0196
A2Q3S0	热激蛋白 Hsp70	*Medicago truncatula*	0.7805	0.0402
结瘤蛋白				
P93330	结瘤蛋白-13	*Medicago truncatula*	1.7918	0.0118
受体样				
G7IKL6	富含半胱氨酸的 RLK(受体样激酶)蛋白	*Medicago truncatula*	1.5219	0.0044
G7KI96	LRR 受体样激酶	*Medicago truncatula*	1.3129	0.0055
G7J7V4	富含半胱氨酸的 RLK(受体样激酶)蛋白	*Medicago truncatula*	1.2201	0.0487
A0A072UC80	LRR 受体样激酶植物	*Medicago truncatula*	0.7975	0.0231
A0A072U675	LRR 受体样激酶家族蛋白	*Medicago truncatula*	0.7647	0.0243
G7IBS1	受体样激酶	*Medicago truncatula*	0.8209	0.0373
结构域蛋白				
G7IQB0	动物 HSPA9 核苷酸结合结构域蛋白	*Medicago truncatula*	0.7973	0.0141
Q2HUH9	BTB/POZ 结构域植物蛋白	*Medicago truncatula*	1.2518	0.0091
A0A072V6M6	C2 结构域蛋白	*Medicago truncatula*	0.8036	0.0231
G7I5S9	CTC-相互作用结构域蛋白，推定的	*Medicago truncatula*	0.4122	0.0115
G7IRP6	成束结构域蛋白	*Medicago truncatula*	0.7615	0.0175
G7JGK8	糖苷水解酶家族 79 氨基末端结构域蛋白	*Medicago truncatula*	0.6535	0.0067
A0A072UTC9	糖苷水解酶家族 79 氨基末端结构域蛋白	*Medicago truncatula*	0.8137	0.0436
G7INC4	卤酸脱卤素酶水解酶结构域蛋白	*Medicago truncatula*	1.2568	0.0279
A0A072TZM8	L-型凝集素结构域受体激酶 S.4	*Medicago truncatula*	0.8301	0.0268
G7LII1	豆科植物凝集素 β 结构域蛋白	*Medicago truncatula*	1.8661	0.0239
G7IXH3	豆科植物凝集素 β 结构域蛋白	*Medicago truncatula*	1.2045	0.0489
G7I4G4	LisH 和 RanBPM 结构域蛋白	*Medicago truncatula*	1.3557	0.0032
A0A072U3M4	MATH(Meprin 和 TRAF-C 样)结构域蛋白	*Medicago truncatula*	1.2644	0.0025
A0A072TFR9	甲基-CpG 结合结构域蛋白	*Medicago truncatula*	0.8221	0.0078
G7LJM3	肽酶 M16 无活性结构域蛋白	*Medicago truncatula*	0.7391	0.0199
G7K5B8	Pi-PLC X 结构域植物样蛋白	*Medicago truncatula*	1.4637	0.0392
G7J4G1	质体蓝素样结构域蛋白	*Medicago truncatula*	0.7964	0.0285

续表

编号	蛋白种类	植物种类	AM/CK	*P* 值
G7K3B9	Pleckstrin 样(PH)结构域蛋白	*Medicago truncatula*	0.7934	0.0061
I3SI15	Pleckstrin 样(PH)结构域蛋白	*Medicago truncatula*	0.6694	0.0452
A0A072V383	RCD1-SRO-TAF4(RST)植物结构域蛋白	*Medicago truncatula*	0.7323	0.0084
G7K485	SAM 结构域蛋白	*Medicago truncatula*	1.3014	0.0007
Germin				
G7JQ50	Germin 家族蛋白	*Medicago truncatula*	1.2662	0.0031
植物生长激素				
A0A072V3F7	生长激素抑制/休眠相关蛋白	*Medicago truncatula*	0.6314	0.0239
氧化酶				
Q19PX3	1-氨基环丙烷-1-羧酸氧化酶	*Medicago truncatula*	1.6716	0.0046
Q2HTY4	FAD 连接氧化酶，N 端	*Medicago truncatula*	1.2279	0.0222
G7KJU7	1-氨基环丙烷-1-羧酸氧化酶	*Medicago truncatula*	1.4453	0.0234
A0A072VRR4	巯基氧化酶	*Medicago truncatula*	1.3777	0.0289
G7J9K5	1-氨基环丙烷-1-羧酸氧化酶		1.7462	0.0299
I3SQV1	细胞色素-C 氧化酶/电子载体蛋白		1.2238	0.0457
O24093	L-抗坏血酸氧化酶		0.6951	0.0001
A0A072VFN2	多铜氧化酶样蛋白		0.8018	0.0011
G7JJ92	多铜氧化酶样蛋白		0.8043	0.0016
A0A072VDP0	多铜氧化酶样蛋白		0.8111	0.0038
A0A072URB1	胺氧化酶		0.7469	0.0127
A0A072UZ73	L-抗坏血酸氧化酶		0.7057	0.0137
二硫化物异构化				
A0A072U2K8	蛋白质二硫键异构酶(PDI)样蛋白质		0.7973	0.0231
G7IDU4	蛋白质二硫键异构酶		1.2219	0.0149
ATP 依赖性锌				
A0A072UDH6	ATP 依赖性锌金属蛋白酶 FTSH 蛋白		1.2427	0.0393
A0A072UQR5	ATP 依赖性锌金属蛋白酶 FTSH 蛋白		1.2706	0.0054

7.2.3 苜蓿蛋白的 GO 分析

对 533 条差异显著的蛋白进行功能注释分类，共注释到的 GO 条目数有 1653 个，根据生物体中基因和基因产物的属性，可将这些条目数分为 3 个方面，即生物过程(biological process，P)、分子功能(molecular function，F)和细胞组分(cellular component，C)。其中参与 P 的有 629 个，参与 F 的有 622 个，参与 C 的有 402 个，

图 7-6 为所有条目的功能分类示意图，其中参与 P 和 F 的比例相差不多，约为 38%，参与 C 的仅占 24.32%。

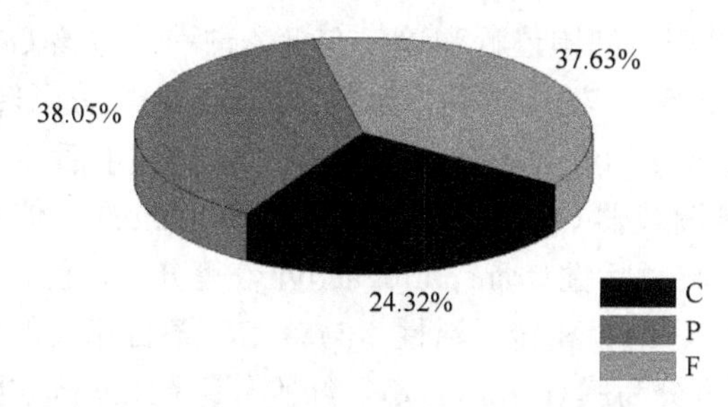

图 7-6 差异蛋白所注释 GO 条目的分类示意图

Figure7-6 GO item classification of annotation of differentially expressed proteins

为了更系统地对所研究的蛋白质及其功能进行概括和分析，在 GO 水平 2 层次上对差异蛋白进行了统计分析。如图 7-7 所示，在上述的大分类中又将差异蛋白细分为 30 个类别，横坐标为 GO 水平 2 条目，纵坐标为对应条目的蛋白质数量及所占百分比。可将 P 分为繁殖过程(reproductive process)、生物调节(biological regulation)、代谢过程(metabolic process)、信号(signaling)、细胞过程(cellular

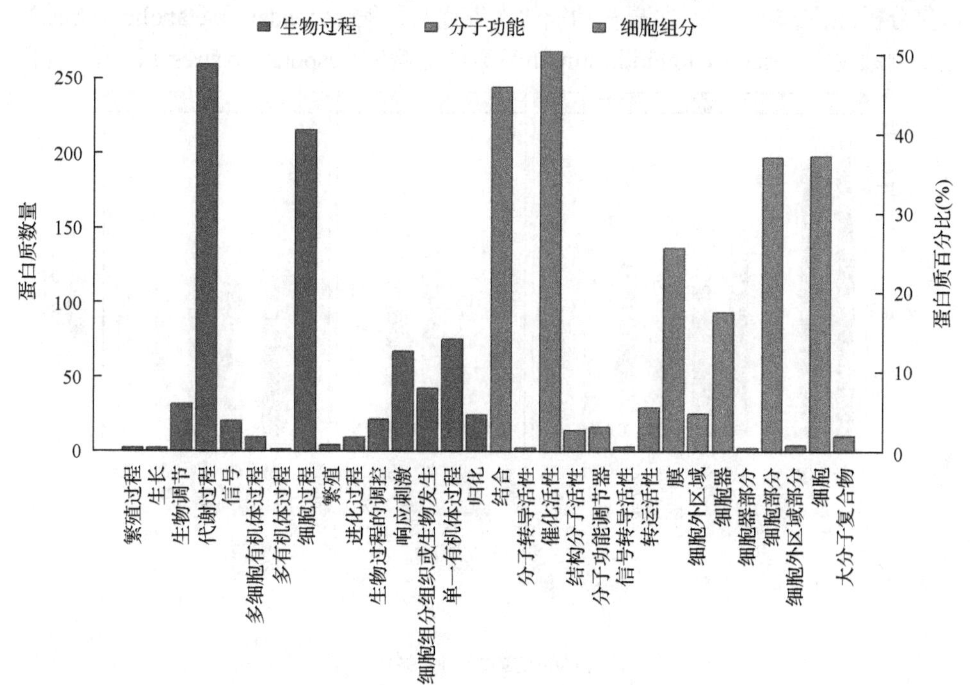

图 7-7 蛋白质的 GO 水平 2 分类示意图(彩图请扫封底二维码)

Figure 7-7 A schematic diagram of GO Level 2 classification for protein(For color version, please sweep QR Code in the back cover)

process)、进化过程(developmental process)、生物过程的调控(regulation of biological process)、响应刺激(response to stimulus)等生物过程，其中排在前3位的生物过程是代谢过程、细胞过程和单一有机体过程，与该GO条目相关的蛋白质数量分别为259、215和75。F可分为结合(binding)、分子转导活性(molecular transducer activity)、催化活性(catalytic activity)、结构分子活性(structural molecule activity)、分子功能调节器(molecular function regulator)、信号转导活性(signal transducer activity)、转运活性(transporter activity)等分子功能，其中排在前3位的分子功能是催化活性、结合和转运活性，与该GO条目相关的蛋白质数量分别为268、244和29。C可分为膜(membrane)、细胞外区域(extracellular region)、细胞器(organelle)、细胞器部分(organelle part)、细胞部分(cell part)、细胞外区域部分(extracellular region part)、细胞(cell)、大分子复合物(macromolecular complex)等细胞组分，其中排在前3位的细胞组分是细胞、细胞部分和膜，与该GO条目相关的蛋白质数量分别为198、197和29。

基于上述大分类中的P、C和F 3种GO条目分类，以排在前20位的GO显著富集条目为横坐标，差异显著性和富集因子为纵坐标作图，如图7-8所示，每种GO条目中，从左至右差异显著性逐渐增高，对3种功能分别进行分析。①P功能富集分析：由图7-8可知，参与P功能的次生代谢过程(secondary metabolic process)、生物刺激响应(response to biotic stimulus)、胁迫响应(response to stress)、单一有机

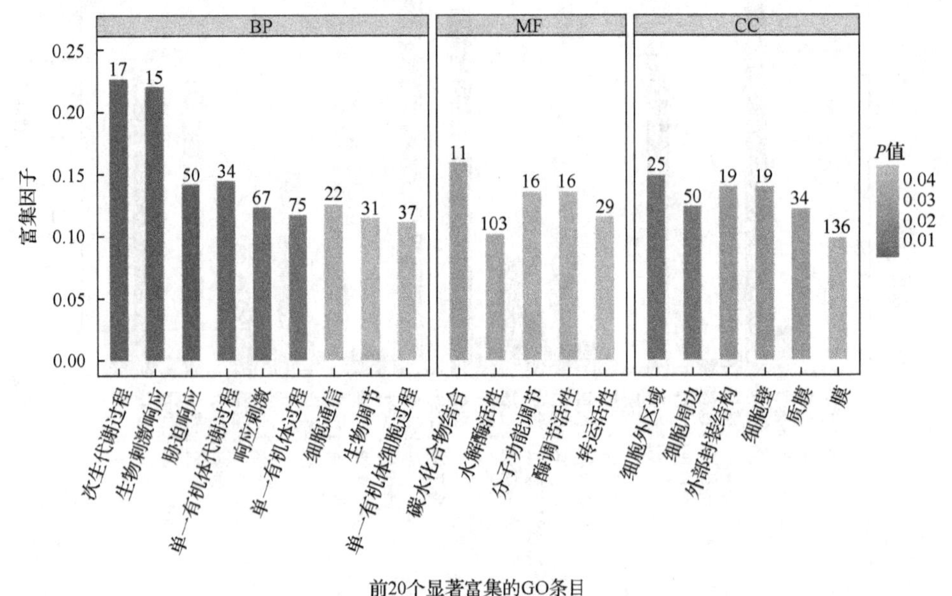

图7-8 排名在前20的显著富集的GO条目(彩图请扫封底二维码)

Figure 7-8 The first 20 significant enrichment of GO entries(For color version, please sweep QR Code in the back cover)

体代谢过程(single-organism metabolic process)、响应刺激(response to stimulus)、单一有机体过程(single-organism process)、细胞通信(cell communication)、生物调节(biological regulation)和单一有机体细胞过程(single-organism cellular process)的蛋白质数目分别为 17、15、50、34、67、75、22、31 和 37；②C 功能富集分析：由图 7-8 可知，参与 C 功能的碳水化合物结合(carbohydrate binding)、水解酶活性(hydrolase activity)、分子功能调节(molecular function regulator)、酶调节活性(enzyme regulator activity)和转运活性(transporter activity)的蛋白质数目分别为 11、103、16、16 和 29；③F 功能的富集分析：由图 7-8 可知，参与 F 功能的细胞外区域(extracellular region)、细胞周边(cell periphery)、外部封装结构(external encapsulating structure)、细胞壁(cell wall)、质膜(plasma membrane)和膜(membrane)的蛋白质数目分别为 25、50、19、19、34 和 136。

7.2.4 苜蓿蛋白的 KEGG 通路分析

在生物体中，蛋白质并不独立行使其功能，而是不同的蛋白质之间相互协调完成一系列生化反应以行使其生物学功能。因此，通路分析是更系统、全面地了解细胞的生物学过程、性状或疾病的发生机制、药物作用机制等最直接和必要的途径。将差异蛋白映射到 KEGG 数据库可知，533 个差异蛋白共注释到 174 条 KEGG 通路，有 287 个差异蛋白未被注释到。

图 7-9 为参与通路的前 20 位蛋白质数量图，横坐标为可能参与的差异显著的通路名称，纵坐标为参与该通路的目标蛋白质数量，如图 7-9 可知，参与苯丙素类化合物代谢(phenylpropanoid biosynthesis)通路的差异蛋白最多，高达 17 个；参与核糖体(ribosome)、氨基酸生物合成(biosynthesis of amino acids)、氨基酸和核苷酸糖代谢(amino sugar and nucleotide sugar metabolism)通路的差异蛋白均为 9 个；参与 RNA 转运(RNA transport)、剪接体(spliceosome)、苯丙氨酸代谢(phenylalanine metabolism)通路的差异蛋白均为 8 个；参与 AMPK 信号通路(AMPK signaling pathway)、半胱氨酸和蛋氨酸代谢(cysteine and methionine metabolism)、黄酮类化合物的生物合成(flavonoid biosynthesis)、异黄酮的生物合成(isoflavonoid biosynthesis)、碳代谢(carbon metabolism)、内质网中的蛋白质加工(protein processing in endoplasmic reticulum)通路的差异蛋白均为 6 个；参与胞吞(endocytosis)、酒精中毒(alcoholism)、糖酵解/糖异生(glycolysis/gluconeogenesis)、苯丙氨酸、酪氨酸和色氨酸生物合成(phenylalanine, tyrosine and tryptophan biosynthesis)、谷胱甘肽代谢(glutathione metabolism)、鞘脂信号通路(sphingolipid signaling pathway)、铂类耐药性(platinum drug resistance)通路的差异蛋白均为 5 个。

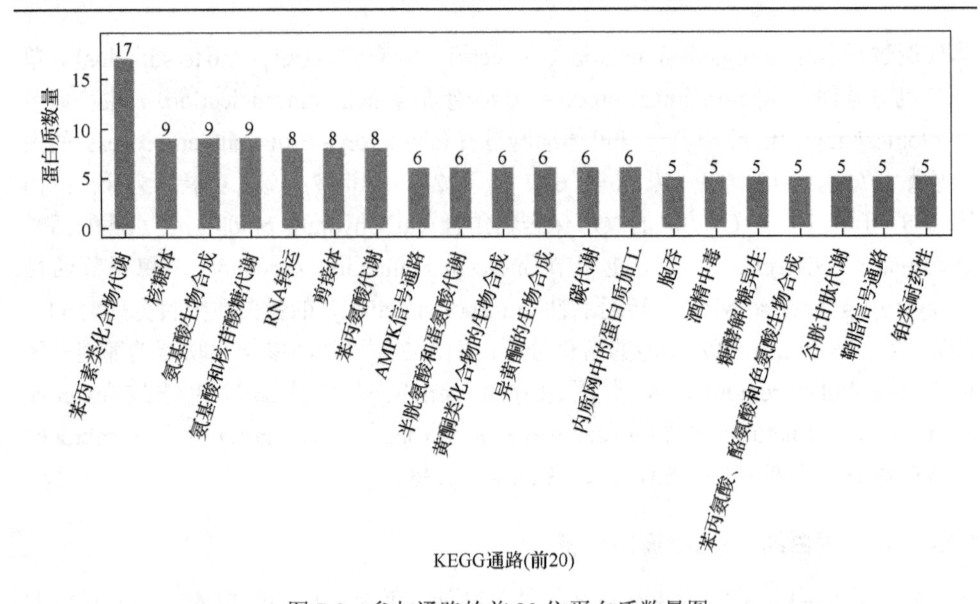

图 7-9　参与通路的前 20 位蛋白质数量图

Figure 7-9　The number diagram of the first 20 proteins involved in the pathway

图 7-10 为差异蛋白的 KEGG 通路富集示意图，KEGG 的富集程度由横坐标

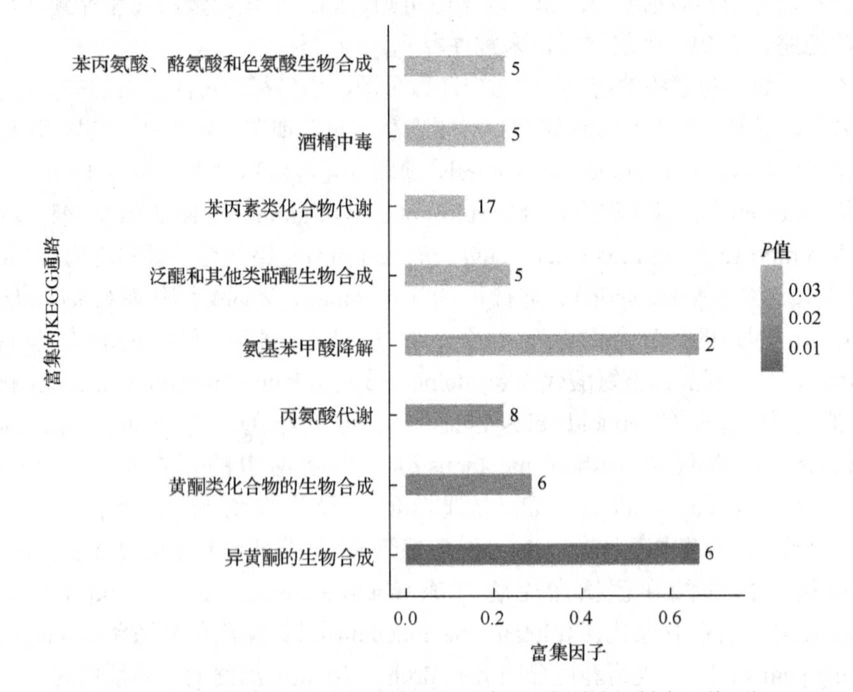

图 7-10　差异蛋白 KEGG 通路富集示意图(彩图请扫封底二维码)

Figure 7-10　A schematic dragram of the enriohment of differential protein KEGG pathway (For color version，please sweep QR Code in the back cover)

富集因子、纵坐标通路条目及蛋白质数量和 *P* 值决定。其中条形图的长度代表富集因子数值，其越大表明富集程度越大；颜色越红代表 *P* 值越小，其富集越显著。

挑选了 8 个富集最明显的 KEGG 通路进行结果展示和分析，由图 7-10 可知，富集程度最大的代谢通路是异黄酮的生物合成和氨基苯甲酸降解(aminobenzoate degradation)，二者的富集因子均为 0.6667。

7.3 讨 论

经过蛋白质组学数据分析，共得到 533 个差异显著蛋白。实验室前期已通过转录组学技术对菌根化苜蓿的差异基因进行了数据分析及部分讨论，所以结合前期的试验结果和结论，我们将鉴定到的差异蛋白分为 5 大类，即阿特拉津降解相关蛋白，阿特拉津胁迫应答相关蛋白，参与植物免疫应答相关蛋白，蛋白质翻译、合成、加工相关蛋白，信号传递和生物进程相关蛋白。下面，就苜蓿差异蛋白的不同功能分别进行讨论。

7.3.1 阿特拉津降解相关蛋白

由于 AM 的刺激，菌根化植物具备之前没有的优良性状，尤其在阿特拉津胁迫下。筛选出与阿特拉津降解相关的蛋白进而明确植物在阿特拉津胁迫下的应答模式，对菌根化育种、除草剂修复、土壤改良等各个领域具有重要意义。在本研究中发现 26 个与阿特拉津降解相关的蛋白，其中包括细胞色素 P450 家族蛋白(cytochrome P450 family protein)、细胞色素 P450 单加氧酶(cytochrome P450 monooxygenase)、糖基转移酶(glycosyltransfer)、谷胱甘肽 S-转移酶(glutathione S-transferase)、漆酶(laccase)、过氧化物酶(peroxidase)。除了漆酶以外，其余蛋白在已鉴定到的上调和下调蛋白中均有出现。

据相关报道，细胞色素 P450 在生物体内的表达量受内、外在因素影响，如植物光合作用、新陈代谢、能量代谢、活性氧代谢、代谢外源和内源性有害物质等(赵剑等，1999)，细胞色素 P450 参与农药降解的过程中，主要涉及以下 3 个过程(Edward et al.，2011)：①农药首先被转化为极性极强的物质；②与生物体内的糖类或者其他化合物结合；③继续被转化为其他低毒或无毒的代谢物。随着生物技术手段的不断革新，人们已成功获得 1052 个植物 *P450* 基因，其大多数功能也已被成功鉴定(吴翠霞等，2008)。Inui 等(1999)将人体的细胞色素 *P450* 基因转入到土豆中发现转基因作物能够表现出对异丙甲草胺、阿特拉津、乙草胺等农药的耐受性，甚至对这几种农药的混合液仍有较强的交叉耐受性。此外，细胞色素 *P450* 基因是植物植保素生物合成所必需的物质之一，而植物抗生素、植保素在抵抗病原菌的过程中起到至关重要的作用(Nafisi et al.，2007)。本研究中，共有 4 个该蛋白被鉴定出来，其中有一个该蛋白的表达量呈下调趋势，这与此前苜蓿在阿特拉津胁迫试验中得到的结论相反(李季泽，2012)，转录和蛋白水平的表达差异可能还受其他通路或体系的影响，有待进一步探索。

糖基转移酶在植物调节外源污染物的过程中具有重要作用(Lu et al.，2013)，它可以利用小分子复合物作为受体底物，并且还可利用UDP-葡萄糖作为糖基化的供体，糖基化的目标就是通过提高靶物质(如除草剂)的亲水性，进而开通靶物质活性膜转运系统的通道，最终改变靶物质的溶解度。近期有很多有关糖基转移酶参与阿特拉津降解的研究成果，这些糖基转移酶可能通过除草剂和植物内源性底物的糖基化来将除草剂转化成低毒或者无毒的物质，进而被机体解毒(Jones and Vogt，2001)。在本试验中，令我们惊讶的是，编码糖基转移酶的基因不仅出现在上调差异基因中，在下调基因中也有出现，且前人通过转录组技术研究蒺藜苜蓿抵抗阿特拉津所得的结果中，编码糖基转移酶的基因在植物根部呈上调趋势，与我们的试验结果不同，分析其原因，一是可能苜蓿抵抗阿特拉津胁迫的过程是一个动态、级联、应激的反应，二是植物蛋白的表达要通过中心法则一系列过程，且蛋白层次和转录层次不能一概而论。此结果的出现说明糖基转移酶在参与阿特拉津降解的过程中具有独特的行为方式，有待进一步深入探究。

谷胱甘肽S-转移酶(glutathione S-transferase，GST)是一种能够降解外源性有害化学物质的特殊酶系，它也属于抗氧化酶类，具有抵抗衰老、清除自由基、维持和保护正常的机体生理功能的作用(Smith et al.，2003)。目前，已在小麦、高粱和苜蓿等作物中发现谷胱甘肽S-转移酶参与除草剂的代谢(郭玉莲等，2008)。杨霞等(2015)通过PCR方法从多抗性稗草中获得了phi类*EcGSTF1*基因和zeta类*EcGSTZ1*基因，将其分别插入pET28b载体中进行原核表达，研究谷胱甘肽S-转移酶介导的除草剂代谢解毒功能，为改良作物抗逆性及开发新型除草剂提供了理论基础。Karavangeli等(2005)在烟草*Nicotiana tabacum*中过量表达玉米(*Zea mays*)的Phi类谷胱甘肽S-转移酶基因，明显增强了植株对除草剂的抗性。在本研究中，AM的侵染能够诱导GST蛋白含量的显著增加，能够提高苜蓿降解阿特拉津的能力，增强苜蓿对阿特拉津的耐性。但在差异蛋白的分析研究中，我们发现3个谷胱甘肽S-转移酶分布在上调蛋白中，还有1个分布在下调蛋白中，其原因可能是当植物遇到阿特拉津胁迫时，体内产生大量的活性氧，抗氧化蛋白的含量就会明显增多，而菌根化处理苜蓿能降低它在植物体中的水平，这也说明了AM真菌具有调节植物体抵御逆境胁迫的作用。

菌根在受到农药胁迫时能向外分泌包括漆酶、过氧化物酶、过氧化氢酶、脂肪酶、谷氧还蛋白(李季泽，2012)等在内的降解酶。研究发现漆酶在植物木质化组织中含量最高，不仅参与木质素的合成，还与植物抗病虫害息息相关(路运才，2004；Lavid et al.，2001)。王国栋(2004)通过转基因技术将棉花的*GaLAC1*基因转入到拟南芥中发现，转基因拟南芥可提高对丁香酸和芥子酸的耐受性。通过基因工程手段也可将过氧化物酶基因在生物体中过表达，很多研究也证明了过氧化物酶的过表达能够明显改善植物对胁迫的忍耐性：转导了番茄过氧化物酶基因 *TPX2* 的转基因烟草和野生型烟草相比较，其水土保持能力、发芽率，甚至是抗盐能力更强(Amaya et al.，1999)；程华等(2010)应用 RACE 技术克隆银杏的过氧化物酶基因(*GbPOD1*)cDNA 的全长，并且研究各个组织中 *GbPOD1* 的表达情况，进而预测该基因在参与重金属污染清除及伤害处理防御方面的功能。但并不是所有的过表达过氧化物酶植物均表现出良好的抗性，Lagrimini 等(1997)将烟草中编码阴离子过氧化物酶的基因 *NtpoxAN* 分离出来，将其重新导入烟草中发现，与野生型烟草的过氧化物酶活性相比较，转基因烟草的酶活性是野生型烟草的 2～10 倍，但是转基因烟草在开花时的根长、生物量及叶片饱满度均有所减弱。很惊喜的是，在我们的蛋白质数据中，发现漆酶和过氧化物酶均上调表达且与酶活性数据相吻合，更令人惊讶的是，在我们前期的转录组数据中，这两种外泌酶的表达情况与蛋白质数据表达情况一致，再一次证明了菌根化植物能分泌更多的降解除草剂的特性物质。但是，究竟是多物质交互作用协同降解除草剂，还是通过内分泌物质提高植物自身抵抗性进而降解除草剂，还需要进一步深入研究。

7.3.2 阿特拉津胁迫应答相关蛋白

本研究中共发现 25 个蛋白直接或者间接响应阿特拉津胁迫，包括 4 个 Kunitz 型胰蛋白酶抑制剂(Kunitz type trypsin inhibitor，KsTI)、1 个 2OG-Fe(Ⅱ)氧化还原酶家族[2OG-Fe(Ⅱ) oxygenase family oxidoreductase]、5 个几丁质酶(chitinase)、5 个热激蛋白(heat shock cognate 70 kDa protein，HSP70)、2 个豆科植物凝集素 β 结构域蛋白(legume lectin beta domain protein)、1 个防御素蛋白(defensin-like protein)、3 个 1-氨基环丙烷-1-羧酸氧化酶(1-aminocyclopropane-1-carboxylate oxidase，ACO)、4 个多聚半乳糖醛酸酶抑制蛋白(polygalacturonase inhibitor protein，PGIP)。

Kunitz 型胰蛋白酶抑制剂有调节内源性蛋白酶活性和植物防御等作用(赵洪锟等，2008)，王聪(2009)的研究结果显示，NaCl 胁迫下 Kunltz 型胰蛋白酶抑制剂的表达量显著增加，这可能是植物对 NaCl 胁迫的一种应答反应。Kunitz 型胰蛋白酶抑制剂的大量表达不仅能够抑制蛋白酶的水解活力，还能保护其他防御性蛋白不被降解，提高作物的防御能力。王伟等(1999)通过转基因技术将含有大豆 Kunitz 型胰蛋白酶抑制剂的基因转导入陆地棉栽培品种中，发现其具有更强的抵抗害虫的能力。Kunitz 型胰蛋白酶抑制剂的优势潜能被逐渐开发利用，而其抵抗除草剂的潜能有待进一步开发利用。

2OG-Fe(Ⅱ)氧化还原酶家族能够将 5-甲基胞嘧啶(5-methylcytosine，5-mC)通过脱甲基作用修饰成 5-羟甲基胞嘧啶(5-hydroxymethylcytosine，5hmC)和 5-氟

胞嘧啶(5-fluorocytosine，5-fC)，在研究水稻响应非生物胁迫时发现编码该家族的基因存在于整个蛋白质相互作用的网络中，共同协调应对水稻水分和干旱条件。该蛋白在菌根化苜蓿中上调表达，在一定程度上表现出对环境的适应性和对植物生长状况的促进作用。

几丁质酶在植物中催化几丁质和葡聚糖的合成，同时在应对病原菌和真菌侵染的过程中也具有重要作用。在研究早酥梨红色芽变果实的差异蛋白时，发现几丁质酶与光照时间和植物的抗病能力有关(仇宗浩，2014)。在本试验的上调表达蛋白中也发现了几丁质酶的存在，说明菌根化苜蓿在响应阿特拉津胁迫时具备更强的抗性。

热激蛋白是一种保护性蛋白(Sanchez-Aguayo et al.，2004)，它能够帮助其他蛋白免受损伤，甚至能够修复已受损伤的蛋白，有研究证明其在抵抗外源有机化合物质蒽、菲、芘的混合物质时能发挥重要的作用(Tervahauta et al.，2009)。Yu等(2016)在研究小麦根部响应有机毒物菲的蛋白质差异中也发现两个热激蛋白，即热激蛋白 80-2 和热激蛋白 70-kDa1 有明显的上调表达，这两种蛋白作为一种分子伴侣，参与蛋白质的折叠与组装，响应机体适应外界胁迫的能力增强。

凝集素蛋白是一类具有重要生物活性的糖蛋白，能够识别甘露糖、几丁质和 T 抗原，在植物抵御病虫害，以及人体预防肿瘤方面具有重要的意义(董朝蓬等，2003)。刘璇(2016)在紫穗槐菌根内检测到 *Lectin* 基因上调，它与菌根的建成及植物生理机能的提高有关。王军等(2012)在研究大白芸豆对甜瓜枯萎病菌和葡萄灰霉病菌的响应机制过程中分离得到凝集素 WKBL，并且推测其对病虫害具有一定的抑制作用。在本研究中，凝集素蛋白在菌根化植物中上调表达，这与阿特拉津胁迫的响应息息相关，可为后续的蛋白质纯化及功能鉴定奠定理论依据。

防御素蛋白与凝集素蛋白功能相似，可以通过与其他抗菌化合物共同作用来增强植株抗性，最终使植株获得对外界胁迫的适应(Oh et al.，1999)。有学者通过原核表达模式将甜椒中的防御素 cDNA 进行克隆表达，发现转化后的大肠杆菌对棉花黄萎病存在着抗菌活性(Li and Li，2009)。郑小敏等(2015)也克隆出 5 个防御素基因，发现只有在外源水杨酸刺激油菜时才能够诱导防御素基因的表达，这也说明该种基因在病原菌侵染过程中发挥着一定的防卫作用。在本试验上调表达的差异蛋白中也发现了防御素蛋白的存在，它的存在证明了菌根化植物可分泌更多的抗性蛋白来协助植物完成抵抗阿特拉津的胁迫。

1-氨基环丙烷-1-羧酸氧化酶(ACO)被认为是与催化 1-氨基环丙烷-1-羧酸(1-aminocy clopropane-1-carboxylic acid，ACC)形成乙烯有关的酶。余建等(2017)在通过构建植物表达载体来研究桑树生长发育和抵御外界胁迫的功能过程中发现 ACO 扮演着与果实成熟有关的重要角色。董明超等(2015)通过表达抗性稗草的 *ACO* 基因可知，该基因参与抵抗一种激素类除草剂二氯喹啉酸，且在抵抗除草剂的过程中乙烯合成量降低。该蛋白在阿特拉津胁迫下表达趋势上调，这很可能与苜蓿抵抗阿特拉津胁迫有关。

多聚半乳糖醛酸酶抑制蛋白(PGIP)是一种特异性热稳定的糖蛋白，它不仅参与植物果实成熟的过程，在提高作物抗病性的过程中也扮演着重要角色，此外，它还与忍耐机械损伤和低温贮藏处理的响应具有一定的相关性(Yao et al.，1999)。在本研究中这个蛋白的表达量呈上调趋势，说明该蛋白参与植物的生长代谢并抵抗外界胁迫。

7.3.3 参与植物免疫应答相关蛋白

当植物感受到外界环境刺激时，会激起自身的免疫应答模式，尤其在受到外界不良因素影响时，如病毒和有机毒物。在鉴定到的差异蛋白中有 9 个与植物免疫应答相关，包括 1 个植物突触融合蛋白(syntaxin，SYP)、4 个病程相关蛋白(pathogenesis-related protein，PR)、3 个咖啡酸-*O*-甲基转移酶(caffeic acid *O*-methyltransferase，COMT)、1 个富含半胱氨酸分泌蛋白(cysteine-rich secretory protein，CRISP)。

植物突触融合蛋白(SYP)是 SNARE(soluble *N*-ethyl-maleimide-sensitive fusion protein attachment protein receptor)蛋白家族中的一员，是与植物细胞内囊泡介导转运有关的蛋白。部分 *SYP* 基因与植物对生物和非生物胁迫的响应有关、与植物胞质的分裂有关、与植物的向重力有关、与植物脂筏有关、与植物抗病性有关(曹文磊，2014)。Assaad 等(2001)研究 *AtSYP121* 基因的缺失可造成病菌侵染位点下方局部细胞壁增厚，即乳突的形成滞后，能增强真菌穿透，破坏植物防御病毒的系统，且该基因有可能参与水杨酸、茉莉酸和乙烯依赖型防御途径的负反馈。

病程相关蛋白(PR)与植物原生质体的胚胎形成、愈伤组织的胚芽形成、形成胚芽过程中的激素[生长素(auxin，IAA)、细胞分裂素(cytokinin，CTA)]调控息息相关(Imin et al.，2005；Colditz et al.，2004)。熊军波(2011)在研究蒺藜苜蓿响应盐胁迫的蛋白质组中发现 PR 在高浓度盐诱导下表达量上调，响应该胁迫的调节途径与脱落酸(abscisic acid，ABA)相关，其功能是后续研究的重点。

木质素的生物学功能并不局限于防御植物细胞和组织的机械损伤，它所形成的自然屏障还能够阻碍各种病原菌。在植物木质素合成过程中，咖啡酸-*O*-甲基转移酶(COMT)是一个关键性的催化酶。目前的研究已证明植物体内木质素的含量与转录因子的调控有关，可调控木质素的转录因子包括 NAC 转录因子、MYB 转录因子和锌指类转录因子等(郭光艳等，2015)。当 *COMT* 基因或是蛋白表达量下调时，木质素含量就会减少，植物抵抗外源物质的抗性就会减弱。在本研究中，菌根化苜蓿的 COMT 蛋白表达量上调，证明菌根化作物抵抗外界胁迫较非菌根化作物更强。富含半胱氨酸分泌蛋白(CRISP)多发现于哺乳动物的生殖道中，在精子的成熟、精卵融合过程中发挥重要作用，此外，该蛋白表达水平的改变与人体免疫系统的调控及人类多种重大疾病密切相关，它有望成为某些疾病理想的生物标记物和药物治疗靶点(刘宇等，2013)。该蛋白在植物中研究较少，但在最近的研究中发现，该蛋白可通过负反馈调节来产生渗透调节物质、解毒性物质，调控气孔关闭并保护细胞膜免受伤害(Chien et al.，2015)。在本研究中，阿特拉津胁迫下菌根化植物的根部也发现该蛋白的表达量上调，这与菌根化植物产生防御性能有关。

7.3.4 蛋白质翻译、合成及加工相关蛋白

蛋白质翻译—加工—行使各职能的过程中都要受到一系列蛋白或基因的调控，这些调控与外在环境及机体的自身状况密切相关。在鉴定的蛋白中包括 3 个核糖体蛋白(ribosomal protein，RP)、1 个蛋白质二硫键异构酶(protein disulfide isomerase-like protein，PDIL)。

核糖体蛋白存在于核糖体中，它通过影响 GTP 酶的活性来控制蛋白质的合成。周于毅(2013)等在高温胁迫下，将小麦经过新型植物生长调节物质冠菌素(coronatine，COR)处理后发现核糖体蛋白表达量上调，而在本试验中核糖体蛋白的表达量上调居多，说明菌根化苜蓿参与阿特拉津胁迫的蛋白合成与修饰系统较非菌根化苜蓿活跃，未来如何筛选关键的蛋白从而进行功能分析是关键的一步。

蛋白质二硫键异构酶(PDIL)是在肽链分部快速折叠成蛋白质的过程中，通过调控细胞质中的氧化还原通路(Janiszewski et al.，2005)来抑制半胱氨酸之间形成错误位置的二硫键的酶。在阿特拉津胁迫下，菌根化苜蓿和非菌根化苜蓿中的 PDIL 不论是上调表达还是下调表达均能够帮助植物体抑制半胱氨酸形成错误的位置，增强了植物体在逆境下的适应能力。

7.3.5 信号传递和生物进程相关蛋白

菌根化植物在响应阿特拉津胁迫之前，就已经具备了抵抗其他生物或非生物胁迫的能力，其归因于菌根化结构的形成，而菌根化形态的建设是机体内的一个信号识别的过程，也是一个复杂的生物代谢过程。在本研究中发现了 1 个根瘤素(nodulin-13)蛋白、1 个豆血红蛋白 Lb120-1(leghemoglobin Lb120-1)、1 个丝氨酸/苏氨酸激酶相关蛋白(serine/threonine kinase-related protein，STK)、5 个 AT-hook DNA 结合蛋白(AT hook motif DNA-binding family protein)。

根瘤的产生是根瘤菌与豆科植物紧密结合的结果，根瘤形成的过程模式如下：根瘤菌侵染植物根部细胞→植物根部细胞分化→根瘤的成熟→固氮。在结瘤过程中，宿主植物根部具有复杂的基因和蛋白表达调控网络。非结瘤植物，如拟南芥(*Arabidopsis thaliana*)、水稻(*Oryza sativa*)、陆地棉(*Gossypium hirsutum*)和玉米

(*Zea mays*)等作物也存在结瘤素基因，这说明在植物生长和发育过程中结瘤素基因也行使重要的功能(何恒斌和贾桂霞，2013；Denancé et al.，2014)。袁园园等(2016)也得到了相似观点，在陆地棉的纤维发育过程中，类结瘤素 *MtN21* 基因参与了次生细胞壁的形成，影响陆地棉的生长。刘小健等(2015)研究了 23 个大豆根瘤素蛋白家族，对其基因结构、蛋白的基本理化性质、亚细胞定位、系统进化、二级结构预测等方面进行分析，对未来基因工程技术育种、遗传改造，开拓其他禾本科植物固氮潜能具有重要意义。本研究在上调差异蛋白中鉴定到一个与根瘤产生相关的蛋白，而在下调蛋白中没有发现，这说明了菌根化植物在阿特拉津降解中仍然发挥优势。

豆血红蛋白 Lb120-1 类似于脊椎动物的肌血红蛋白，在植物根瘤内的红色素中被找到(Garrocho-Villegas et al.，2007)，在植物固氮作用、形成根瘤、维持细胞内氧环境、产生 ATP 方面具有重要作用。根瘤菌侵染大豆植株之前，在各个组织中是检测不到豆血红蛋白的，只有在植物形成根瘤的过程中，该基因才在根瘤细胞内表达(沈世华和荆玉祥，2003)。该蛋白在菌根化苜蓿中上调表达，比非菌根化苜蓿中的豆血红蛋白含量和固氮能力要高，这也证明菌根化苜蓿在响应阿特拉津胁迫时具有更优良的性状。

丝氨酸/苏氨酸激酶相关蛋白(STK)作为一种信号蛋白，存在于大多数细胞的生理反应过程中(Wang et al.，2009)。之前的研究表明，STK 参与植物的防御反应，低温和大豆花叶病毒侵染等可以诱导 STK 活性升高(Chen et al.，2008)。在本研究中，菌根化苜蓿组中的 STK 表达量呈现上调趋势，这可能与提高苜蓿抵抗阿特拉津的能力有关，但其机制尚不清楚。

AT-hook 蛋白作为染色体结构和转录因子的辅助因子，在基因转录活性的调控中起重要作用(Burian et al.，2012)，目前在人类、昆虫和植物中均发现了含有 AT-hook 基因的 DNA 结合蛋白(肖朝文和傅永福，2009)。张贵慰等(2014)在对水稻 AT-hook 基因家族进行生物信息学分析时发现，AT-hook 基因在水稻各发育时期的组织器官中都有表达，尤其在水稻幼苗期表达量最高，这说明该基因参与植物的生长代谢过程。在本研究的菌根化苜蓿组中，该蛋白的表达量下调，说明该蛋白可能与胁迫应答有关，其具体功能有待深入研究。总体来说，这些蛋白参与到了转录调控、植物生长、代谢发育的各个方面。

综上所述，如图 7-11 所示，从蛋白水平上看，AM 真菌诱导苜蓿抵抗阿特拉津的能力主要是通过调节其抗氧化系统、有害物质的转运与代谢系统、信号传递系统，以及提高植物体自身的免疫系统来实现的。对于这些生理过程之间的相关性，AM 真菌首先影响到哪个系统及信号转导途径还需要进一步研究。

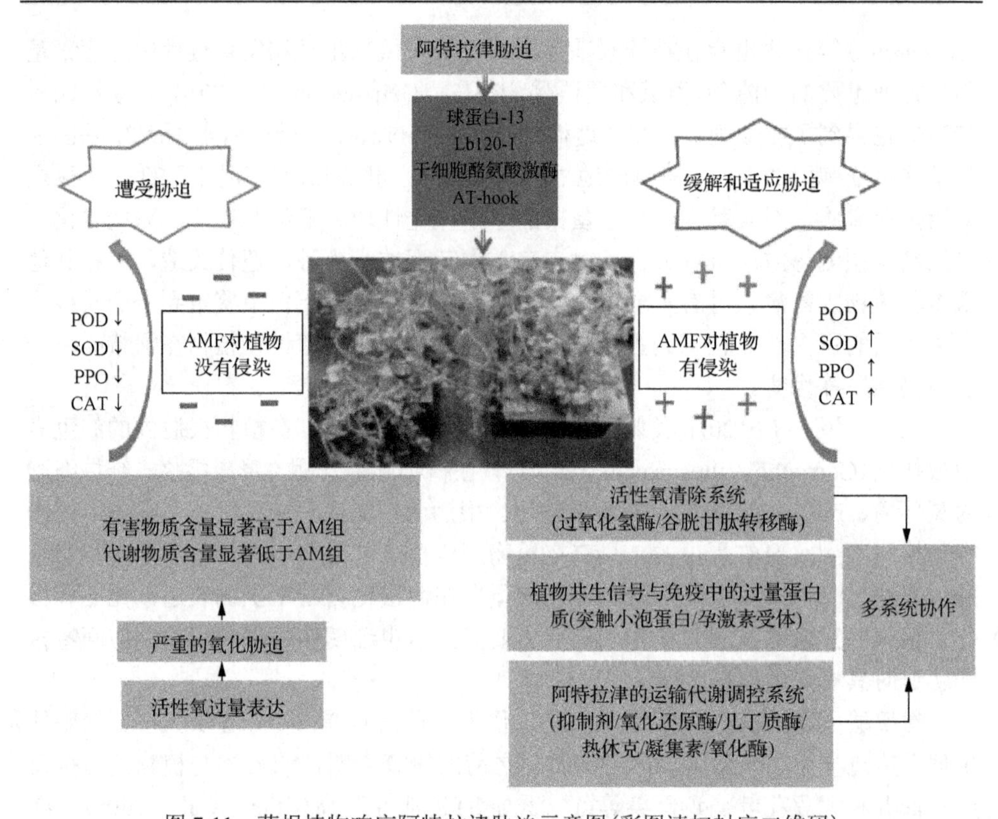

图 7-11　菌根植物响应阿特拉津胁迫示意图(彩图请扫封底二维码)

Figure 7-11　The diagram of mycorrhizal plant responses to atrazine stress (For color version, please sweep QR Code in the back cover)

7.4　本 章 小 结

基于 iTRAQ 蛋白质分析技术，得到阿特拉津胁迫下 CK 组和 AM 组中的蛋白质总数为 5554 个，经过进一步分析，成功得到与降解阿特拉津相关的差异蛋白共 533 个，其中上调的蛋白质有 276 个，下调的蛋白质有 257 个。将这些差异蛋白根据降解和抵抗阿特拉津的不同作用进行分类，主要分为 5 大类：阿特拉津降解相关蛋白，阿特拉津胁迫应答相关蛋白，参与植物免疫应答相关蛋白，蛋白质翻译、合成、加工相关蛋白，信号传递和生物进程相关蛋白。

在阿特拉津胁迫下，AM 真菌能够赋予苜蓿更强的抵抗能力，挖掘其根本原因是相关的降解和抵抗阿特拉津的蛋白质被激活或活性增强。综上所述，从蛋白水平上看，AM 真菌诱导苜蓿抵抗阿特拉津的能力主要是通过调节其抗氧化系统、有害物质的转运与代谢系统、信号传递系统，以及提高植物体自身的免疫系统来实现的。

参考文献

曹文磊. 2014. 水稻 SNARE 蛋白基因 *OsSYP121* 在抗稻瘟病中的作用[D]. 南京：南京农业大学博士学位论文.

程华, 李琳玲, 王燕, 等. 2010. 银杏过氧化物酶基因 *POD1* 的克隆及表达分析[J]. 华北农学报, 25(6): 44-51.

董明超, 杨霞, 张自常, 等. 2015. 抗性稗草 1-氨基环丙烷-1-羧酸氧化酶基因的克隆与表达分析[J]. 中国农业科学, 48(20): 4077-4085.

董朝蓬, 杜林, 方段. 2003. 真植物凝集素研究进展[J]. 天然产物研究与开发, 15(1): 71-76.

郭光艳, 柏峰, 刘伟, 等. 2015. 转录因子对木质素生物合成调控的研究进展[J]. 中国农业科学, 48(7): 1277-1287.

郭玉莲, 陶波, 郑铁军, 等. 2008. 植物谷胱甘肽 S-转移酶(GSTs)及除草剂解毒剂的诱导作用[J]. 东北农业大学学报, 39(7): 136-139.

何恒斌, 贾桂霞. 2013. 豆科植物早期共生信号转导的研究进展[J]. 植物学报, 48(6): 665-675.

李季泽. 2012. 阿特拉津胁迫下苜蓿菌根转录组分析[D]. 哈尔滨: 黑龙江大学硕士学位论文.

刘小健, 王巍杰, 顾婷, 等. 2015. 大豆根瘤素蛋白家族的生物信息[J]. 河北联合大学学报, 37(3): 102-109.

刘璇. 2016. 基于转录组测序技术分析紫穗槐菌根差异表达基因[D]. 哈尔滨: 黑龙江大学硕士学位论文.

刘宇, 肖蓉, 杨东辉, 等. 2013. 富含半胱氨酸分泌蛋白生物学功能的研究进展[J]. 中国细胞生物学学报, (3): 367-373.

路运才. 2004. 玉米和黑麦草漆酶基因的克隆和系统发育分析及玉米水分胁迫下基因表达研究[D]. 北京: 中国农业科学院博士学位论文.

仇宗浩. 2014. 早酥梨及其红色芽变果实套袋后的差异蛋白质组学分析[D]. 杨凌: 西北农林科技大学硕士学位论文.

沈世华, 荆玉祥. 2003. 中国生物固氮研究现状和展望[J]. 科学通报, 48(6): 535-540.

王聪. 2009. 菜用大豆种子对 NaCl 胁迫的生理响应研究[D]. 南京: 南京农业大学博士学位论文.

王国栋. 2004. 过量表达棉花分泌型漆酶拟南芥对酚酸类物质和三氯苯酚的植物体外修复[D]. 北京: 中国科学院研究生院博士学位论文.

王军, 洪永祥, 蔡茜茜, 等. 2012. 从大白芸豆种子中分离与表征一种新型凝集素 WKBL[J]. 中国生物化学与分子生物学报, 28(7): 637-644.

王伟, 朱祯, 高越峰, 等. 1999. 双价抗虫基因陆地棉转化植株的获得[J]. 植物学报, 41(4): 384-388.

吴翠霞, 吴小虎, 张晓芳, 等. 2008. 细胞色素 P450 酶系对除草剂代谢作用的研究进展[J]. 农药研究与应用, 12(6): 8-12.

肖朝文, 傅永福. 2009. AT-HOOK 蛋白的研究进展[J]. 中国农业科技导报, 11(5): 12-16.

熊军波. 2011. 紫花苜蓿响应盐胁迫的蛋白质组研究[D]. 北京: 中国农业科学院博士学位论文.

杨霞, 王笑, 管荣展, 等. 2015. 多抗性稗草中 2 个谷胱甘肽转移酶基因的克隆与分析江苏农业学报[J]. 江苏农业学报, 31(6): 1296-1303.

余建, 刘长英, 赵爱春, 等. 2017. 桑树 1-氨基环丙烷-1-羧酸氧化酶基因(MnACO)启动子功能分析[J]. 作物学报, 43(6): 839-848.

袁园园, 王丽, 赵盼盼, 等. 2016. 棉花类结瘤素 *MtN21* 基因家族生物信息学分析[J]. 植物学报, 51(4): 515-524.

张贵慰, 曾珏, 郭维, 等. 2014. 水稻 AT-hook 基因家族生物信息学分析[J]. 植物学报, 49(1): 49-62.

赵洪锟, 李启云, 王玉民, 等. 2008. 大豆 Kunitz 型胰蛋白酶抑制剂(SKTI)研究进展[J]. 大豆科学, 21(3): 218-222.

赵剑, 杨文杰, 朱蔚华. 1999. 细胞色素 P450 与植物的次生代谢[J]. 生命科学, (3): 127-131.

郑小敏, 郭楠, 高天姝, 等. 2015. 甘蓝型油菜防御素基因的克隆与表达分析[J]. 作物学报, 41(5): 725-732.

周于毅. 2013. 冠菌素对小麦耐热性的调控效应及生理机制[D]. 北京: 中国农业大学博士学位论文.

Amaya I, Botella M A, Medina M I, et al. 1999. Improved germination under osmotic stress of tobacco plants overexpressing a cell wall peroxidase[J]. FEBS Lett, 457(1): 80-84.

Assaad F F, Huet Y, Mayer U, et al. 2001. The cytokinesis gene *KEULE* encodes a sec1 protein that binds the syntaxin knolle[J]. Journal of Cell Biology, 152(3): 531.

Burian J, Ramón-García S, Howes C G, et al. 2012. WhiB7, a transcriptional activator that coordinates physiology with intrinsic drug resistance in mycobacterium tuberculosis[J]. Expert Review of Anticancer Therapy, 10(9): 1037-1047.

Chen L R, Markhart A H, Shanmugasundaram S, et al. 2008. Early developmental and stress responsive ESTs from mungbean, *Vigna radiata* (L.) Wilczek, seedlings[J]. Plant Cell Reports, 27(3): 535-552.

Chien P S, Nam H G, Chen Y R. 2015. A salt-regulated peptide derived from the CAP superfamily protein negatively regulates salt-stress tolerance in arabidopsis[J]. Journal of Experimental Botany, 66(17): 5301-5313.

Colditz F, Nyamsuren O, Niehaus K, et al. 2004. Proteomic approach: identification of *Medicago truncatula* proteins induced in roots after infection with the pathogenic oomycete *Aphanomyces euteiches*[J]. Plant Molecular Biology, 55(1): 109-120.

Denancé N, Szurek B, Noël L D. 2014. Emerging functions of nodulin-like proteins in non-nodulating plant species[J]. Plant Cell Physiol, 55(3): 469-474.

Edward R, Dixon D P, Cummins I, et al. 2011. New Perspectives on the metabolism and detoxification of synthetic compounds in plants[J]. Springer Netherlands, 8: 125-148.

Garrocho-Villegas V, Gopalasubramaniam S K, Arredondo-Peter R. 2007. Plant hemoglobins: what we know six decades after their discovery[J]. Gene, 398(1-2): 78-85.

Imin N, Nizamidin M, Daniher D, et al. 2005. Proteomic analysis of somatic embryogenesis in *Medicago truncatula* explant cultures grown under 6-benzylaminopurine and 1-naphthaleneacetic acid treatments[J]. Plant Physiol, 137(4): 1250-1260.

Inui H, Ueyama Y, Shiota N, et al. 1999. Herbicide metabolism and cross tolerance in transgenic potato plants expressing human CYP1A11[J]. Pesticide Biochemistry and Physiology, 64(1): 33-46.

Janiszewski M, Lopes L P, Carmo A, et al. 2005. Regulation of NADPH oxidaae by associmed proteindisulfide isomerase in vascular cells[J]. Journal of Biological Chemistry, 280(49): 40813-40819.

Jones P, Vogt T. 2001. Glycosyltransferases in secondary plant metabolism: tranquilizers and stimulant controllers[J]. Planta, 213(5): 164-174.

Karavangeli M, Labrou N E, Clonis Y D, et al. 2005. Development of transgenic tobacco plants overexpressing maize glutathione S-transferase I for chloroacetanilide herbicides phytoremediation[J]. Biomol Eng, 22(4): 121-128.

Lagrimini L M, Joly R J, Dunlap J R, et al. 1997. The consequence of peroxidase overexpression in transgenic plants on root growth and development[J]. Plant MolBio, 33(5): 887-895.

Lavid N, Schwartz A, Yarden O, et al. 2001. The involvement of polyphenols and peroxidase activities in heavy-metal accumulation by epidermal glands of the waterlily (Nymphaeaceae)[J]. Planta, 212(3): 323-331.

Li D H, Li J Z. 2009. Antifungal activity of a recombinant defensin CADEF1 produced by *Escherichia coli*[J]. World J Microbiol Biotechnol, 25(11): 1911-1918.

Lu Y C, Yang S N, Zhang J J, et al. 2013. A collection of glycosyltransferases from rice (*Oryza sativa*) exposed to atrazine[J]. Gene, 531(2): 243-252.

Nafisi M, Goregaoker S, Botanga C J, et al. 2007. Arabidopsis cytochrome P450 monooxygenase 71A13 catalyzes the conversion of indole-3-acetaldoxime in camalexin synthesis[J]. The Plant Cell, 19(6): 2039-2052.

Oh B J, Ko M K, Kostenyuk I, et al. 1999. Coexpression of a defensin gene and a thionin-like gene via different signal transduction pathways in pepper and colletotrichum gloeosporioides interactions[J]. Plant Mol Biol, 41 (3) : 313-319.

Sanchez-Aguayo I, Rodriguez-Galan J M, Garcia R, et al. 2004. Salt stress enhances xylem development and expression of S-adenosyl-l-methionine synthase in lignifying tissues of tomato plants[J]. Planta, 220 (2) : 278-285.

Smith A P, Nourizadeh S D, Peer W A, et al. 2003. Arabidopsis at GSTF2 is regulated by ethylene and auxin, and encodes a glutathione S-transferase that interaets with flavonoids[J]. Plant Journal, 36: 433-442.

Tervahauta A I, Fortelius C, Tuomainen M, et al. 2009. Effect of birch (*Betula* spp.) and associated rhizoidal bacteria on the degradation of soil polyaromatic hydrocarbons, PAH-induced changes in birch proteome and bacterial community[J]. Environ Pollut, 157 (1) : 341-346.

Wang X Q, Yang P F, Liu Z, et al. 2009. Exploring the mechanism of *Physcomitrella patens* desiccation tolerance through a proteomic strategy[J]. Plant Physiology, 149 (4) : 1739-1750.

Wisniewski J R, Zougman A, Nagaraj N, et al. 2009. Universal sample preparation method for proteome analysis[J]. Nat Methods, 6 (5) : 359-362.

Yao C, Conway W S, Ren R, et al. 1999. Gene encoding polygalacturonase inhibitor in apple fruit is developmentally regulated and activated by wounding and fungal infection[J]. Plant Molecular Biology, 39 (6) : 1231-1241.

Yu S, Jiang X, Le Y, et al. 2016. Proteomic analysis of plasma membrane proteins in wheat roots exposed to phenanthrene[J]. Environmental Science and Pollution Research, 23 (11) : 10863-10871.

8 阿特拉津胁迫下苜蓿菌根代谢组学研究

植物在不同胁迫下其代谢组学会呈现出不同的差异变化，而不同胁迫会对植物的代谢网络造成影响，使其代谢产物及代谢途径变得更为复杂，部分变化则会在某种程度上促进植物生长，增加植物对外界胁迫的抵抗性，因此代谢组学研究成为解决这一难题的有效途径。

本章选取模式植物蒺藜苜蓿作为AM真菌的宿主植物，并以此建立三室培养体系。通过研究不同时期共生体系对阿特拉津的降解情况，检查AM真菌降解阿特拉津的中间代谢产物；通过研究不同时期AM根系分泌物对阿特拉津降解的影响，以及根系分泌物在阿特拉津胁迫下组分的差异变化情况，揭示AM根系分泌物与阿特拉津降解的相关性。利用代谢组学方法研究AM真菌在降解阿特拉津的过程中，对宿主植物代谢组分变化的影响，期待从代谢组学水平揭示植物-AM真菌共生体系降解阿特拉津的机制。这能为推广应用菌根生物技术修复农药污染土壤奠定理论基础。

8.1 材料与方法

8.1.1 供试材料

供试材料同6.1.1。

8.1.2 试验方法

8.1.2.1 苜蓿培养及试验设计

同3.1.2。

8.1.2.2 苜蓿菌根侵染率的测定

同3.1.2.4。

8.1.2.3 土壤中阿特拉津降解率的测定

同3.1.2.5。

8.1.2.4 苜蓿根系分泌物的提取

(1)苜蓿根表皮根系分泌物的提取

分泌物提取方法详见吴泉(2013)在提取大豆根系分泌物中所用的方法。

(2)苜蓿根际土壤中根系分泌物的提取

取培养45天的苜蓿根际土壤20 g，用100 ml CH_2Cl_2溶液浸泡两日至CH_2Cl_2溶液颜色变浑浊，用滤纸和漏斗进行两次过滤，取滤液过0.45 μm的滤膜，减压浓缩至干，再加入2 ml过0.45 μm滤膜的CH_2Cl_2，于–4℃冰箱保存待用(赵瑞林和蔡立群，2013)。

8.1.2.5 根系分泌物对阿特拉津的降解

(1)根系分泌物的收集

将长势一致、培养45天的处理组和对照组苜蓿植株从PVC管中取出，分别移栽到装有水溶液的400 ml锥形瓶中。用去离子水将苜蓿根系清洗干净，并进行根部避光、叶片光照的处理，在此条件下选择一天的9：00～13：00进行培养，培养4 h后将作物根系取出，将溶液用滤纸过滤，–4℃冰箱保存待用。

(2)不同浓度阿特拉津的添加

将提取的处理组和对照组根系分泌物溶液加入到100 ml的锥形瓶中，每个锥形瓶中加入60 ml根系分泌物溶液，每个处理分别加入3种不同浓度的阿特拉津，即1 mg/L、4 mg/L、16 mg/L；每个处理分3个时间段取样，即8 h、16 h、24 h，每次取样20 ml，经处理后检测其阿特拉津残留量。

(3)阿特拉津的提取

分别取20 ml水样、AM样品、CK样品于玻璃瓶中静置10 min，置于分液漏斗中，加入1.2 g NaCl，再加入5 ml正己烷，振荡萃取15 min静置分层；取出上层萃取液后，各样品以相同方法再萃取一次，合并萃取液，30℃减压旋转蒸发，N_2吹干浓缩后用甲醇定容至1 ml，超声溶解后，过0.22 μm的滤膜，1 ml离心管封口，–20℃保存待用(方志宁，2009)。

(4)HPLC检测

检测方法同3.1.2.5中的第2小节所述。

8.1.2.6 根系分泌物组分分析

样品进行GC-MS检测前要进行衍生化处理，首先，向试管中加入10 μl浓度为40 mg/ml的甲氧胺盐酸盐吡啶溶液，于30℃放置90 min进行甲基肟化反应，以保护羧基。然后为增强化合物的挥发性，加入 90 μl 含有 1%三甲基氯硅烷的 *N*-甲基-*N*-(三甲基硅烷)三氟乙酰胺溶液(MSTFA+1%TMCS，Pierce)，于 37℃环境中静置 30 min 进行衍生化。

GC-MS 条件如下。

1)程序升温：6890GC 柱温箱从 60℃开始以 10℃/min 的速率升至 325℃(含启动时间 1 min 和最终平衡时间 10 min)，整个过程共 37.5 min，再冷却至 60℃。用 10 μl 进样针，采用分流/不分流进样口，进样体积为 1 μl；进样口温度为 250℃。

2)后续条件：每次进样泵取 4 次，进样前后都用溶剂 A 和溶剂 B 洗针，洗针次数分别为 1 次和 2 次。使用高柱塞速度，无黏度延迟和驻留时间，样品采用不分流进样。

3)不分流进样：氦气吹扫流速 10.5 ml/min，吹扫时间 1 min(8.2 psi①)。气体节省装置打开，气体流速 20 ml/min，保持 3 min。所用色谱柱为配有 10 m Duragard 预柱的 DB5-MS 色谱柱(29 m×0.25 μm×0.25 mm)，载气为氦气，恒定流速 1 ml/min。质谱检测器(mass spectrometric detector，MSD)的信号数据速率设为 20 Hz，管线温度 290℃，5.90 min 的溶剂延迟时间过后，打开四极杆质谱，扫描 50～600 u，离子源温度设为 230℃，四极杆温度设为 150℃。

8.1.2.7 土壤中阿特拉津中间代谢产物的提取与测定

(1)中间代谢产物的提取

中间代谢产物的提取与 3.1.2.5 的第 1 小节中土壤中阿特拉津的提取一致。

(2)中间代谢产物的测定

LC-MS 条件：色谱柱 Luna C18 柱(150 mm×2.0 mm×3 μm，美国 Phenomenex 公司)；柱温 30℃；进样量 5 μl。以 0.1%的甲酸溶液(A 相)和乙腈(B 相)进行线性梯度洗脱。质谱条件：离子源为极性 ES；扫描方式为正离子扫描；毛细管压力为 3.0000 Pa；离子源温度为 100℃；脱溶剂温度为 400℃；锥气体流量为 30 L/h；脱溶剂气体流量为 800 L/h；PDA(photo-diode. array)探测器类型为 UPLC LG 500 nm；采样率为 20 点/s；滤波时间常数为 0.1 s。

8.1.2.8 苜蓿根内代谢物的提取与鉴定

(1)样本预处理

取苜蓿根用纯净水清洗，室温晾干，液氮碾磨；取样品粉末 80 mg，加入 1.4 ml 甲醇水溶液(甲醇∶水=8∶2，*V/V*)，超声提取 1 h，14 000 r/min 4℃离心 15 min，取上清液分装成 560 μl/管，真空干燥，冻干粉保存于–80℃冰箱待用；样本制备过

---

① psi 为压强单位，1psi=6.894 76×10^3Pa

程中，按照上述方法平行制备QC样本。质谱分析时加入100 μl乙腈水溶液(乙腈∶水=8∶2，*V*/*V*)复溶，涡旋，14 000 r/min 4℃离心15 min，取上清液进样分析。

(2)色谱-质谱分析

A. 色谱条件

样品采用Agilent 1290 Infinity LC超高效液相色谱法(ultra-high performance liquid chromatography，UHPLC) HILIC和RPLC进行分离。柱温25℃；流速300 μl/min；进样量2 μl；为避免由仪器检测信号波动而造成的影响，采用随机顺序进行样本的连续分析。样本队列中每间隔10个试验样本设置一个QC样品，用于监测和评价系统的稳定性及试验数据的可靠性。

HILIC色谱柱的流动相组成A：水+25 mmol/L乙酸铵+25 mmol/L氨水，B：乙腈。梯度洗脱程序如下：0～1 min，为85% B；1～12 min，B从85%线性变化到65%；12～12.1 min，B从65%线性变化到40%；12.1～15 min，B维持在40%；15～15.1 min，B从40%线性变化到85%；15.1～20 min，B维持在85%。

HSS T3色谱柱正离子模式的流动相组成A：0.1%甲酸水溶液，B：0.1%甲酸乙腈。负离子模式的流动相组成A：0.5 mmol/L氟化铵水溶液，B：乙腈。梯度洗脱程序如下：0～1.5 min，为1% B；1.5～13 min，B从1%线性变化到99%；13～16.5 min，B维持在99%；16.5～16.6 min，B从99%线性变化到1%；16.6～20 min，B维持在1%。

B. Q-TOF质谱条件

分别采用电喷雾电离(electrospray ionization，ESI)正离子和负离子模式进行检测。样品经UHPLC分离后用Triple TOF® 5600质谱仪(AB SCIEX)进行质谱分析。

HILIC色谱分离后的ESI源条件如下：Ion Source Gas1(Gas1)：60，Ion Source Gas2(Gas2)：60，Curtain gas(CUR)：20，source temperature：600℃，IonSapary Voltage Floating(ISVF)±5500 V(正负两种模式)；TOF MS scan m/z range：50～1000 Da，product ion scan m/z range：25～1000 Da，TOF MS scan accumulation time 0.20 s/spectra，product ion scan accumulation time 0.05 s/spectra；二级质谱采用information dependent acquisition(IDA)获得，并且采用high sensitivity模式，Declustering potential(DP)：±60 V(正负两种模式)，Collision Energy：(35±15) eV，IDA设置如下：Exclude isotopes within 4 Da，Candidate ions to monitor per cycle：10。

C. HSS T3色谱分离后的ESI源条件

Ion Source Gas1(Gas1)：40，Ion Source Gas2(Gas2)：80，Curtain gas(CUR)：30，source temperature：650℃，IonSapary Voltage Floating(ISVF)±5000 V(正负两种模式)；TOF MS scan m/z range：60～1000 Da，product ion scan m/z range：25～1000 Da，TOF MS scan accumulation time 0.20 s/spectra，product ion scan accumulation time 0.05 s/spectra；二级质谱采用information dependent acquisition(IDA)获得，并且采用

high sensitivity 模式，Declustering potential (DP)：±60 V (正负两种模式)，Collision Energy：(35±15) eV，IDA 设置如下：Exclude isotopes within 4 Da，Candidate ions to monitor per cycle：10。

8.2　结果与分析

8.2.1　苜蓿培养情况

苜蓿长势良好，接种 AM 真菌的处理组长势明显优于未接种 AM 真菌的对照组。如图 8-1 所示：图 a 为培养 45 天的苜蓿长势图片，图 b 为培养 75 天的苜蓿株高测量情况。在苜蓿培养 30 天时，向三室培养体系中加入浓度为 20 mg/kg 的阿特拉津，继续培养 15 天(即生长 45 天)，发现阿特拉津能够被明显降解，按照降解率的不同，将生长 45 天、60 天和 75 天分别定义为苜蓿培养的前期、中期和后期，继而为后续的试验提供试验材料。图 8-1 为蒺藜苜蓿三室培养体系图，可见苜蓿生长茁壮，根系发达，可以进入三室培养体系底部，当充分接触阿特拉津后，苜蓿长势依旧良好，苜蓿及其根系总长度能达到 60 cm，接近自然界环境下苜蓿的生长状态。通过菌根侵染率检测，苜蓿生长到 40 天左右时，侵染率已经达到 90%，且根内出现大量菌丝和泡囊。

a

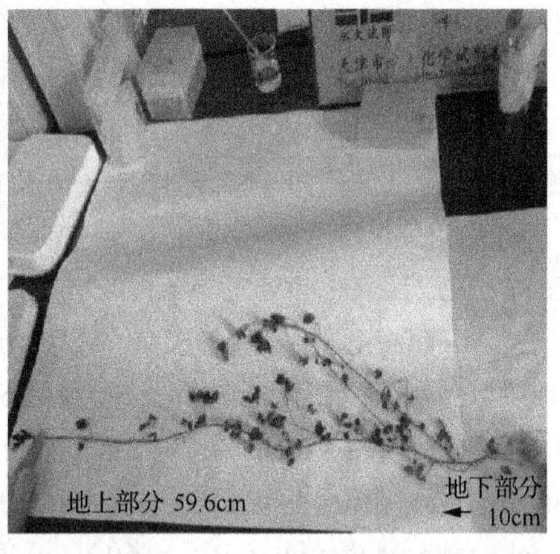

b

图 8-1　蒺藜苜蓿三室培养体系(彩图请扫封底二维码)

Figure 8-1　Three-culture system of *Medicago truncatula* (For color version, please sweep QR Code in the back cover)

鉴于本研究的需要，选取生长 45 天、60 天、75 天的苜蓿植株作为研究对象，进行根系分泌物降解阿特拉津的试验，并检测阿特拉津降解过程中产生的中间代谢产物。

8.2.2　不同时期土壤中阿特拉津的降解动态

取培养前期、中期、后期的土壤样品进行预处理，每个样品做 3 个重复处理，以此作为处理组(AM 组)，而将最初预留的阿特拉津浓度为 20 mg/kg 的土壤样品作为基础对照组(CK 组)，通过 HPLC 进行阿特拉津浓度的检测，再利用阿特拉津浓度标准曲线进行降解率的计算。AM 组和 CK 组的阿特拉津降解率不同，其中接种 AM 真菌的苜蓿土壤中阿特拉津的降解率明显高于未接种 AM 真菌的苜蓿土壤，说明 AM 真菌对阿特拉津的降解具有贡献作用，而未接种 AM 真菌的苜蓿土壤中阿特拉津的降解归因于苜蓿本身的吸收及自然环境对其的降解。图 8-2 即为处理组和对照组阿特拉津的降解情况。

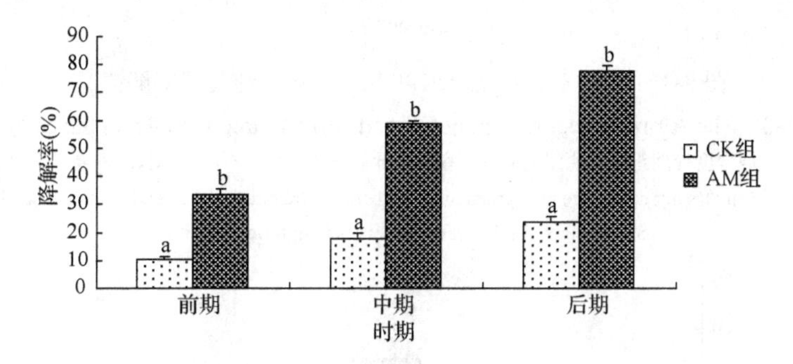

图 8-2　阿特拉津降解情况

Figure 8-2　The degradation of Atrazine

a、b 代表同一时期处理组与对照组之间降解率的差异显著性分析，字母不同代表差异显著($P<0.05$)

A and B showed significant difference in degradation rates between treatment group and control group in the same period, the difference of letters is significant ($P<0.05$)

由图 8-2 可知，随着苜蓿的生长，土壤中阿特拉津的浓度逐渐降低，并且 AM 组中阿特拉津的降解率明显高于 CK 组。在苜蓿培养前期，AM 组和 CK 组中阿特拉津的降解率分别为 33.54%和 10.46%；在苜蓿培养中期，AM 组和 CK 组中阿特拉津的降解率分别为 58.88%和 17.82%；在苜蓿培养后期，AM 组和 CK 组中阿特拉津的降解率分别为 77.75%和 23.65%。在苜蓿培养前、中、后期，AM 组中阿特拉津的降解率明显高于 CK 组，且差异显著，表明 AM 真菌显著促进了土壤中阿特拉津的降解。

8.2.3　菌根根系分泌物对阿特拉津的降解能力

8.2.3.1　同一时期根系分泌物中阿特拉津的降解动态

(1) 前期根系分泌物中阿特拉津在不同培养时间的降解情况

通过 HPLC 对苜蓿培养前期根系分泌物中不同浓度的阿特拉津进行检测，CK

组为对照组，AM 组为处理组。图 8-3～图 8-5 分别为培养 8 h、16 h、24 h 后，CK 组和 AM 组根系分泌物中阿特拉津的降解情况。

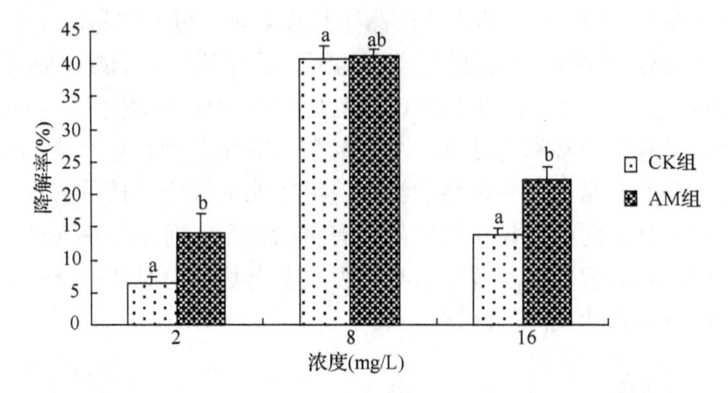

图 8-3　前期培养 8 h 后 CK 组与 AM 组阿特拉津降解情况

Figure 8-3　The Atrazine degradation of CK and AM cultured with 8 h in the early period

a、b 代表不同浓度处理组与对照组之间降解率的差异显著性分析，不同字母代表差异显著($P<0.05$)

A and B showed significant difference in degradation rates between treatment group and control group in different concentrations, the difference of letters is significant ($P<0.05$)

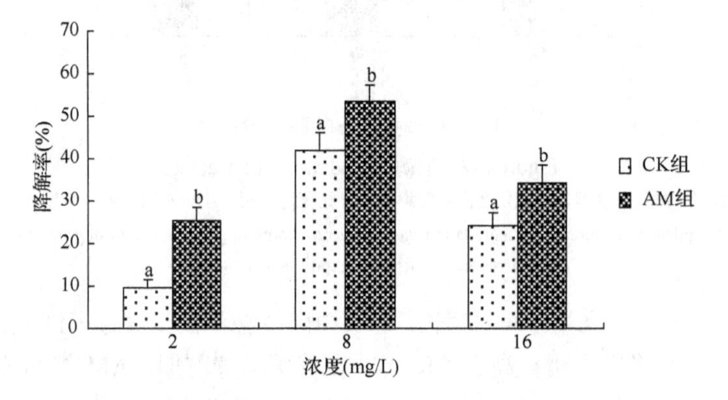

图 8-4　前期培养 16 h 后 CK 组与 AM 组阿特拉津降解情况

Figure 8-4　The Atrazine degradation of CK and AM cultured with 16 h in the early period

a、b 代表不同浓度处理组与对照组之间降解率的差异显著性分析，不同字母代表差异显著($P<0.05$)

A and B showed significant difference in degradation rates between treatment group and control group in different concentrations, the difference of letters is significant ($P<0.05$)

由图 8-3 可知，前期培养 8 h 后，阿特拉津浓度为 2 mg/L 时，CK 组与 AM 组中阿特拉津的降解率分别为 6.50%和 14%；阿特拉津浓度为 8 mg/L 时，CK 组与 AM 组中阿特拉津的降解率分别为 40.75%和 41.25%; 阿特拉津浓度为 16 mg/L 时，CK 组与 AM 组中阿特拉津的降解率分别为 13.93%和 22.13%。

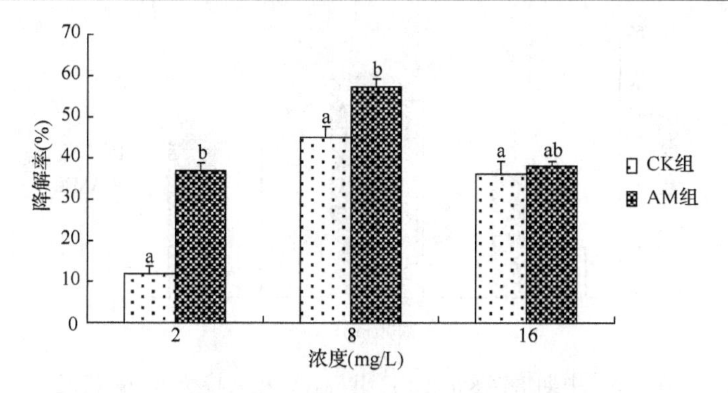

图 8-5 前期培养 24 h 后 CK 组与 AM 组阿特拉津降解情况

Figure 8-5 The Atrazine degradation of CK and AM cultured with 24 h in the early period

a、b 代表不同浓度处理组与对照组之间降解率的差异显著性分析，不同字母代表差异显著（$P<0.05$）

A and B showed significant difference in degradation rates between treatment group and control group in different concentrations, the difference of letters is significant （$P<0.05$）

由图 8-4 可知，前期培养 16 h 后，阿特拉津浓度为 2 mg/L 时，CK 组与 AM 组中阿特拉津的降解率分别为 9.50%和 25.50%；阿特拉津浓度为 8 mg/L 时，CK 组与 AM 组中阿特拉津的降解率分别为 42%和 53.50%；阿特拉津浓度为 16 mg/L 时，CK 组与 AM 组中阿特拉津的降解率分别为 24.18%和 34.31%。

由图 8-5 可知，前期培养 24 h 后，阿特拉津浓度为 2 mg/L 时，CK 组与 AM 组中阿特拉津的降解率分别为 12%和 37%；阿特拉津浓度为 8 mg/L 时，CK 组与 AM 组中阿特拉津的降解率分别为 44.87%和 57.25%；阿特拉津浓度为 16 mg/L 时，CK 组与 AM 组中阿特拉津的降解率分别为 36.12%和 38.25%。

以上结果表明，前期根系分泌物中阿特拉津在培养 8 h、16 h、24 h 后，阿特拉津浓度分别为 2 mg/L、8 mg/L、16 mg/L 时，AM 组阿特拉津的降解率都明显高于 CK 组，且当阿特拉津浓度为 8 mg/L 时，CK 组和 AM 组的降解率最高。

(2) 中期根系分泌物中阿特拉津在不同培养时间的降解情况

利用 HPLC 对苜蓿培养中期根系分泌物中不同浓度的阿特拉津进行检测，图 8-6～图 8-8 分别为培养 8 h、16 h、24 h 后，CK 组和 AM 组根系分泌物中阿特拉津的降解情况。

由图 8-6 可知，中期培养 8 h 后，阿特拉津浓度为 2 mg/L 时，CK 组与 AM 组中阿特拉津的降解率分别为 9.50%和 26.50%；阿特拉津浓度为 8 mg/L 时，CK 组与 AM 组中阿特拉津的降解率分别为 37.25%和 42.63%；阿特拉津浓度为 16 mg/L 时，CK 组与 AM 组中阿特拉津的降解率分别为 29.50%和 29.94%。

由图 8-7 可知，中期培养 16 h 后，阿特拉津浓度为 2 mg/L 时，CK 组与 AM 组中阿特拉津的降解率分别为 15.50%和 32.50%；阿特拉津浓度为 8 mg/L 时，CK 组与 AM 组中阿特拉津的降解率分别为 42.88%和 46.38%；阿特拉津浓度为 16 mg/L 时，CK 组与 AM 组中阿特拉津的降解率分别为 27.62%和 31.13%。

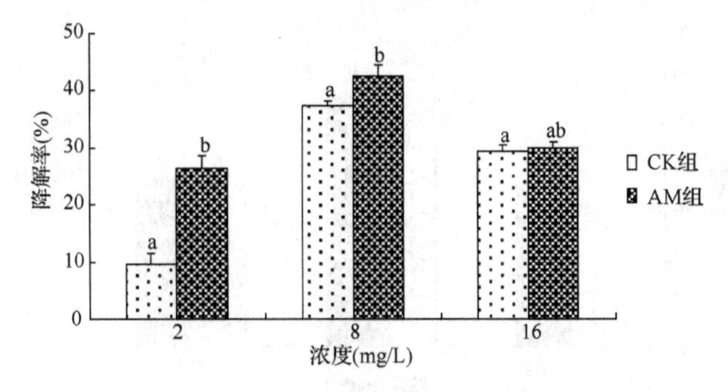

图 8-6　中期培养 8 h 后 CK 组与 AM 组阿特拉津降解情况

Figure 8-6　The Atrazine degradation of CK and AM cultured with 8 h in the middle period

a、b 代表不同浓度处理组与对照组之间降解率的差异显著性分析，不同字母代表差异显著（$P<0.05$）

A and B showed significant difference in degradation rates between treatment group and control group in different concentrations, the difference of letters is significant（$P<0.05$）

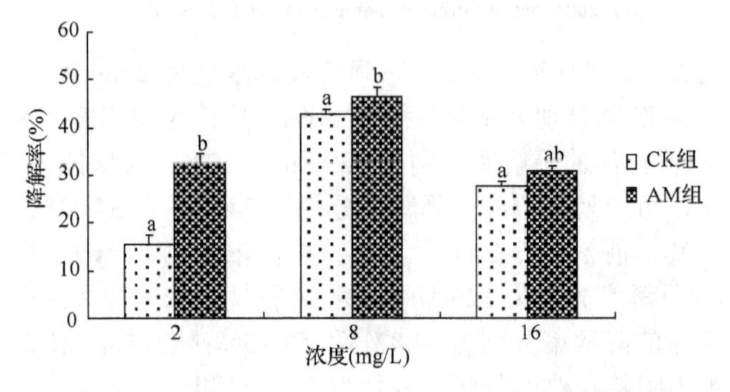

图 8-7　中期培养 16 h 后 CK 组与 AM 组阿特拉津降解情况

Figure 8-7　The Atrazine degradation of CK and AM cultured with 16 h in the middle period

a、b 代表不同浓度处理组与对照组之间降解率的差异显著性分析，不同字母代表差异显著（$P<0.05$）

A and B showed significant difference in degradation rates between treatment group and control group in different concentrations, the difference of letters is significant（$P<0.05$）

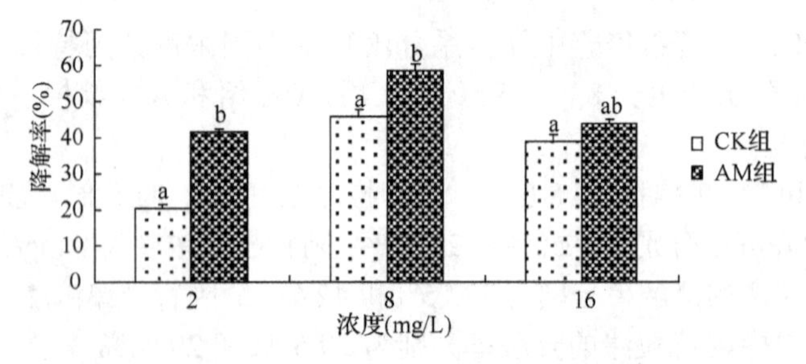

图 8-8　中期培养 24 h 后 CK 组与 AM 组阿特拉津降解情况

Figure 8-8　The Atrazine degradation of CK and AM cultured with 24 h in the middle period

a、b 代表不同浓度处理组与对照组之间降解率的差异显著性分析，不同字母代表差异显著（$P<0.05$）

A and B showed significant difference in degradation rates between treatment group and control group in different concentrations, the difference of letters is significant（$P<0.05$）

由图 8-8 可知，中期培养 24 h 后，阿特拉津浓度为 2 mg/L 时，CK 组与 AM 组中阿特拉津的降解率分别为 20.50%和 41.50%；阿特拉津浓度为 8 mg/L 时，CK 组与 AM 组中阿特拉津的降解率分别为 45.88%和 58.38%；阿特拉津浓度为 16 mg/L 时，CK 组与 AM 组中阿特拉津的降解率分别为 38.81%和 43.94%。

结果表明，中期根系分泌物中阿特拉津在培养 8 h、16 h、24 h 后，阿特拉津浓度分别为 2 mg/L、8 mg/L、16 mg/L 时，AM 组阿特拉津的降解率都明显高于 CK 组，且当阿特拉津浓度为 8 mg/L 时，CK 组和 AM 组的降解率最高。

(3) 后期根系分泌物中阿特拉津在不同培养时间的降解情况

通过 HPLC 对苜蓿培养后期根系分泌物中不同浓度的阿特拉津进行检测，CK 组为对照组，AM 组为处理组。图 8-9～图 8-11 分别为培养 8 h、16 h、24 h 后，CK 组和 AM 组根系分泌物中阿特拉津的降解情况。

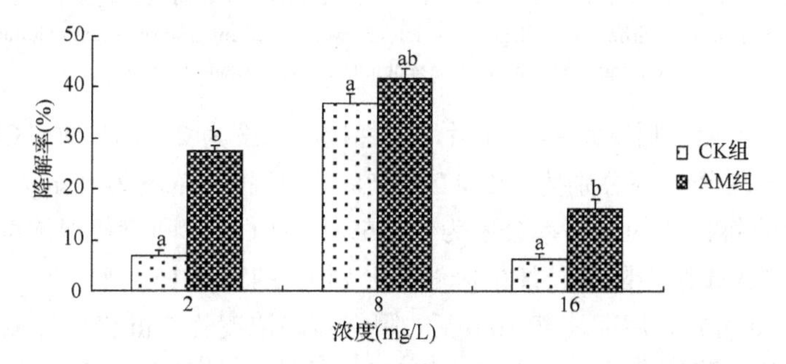

图 8-9　后期培养 8 h 后 CK 组与 AM 组阿特拉津降解情况

Figure 8-9　The Atrazine degradation of CK and AM cultured with 8 h in late period

a、b 代表不同浓度处理组与对照组之间降解率的差异显著性分析，不同字母代表差异显著（$P<0.05$）

A and B showed significant difference in degradation rates between treatment group and control group in different concentrations, the difference of letters is significant（$P<0.05$）

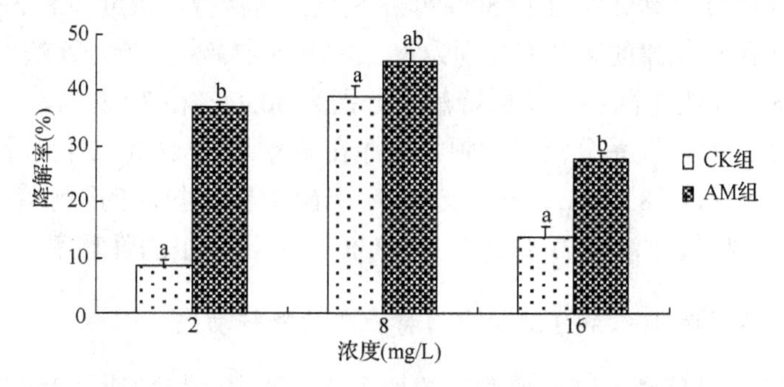

图 8-10　后期培养 16 h 后 CK 组与 AM 组阿特拉津降解情况

Figure 8-10　The Atrazine degradation of CK and AM cultured with 16 h in late period

a、b 代表不同浓度处理组与对照组之间降解率的差异显著性分析，不同字母代表差异显著（$P<0.05$）

A and B showed significant difference in degradation rates between treatment group and control group in different concentrations, the difference of letters is significant（$P<0.05$）

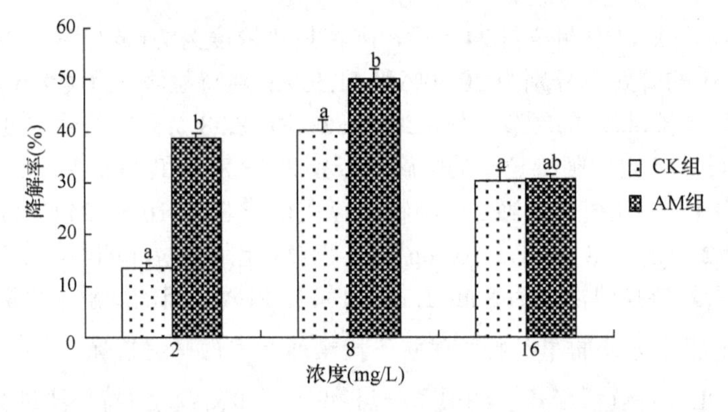

图 8-11 后期培养 24 h 后 CK 组与 AM 组阿特拉津降解情况

Figure 8-11 The Atrazine degradation of CK and AM cultured with 24 h in late period

a、b 代表不同浓度处理组与对照组之间降解率的差异显著性分析，不同字母代表差异显著(P<0.05)

A and B showed significant difference in degradation rates between treatment group and control group in different concentrations, the difference of letters is significant (P<0.05)

由图 8-9 可知，后期培养 8 h 后，阿特拉津浓度为 2 mg/L 时，CK 组与 AM 组中阿特拉津的降解率分别为 7%和 27.50%；阿特拉津浓度为 8 mg/L 时，CK 组与 AM 组中阿特拉津的降解率分别为 36.75%和 41.63%；阿特拉津浓度为 16 mg/L 时，CK 组与 AM 组中阿特拉津的降解率分别为 6.4%和 16.19%。

由图 8-10 可知，后期培养 16 h 后，阿特拉津浓度为 2 mg/L 时，CK 组与 AM 组中阿特拉津的降解率分别为 8.50%和 37%；阿特拉津浓度为 8 mg/L 时，CK 组与 AM 组中阿特拉津的降解率分别为 38.88%和 45.38%；阿特拉津浓度为 16 mg/L 时，CK 组与 AM 组中阿特拉津的降解率分别为 13.69%和 27.75%。

由图 8-11 可知，后期培养 24 h 后，阿特拉津浓度为 2 mg/L 时，CK 组与 AM 组中阿特拉津的降解率分别为 13.50%和 38.50%；阿特拉津浓度为 8 mg/L 时，CK 组与 AM 组中阿特拉津的降解率分别为 40.25%和 50.13%；阿特拉津浓度为 16 mg/L 时，CK 组与 AM 组中阿特拉津的降解率分别为 30.44%和 30.69%。

结果表明，后期根系分泌物中阿特拉津在培养 8 h、16 h、24 h 后，阿特拉津浓度分别为 2 mg/L、8 mg/L、16 mg/L 时，AM 组阿特拉津的降解率都明显高于 CK 组，且当阿特拉津浓度为 8 mg/L 时，CK 组和 AM 组的降解率最高。

8.2.3.2 不同时期根系分泌物中阿特拉津的降解动态

通过 HPLC 对苜蓿不同培养时期的根系分泌物中阿特拉津浓度进行检测，CK 组为对照组，AM 组为处理组。图 8-12～图 8-14 分别为阿特拉津浓度为 2 mg/L、8 mg/L、16 mg/L 时，前期、中期、后期 CK 组和 AM 组中阿特拉津的降解情况。

（1）阿特拉津浓度为 2 mg/L 时，前期、中期、后期 CK 组与 AM 组阿特拉津的降解情况

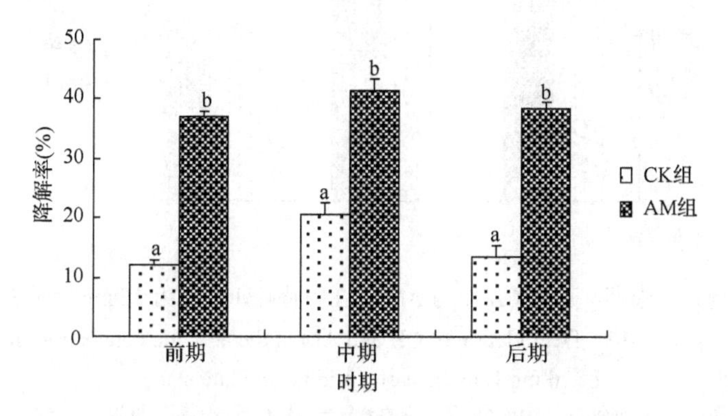

图 8-12 前期、中期、后期 CK 组与 AM 组在阿特拉津浓度为 2 mg/L 时的降解情况

Figure 8-12 Degradation of CK and AM at the atrazine concentration of 2 mg/L in the early, middle and late stages

a、b 代表同一时期处理组与对照组之间降解率的差异显著性分析，不同字母表示差异显著（$P<0.05$）

A and B showed significant difference in degradation rates between treatment group and control group in the same period, the difference of letters is significant（$P<0.05$）

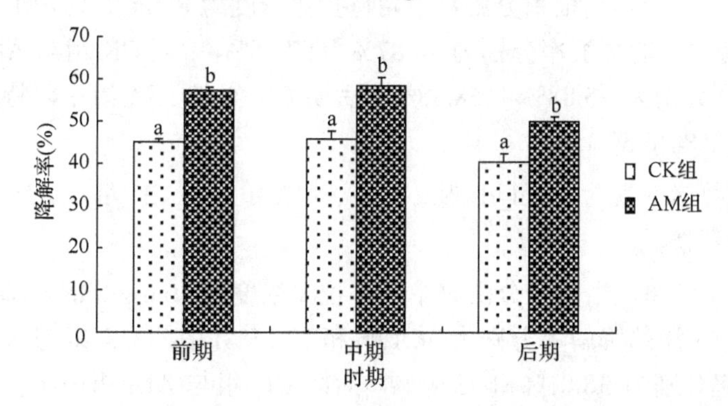

图 8-13 前期、中期、后期 CK 组与 AM 组在阿特拉津浓度为 8 mg/L 时的降解情况

Figure 8-13 Degradation of CK and AM at the atrazine concentration of 8 mg/L in the early, middle and late stages

a、b 代表同一时期处理组与对照组之间降解率的差异显著性分析，不同字母表示差异显著（$P<0.05$）

A and B showed significant difference in degradation rates between treatment group and control group in the same period, the difference of letters is significant（$P<0.05$）

由图 8-12 可知，当根系分泌物中阿特拉津浓度为 2 mg/L 时，前期 CK 组与 AM 组中阿特拉津的降解率分别为 12%和 37%，中期 CK 组与 AM 组中阿特拉津的降解率分别为 20.50%和 41.50%，后期 CK 组与 AM 组中阿特拉津的降解率分别为 13.50%和 38.50%。

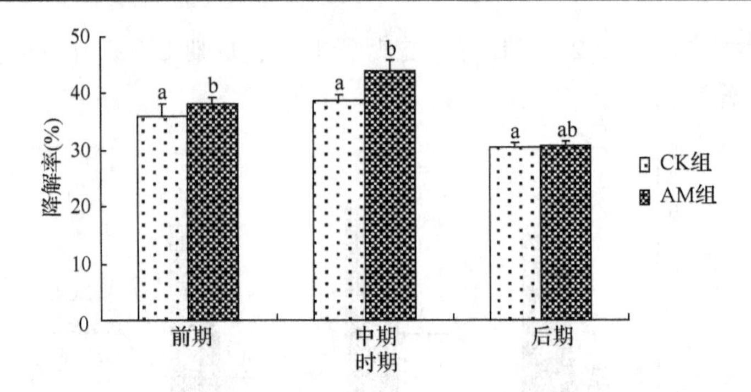

图 8-14　前期、中期、后期 CK 组与 AM 组在阿特拉津浓度为 16 mg/L 时的降解情况

Figure 8-14　Degradation of CK and AM at the atrazine concentration of 16 mg/L in the early, middle and late stages

a、b 代表同一时期处理组与对照组之间降解率的差异显著性分析，不同字母表示差异显著（$P<0.05$）

A and B showed significant difference in degradation rates between treatment group and control group in the same period, the difference of letters is significant（$P<0.05$）

(2) 阿特拉津浓度为 8 mg/L 时，前期、中期、后期 CK 组与 AM 组阿特拉津的降解情况

由图 8-13 可知，当根系分泌物中阿特拉津浓度为 8 mg/L 时，前期 CK 组与 AM 组中阿特拉津的降解率分别为 44.87%和 57.25%，中期 CK 组与 AM 组中阿特拉津的降解率分别为 45.88%和 58.38%，后期 CK 组与 AM 组中阿特拉津的降解率分别为 40.25%和 50.13%。

(3) 阿特拉津浓度为 16 mg/L 时，前期、中期、后期 CK 组与 AM 组阿特拉津的降解情况

由图 8-14 可知，当根系分泌物中阿特拉津浓度为 16 mg/L 时，前期 CK 组与 AM 组中阿特拉津的降解率分别为 36.12%和 38.25%，中期 CK 组与 AM 组中阿特拉津的降解率分别为 38.81%和 43.94%，后期 CK 组与 AM 组中阿特拉津的降解率分别为 30.44%和 30.69%。

结果表明，当根系分泌物中阿特拉津浓度分别为 2 mg/L、8 mg/L、16 mg/L 时，前期、中期、后期 AM 组的阿特拉津降解率明显高于 CK 组，且中期时 CK 组和 AM 组的降解率最高。

8.2.4　菌根根系分泌物组分特征

8.2.4.1　根系表皮上菌根根系分泌物组分特征

(1) 前期根系表皮上根系分泌物组分鉴定

由表 8-1 可知，根系表皮上根系分泌物组分复杂，含有多类物质。在培养前

期，AM 组含有烷类、醇类、酸类、氨基酸类、酯类、胺类、烯类、酮类及花椒毒素，共 21 种物质；而 CK 组含有上述物质中除醇类和酮类以外的物质，共 21 种。AM 组与 CK 组在组分上有所区别，AM 组含有 2-氨基-2-甲基-1,3-丙二醇、2,5-二羟基-4-甲氧基查尔酮，而 CK 组含有二十九烷、3,4-二羟基杏仁酸。CK 组和 AM 组不仅在组分上有区别，二者在物质含量上也有所不同，在邻苯二甲酸二辛酯、乙醇胺含量上 AM 组高于 CK 组。

表 8-1 前期处理组和对照组根系表皮上根系分泌物的组分

Table 8-1 Component of root exudates on root epidermis with CK and AM at early period

化合物种类	化合物名称	峰面积		倍率比
		AM 组	CK 组	AM 组/CK 组
烷类	二十七烷	6 736 768	12 500 000	0.535
	二十九烷	—	19 500 000	—
醇类	2-氨基-2-甲基-1,3-丙二醇	325 000 000	—	—
	β-谷甾醇	36 900 000	47 000 000	0.785
酸类	棕榈酸	14 500 000	16 300 000	0.863
	亚油酸	6 019 826	7 453 304	0.808
	丙二酸	7 794 650	7 901 048	0.987
	3,4-二羟基杏仁酸	—	4 892 133	—
	反式-13-十八碳烯酸	5 708 775	7 351 784	0.776
	草酸	3 888 328	4 251 010	0.915
氨基酸类	L-丙氨酸	16 200 000	18 500 000	0.876
	β-氨基丙酸	28 200 000	281 000 000	0.100
酯类	邻苯二甲酸二辛酯	10 300 000	6 577 832	1.566
	邻苯二甲酸二乙酯	9 390 704	9 757 998	0.962
	1-硬脂酸单甘油酯	68 900 000	63 100 000	1.092
胺类	己内酰胺	15 700 000	18 200 000	0.863
	甲基苯丙胺	38 600 000	39 000 000	0.990
	氯苯丙胺	35 900 000	36 500 000	0.984
	乙醇胺	60 000 000	59 300 000	1.012
酮类	2,5-二羟基-4-甲氧基查尔酮	4 247 045	—	—
烯类	1-十八烷烯	5 254 688	6 426 075	0.818
	鲨烯	5 121 652	8 616 288	0.594
其他	花椒毒素	18 100 000	19 200 000	0.943

注：“—”表示不含有该物质

(2) 中期根系表皮上根系分泌物组分鉴定

由表 8-2 可知，在培养中期，AM 组含有烷类、醇类、酸类、氨基酸类、酚类、酯类、胺类、烯类及花椒毒素，共 21 种物质；而 CK 组也含有上述几类物质，共 22 种。CK 组中含有 2-氨基-2-甲基-1,3-丙二醇，区别于 AM 组，而 AM 组与 CK 组的这些物质在含量上也都有区别，AM 组中含有的 3,4-二羟基杏仁酸、甲基苯丙胺、氯苯丙胺、间苯三酚的含量都高于 CK 组。

表 8-2 中期处理组和对照组根系表皮上根系分泌物的组分

Table 8-2 Component of root exudates on root epidermis with CK and AM at middle period

化合物种类	化合物名称	峰面积		倍率比
		AM 组	CK 组	AM 组/CK 组
烷类	二十七烷	31 000 000	70 300 000	0.441
	二十九烷	41 100 000	87 700 000	0.469
醇类	2-氨基-2-甲基-1,3-丙二醇	—	326 000 000	—
	胆固醇	6 119 613	15 300 000	0.400
酸类	棕榈酸	23 200 000	30 300 000	0.766
	棕榈油酸	3 222 285	5 550 204	0.581
	丙二酸	8 294 959	8 402 054	0.987
	3,4-二羟基杏仁酸	63 700 000	49 500 000	1.287
	草酸	4 474 279	4 844 181	0.924
氨基酸类	L-丙氨酸	16 200 000	18 500 000	0.876
	β-氨基氨酸	247 000 000	29 900 000	8.261
酯类	邻苯二甲酸二辛酯	3 941 748	6 275 497	0.628
	邻苯二甲酸二乙酯	8 631 343	9 050 383	0.954
	1-硬脂酸单甘油酯	40 800 000	42 300 000	0.965
胺类	己内酰胺	16 800 000	19 300 000	0.870
	甲基苯丙胺	42 000 000	41 000 000	1.024
	氯苯丙胺	38 200 000	38 100 000	1.003
	乙醇胺	56 100 000	61 200 000	0.917
酚类	间苯三酚	11 500 000	9 253 420	1.243
烯类	1-十八烷烯	5 778 849	9 854 824	0.586
	鲨烯	16 200 000	32 800 000	0.494
其他	花椒毒素	16 200 000	32 800 000	0.494

注：“—”表示不含有该物质

(3) 后期根系表皮上根系分泌物组分鉴定

由表 8-3 可知，在培养后期，AM 组含有烷类、醇类、酸类、酯类、胺类、氨基酸类、酚类、酮类及花椒毒素，不含有烯类，共 20 种物质；CK 组，含有上述几类物质但是不含有酚类和酮类，共 18 种物质。CK 组与 AM 组在组分上的区别在于，AM 组含有二十九烷、L-丙氨酸、间苯三酚、2,5-二羟基-4-甲氧基查尔酮，而 CK 组含有羊毛甾醇、鲨烯。AM 组中除乙醇胺含量低于 CK 组，β-谷甾醇、棕榈酸、反式-13-十八碳烯酸、草酸、β-氨基丙酸、邻苯二甲酸二辛酯及胺类物质的含量都高于 CK 组。

表 8-3 后期处理组和对照组根系表皮上根系分泌物的组分

Figure 8-3 Component of root exudates on root epidermis with CK and AM at late period

化合物种类	化合物名称	峰面积		倍率比
		AM 组	CK 组	AM 组/CK 组
烷类	二十七烷	12 200 000	7 149 228	1.706
	二十九烷	4 977 631	—	—
醇类	2-氨基-2-甲基-1,3-丙二醇	292 000 000	367 000 000	0.796
	羊毛甾醇	—	23 800 000	—
	β-谷甾醇	13 000 000	8 826 865	1.473
酸类	棕榈酸	13 300 000	13 000 000	1.023
	丙二酸	7 652 324	7 900 809	0.969
	反式-13-十八碳烯酸	6 377 872	3 961 930	1.610
	草酸	4 359 633	4 020 362	1.084
氨基酸类	L-丙氨酸	5 301 725	—	—
	β-氨基丙酸	29 700 000	28 200 000	1.053
酯类	邻苯二甲酸二辛酯	7 349 461	6 382 335	1.152
	邻苯二甲酸二乙酯	10 200 000	10 900 000	0.936
	1-硬脂酸单甘油酯	46 700 000	64 200 000	0.727
胺类	己内酰胺	15 500 000	8 400 816	1.845
	甲基苯丙胺	40 300 000	39 100 000	1.031
	氯苯丙胺	36 800 000	35 700 000	1.031
	乙醇胺	61 100 000	63 500 000	0.962
酚类	间苯三酚	9 271 130	—	—
酮类	2,5-二羟基-4-甲氧基查尔酮	3 108 257	—	—
烯类	鲨烯	—	4 020 184	—
其他	花椒毒素	15 300 000	15 300 000	1.000

注：“—”表示不含有该物质

8.2.4.2 根际土壤中菌根根系分泌物组分特征

(1) 前期根际土壤中根系分泌物组分鉴定

由表 8-4 可知，前期 AM 组含有烷类、醇类、酸类、氨基酸类、酯类、胺类、酮类、烯类和花椒毒素，共 25 种物质，CK 组也含有上述物质，共 24 种。AM 组区别于 CK 组的组分是 3,4-二羟基杏仁酸、邻苯二甲酸二辛酯，而 CK 组中含有 AM 组中没有的 5a-胆固醇。在含量上，AM 组中 2-氨基-2-甲基-1,3-丙二醇、羊毛甾醇、棕榈油酸、乙醇胺都高于 CK 组。

表 8-4 前期处理组和对照组根际土壤中根系分泌物的组分

Table 8-4 Components of root exudates in rhizosphere soil of early period treatment and control groups

化合物种类	化合物名称	峰面积		倍率比
		AM 组	CK 组	AM 组/CK 组
烷类	二十七烷	11 400 000	12 600 000	0.905
	二十九烷	15 600 000	19 000 000	0.821
醇类	2-氨基-2-甲基-1,3-丙二醇	341 000 000	314 000 000	1.086
	羊毛甾醇	17 100 000	6 588 643	2.595
	5a-胆固醇	—	5 828 869	—
	胆固醇	10 200 000	12 200 000	0.836
	β-谷甾醇	60 700 000	87 200 000	0.696
酸类	棕榈酸	33 400 000	49 200 000	0.679
	棕榈油酸	12 600 000	5 536 027	2.276
	亚油酸	3 879 964	9 800 249	0.396
	丙二酸	7 907 904	9 110 201	0.868
	3,4-二羟基杏仁酸	4 009 314	—	—
	反式-13-十八碳烯酸	4 867 371	19 500 000	0.250
	草酸	3 433 034	3 474 632	0.988
氨基酸类	L-丙氨酸	11 000 000	13 600 000	0.800
	β-氨基丙酸	28 500 000	339 000 000	0.841
酯类	邻苯二甲酸二辛酯	10 600 000	—	—
	邻苯二甲酸二乙酯	8 331 984	8 385 078	0.994
	1-硬脂酸单甘油酯	44 000 000	65 500 000	0.672
胺类	己内酰胺	18 800 000	32 600 000	0.577
	甲基苯丙胺	39 000 000	41 000 000	0.951
	氯苯丙胺	36 700 000	41 200 000	0.891
	乙醇胺	62 000 000	60 500 000	1.025
酮类	3,7-二羟基黄酮	8 828 407	14 500 000	0.609
烯类	鲨烯	20 800 000	25 000 000	0.832
其他	花椒毒素	20 900 000	27 700 000	0.755

注：“—”表示不含有该物质

(2) 中期根际土壤中根系分泌物组分鉴定

由表 8-5 可知，中期 AM 组中含有烷类、醇类、酸类、氨基酸类、酯类、胺类、酮类、烯类和花椒毒素，共 23 种物质；CK 组也含有上述几类物质，共 24 种。AM 组与 CK 组的区别在于，AM 组中含有 3,4-二羟基杏仁酸、己内酰胺，CK 组中含有亚油酸、邻苯二甲酸二乙酯、2,5-二羟基-4-甲氧基查尔酮。AM 组与 CK 组的含量区别是二十七烷、二十九烷、2-氨基-2-甲基-1,3-丙二醇、棕榈酸、反式-13-十八碳烯酸、草酸、L-丙氨酸、1-硬脂酸单甘油酯、3,7-二羟基黄铜、鲨烯、花椒毒素这些物质的含量，AM 组要高于 CK 组。

表 8-5 中期处理组和对照组根际土壤中根系分泌物的组分

Table 8-5 Components of root exudates in rhizosphere soil of middle period treatment and control groups

化合物种类	化合物名称	峰面积		倍率比
		AM 组	CK 组	AM 组/CK 组
烷类	二十七烷	14 200 000	13 100 000	1.084
	二十九烷	17 900 000	16 400 000	1.091
醇类	2-氨基-2-甲基-1,3-丙二醇	271 000 000	231 000 000	1.173
	羊毛甾醇	24 500 000	28 600 000	0.857
	5a-胆固醇	3 145 531	4 853 604	0.648
	胆固醇	8 335 052	10 000 000	0.834
	β-谷甾醇	60 100 000	68 000 000	0.884
酸类	棕榈酸	41 700 000	39 000 000	1.069
	亚油酸	—	2 423 975	—
	丙二酸	6 302 354	8 469 769	0.744
	3,4-二羟基杏仁酸	3 969 654	—	—
	反式-13-十八碳烯酸	10 900 000	7 829 824	1.392
	草酸	3 552 894	2 840 251	1.251
氨基酸类	L-丙氨酸	11 400 000	9 727 402	1.172
	β-氨基丙酸	29 300 000	322 000 000	0.091
酯类	邻苯二甲酸二辛酯	9 105 098	14 200 000	0.641
	邻苯二甲酸二乙酯	—	9 191 473	—
	1-硬脂酸单甘油酯	70 000 000	47 200 000	1.483
胺类	己内酰胺	21 000 000	—	—
	甲基苯丙胺	34 300 000	40 000 000	0.856
	氯苯丙胺	31 000 000	39 500 000	0.785
	乙醇胺	54 800 000	57 600 000	0.951
酮类	3,7-二羟基黄酮	13 100 000	11 000 000	1.191
	2,5-二羟基-4-甲氧基查尔酮	—	2 361 032	—
烯类	鲨烯	25 200 000	21 500 000	1.172
其他	花椒毒素	29 400 000	25 800 000	1.140

注：“—”表示不含有该物质

(3)后期根际土壤中根系分泌物组分鉴定

由表 8-6 可知，后期 AM 组含有烷类、醇类、酸类、氨基酸类、酯类、胺类、酮类、烯类和花椒毒素，共 22 种物质；CK 组也含有烷类、醇类、酸类、氨基酸类、酯类、胺类、酮类、烯类和花椒毒素，共 23 种物质。AM 组中含有 CK 组中没有的反式-13-十八碳烯酸，CK 组则含有 AM 组中没有的亚油酸、3,4-二羟基杏仁酸。AM 组与 CK 组含量上的区别是丙二酸、邻苯二甲酸二乙酯、甲基苯丙胺，AM 组要高于 CK 组。

表 8-6　后期处理组和对照组根际土壤中根系分泌物的组分

Table 8-6　Components of root exudates in rhizosphere soil of late period treatment and control groups

化合物种类	化合物名称	峰面积		倍率比
		AM 组	CK 组	AM 组/CK 组
烷类	二十七烷	10 200 000	14 900 000	0.685
	二十九烷	14 700 000	15 400 000	0.955
醇类	2-氨基-2-甲基-1,3-丙二醇	341 000 000	345 000 000	0.988
	羊毛甾醇	26 200 000	45 200 000	0.579
	胆固醇	9 155 934	10 500 000	0.872
	β-谷甾醇	58 700 000	84 400 000	0.695
酸类	棕榈酸	29 500 000	38 500 000	0.766
	亚油酸	—	4 066 438	—
	丙二酸	9 556 198	8 206 522	1.164
	3,4-二羟基杏仁酸	—	9 947 203	—
	反式-13-十八碳烯酸	9 571 160	—	—
	草酸	3 629 853	4 934 205	0.736
氨基酸类	L-丙氨酸	10 100 000	14 600 000	0.692
	β-氨基丙酸	28 900 000	321 000 000	0.900
酯类	邻苯二甲酸二乙酯	10 100 000	8 724 487	1.158
	邻苯二甲酸二辛酯	8 325 399	19 400 000	0.429
	1-硬脂酸单甘油酯	42 400 000	47 000 000	0.902
胺类	己内酰胺	7 081 348	14 800 000	0.478
	甲基苯丙胺	39 300 000	38 400 000	1.023
	氯苯丙胺	39 000 000	40 400 000	0.965
	乙醇胺	57 900 000	61 800 000	0.937
酮类	3,7-二羟基黄酮	13 100 000	13 900 000	0.942
烯类	鲨烯	4 274 148	35 800 000	0.119
其他	花椒毒素	19 500 000	27 200 000	0.717

注：“—”表示不含有该物质

8.2.5 土壤中阿特拉津中间代谢产物分析

通过 LC-MS 方法对土壤中阿特拉津的中间代谢产物进行检测，发现阿特拉津的中间代谢产物包括羟基阿特拉津(hydroxyatrazine)、*N*-异丙基氰尿酰胺(*N*-isopropyl ammelide)、氰尿酸(cyanuric acid)、双缩脲(biuret)、脲基甲酸(allophanic acid)。图 8-15～图 8-18 为阿特拉津及其中间代谢产物分子量及质谱图。

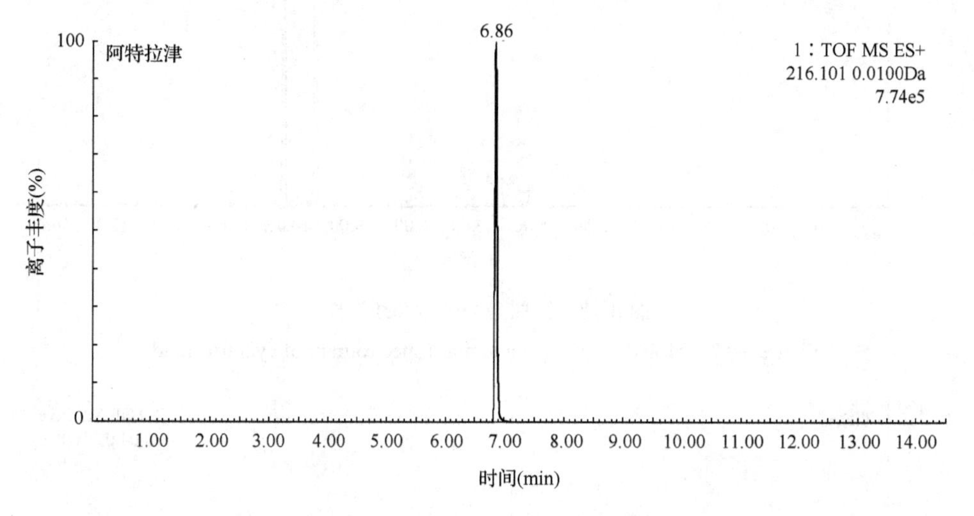

图 8-15 阿特拉津分子量及质谱图

Figure 8-15 Molecular weight and mass spectrogram of atrazine

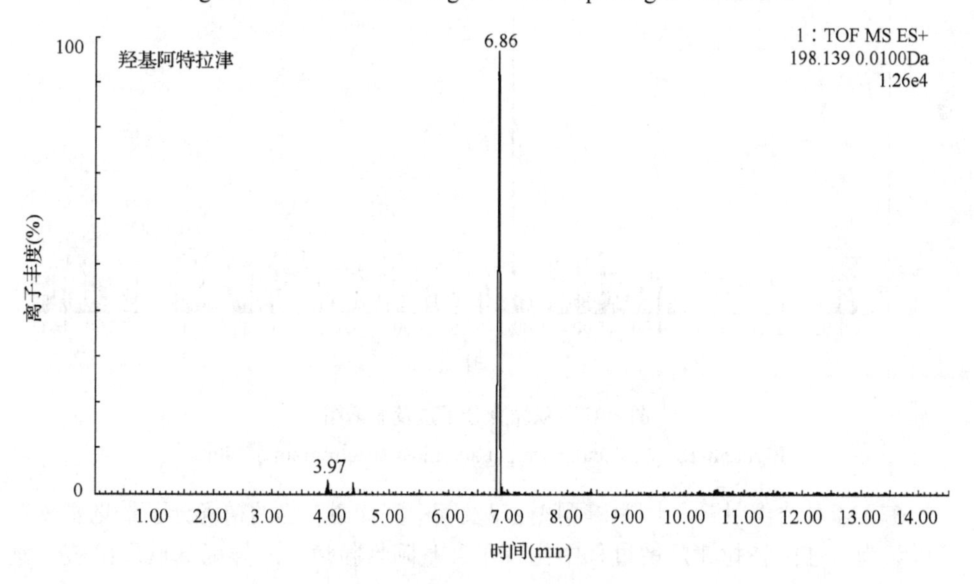

图 8-16 羟基阿特拉津分子量及质谱图

Figure 8-16 Molecular weight and mass spectrogram of hydroxyatrazine

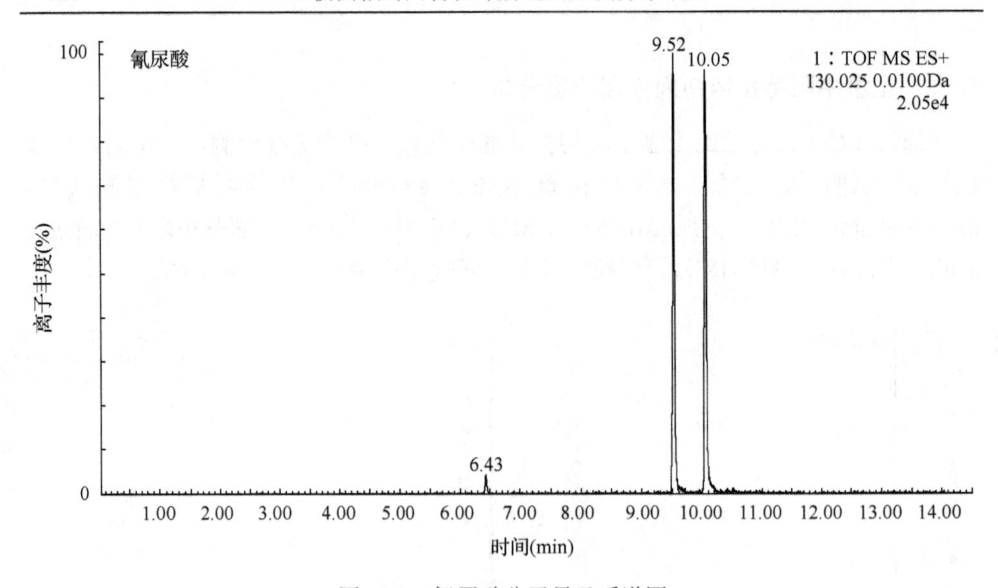

图 8-17　氰尿酸分子量及质谱图

Figure 8-17　Molecular weight and mass spectrogram of cyanuric acid

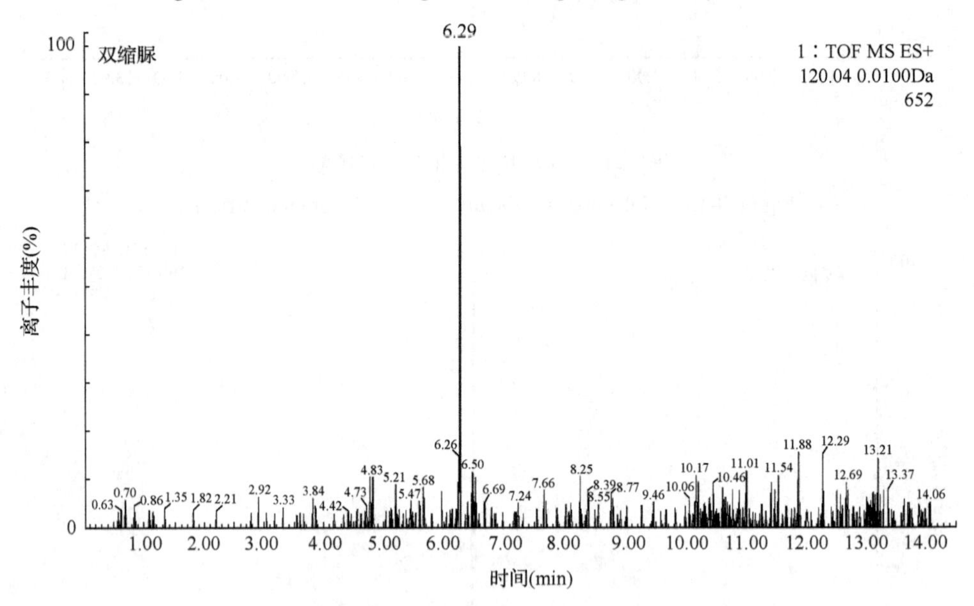

图 8-18　双缩脲分子量及质谱图

Figure 8-18　Molecular weight and mass spectrogram of biuret

在 AM 真菌作用下，土壤中阿特拉津及其中间代谢产物的精确分子量见表 8-7。可以认为，在阿特拉津降解过程中出现了羟基阿特拉津、*N*-异丙基氰尿酰胺、氰尿酸、双缩脲和脲基甲酸等中间代谢物质。

表 8-7　阿特拉津及其中间代谢产物的精确分子量

Table 8-7　The exact molecular weight of atrazine and its intermediate metabolites

阿特拉津及其中间代谢产物	精确分子量
阿特拉津	216.101
羟基阿特拉津	198.139
N-异丙基氰尿酰胺	155.093
氰尿酸	130.020
双缩脲	120.040
脲基甲酸	106.037

8.2.6　苜蓿根内代谢物数据分析

对代谢组学数据进行分析的首要目标是从鉴定到的大量代谢物中筛选出一部分具有统计学和生物学意义的代谢物，并以此为基础阐明生物体的代谢过程和变化机制。很多情况下，鉴定到的代谢物之间的表达量和表达模式是有一定相关性的，如处于同一代谢途径上下游的代谢物。

8.2.6.1　试验质量控制

采用 QC 样本谱图的比对和主成分分析两种方法，对本项目试验中的 3 次 QC 样本数据进行分析评价。

(1) QC 样本总离子流图的比较

将 3 次分析得到的 QC 样本 UHPC-Q-TOF MS 总离子流图(total ion chromatogram，TIC)进行谱图重叠比较，详见图 8-19～图 8-22，结果表明各色谱峰的响

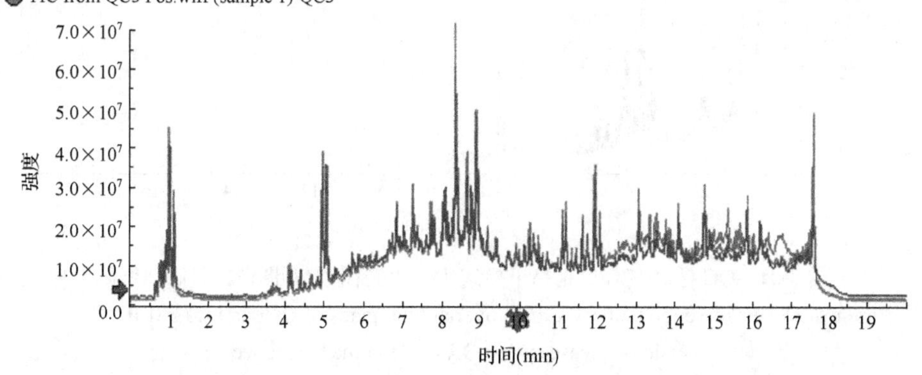

图 8-19　QC 样品 HSST3 正离子模式 TIC 重叠图谱(彩图请扫封底二维码)

Figure 8-19　Positive ion mode TIC data overlapping maps of QC samples HSST3 (For color version，please sweep QR Code in the back cover)

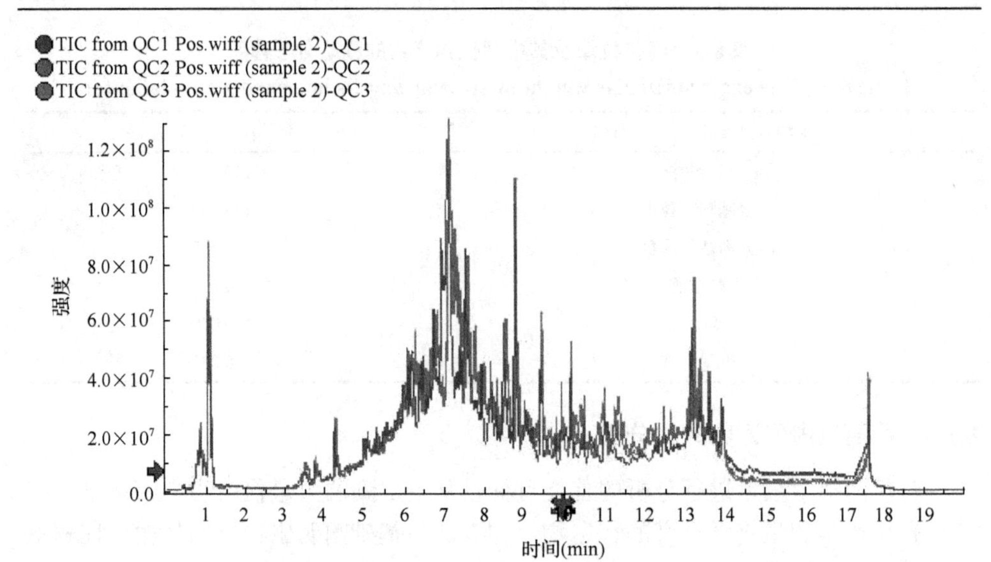

图 8-20　QC 样品 HSST3 负离子模式 TIC 重叠图谱(彩图请扫封底二维码)

Figure 8-20　Negative ion mode TIC data overlapping maps of QC samples HSST3 (For color version，please sweep QR Code in the back cover)

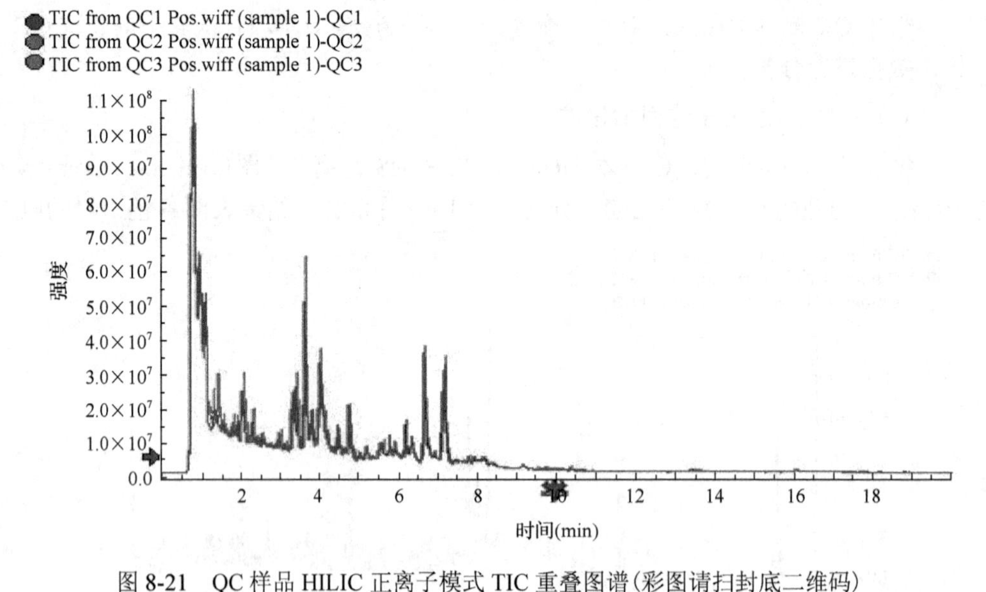

图 8-21　QC 样品 HILIC 正离子模式 TIC 重叠图谱(彩图请扫封底二维码)

Figure 8-21　Positive ion mode TIC data overlapping maps of QC samples HILIC (For color version，please sweep QR Code in the back cover)

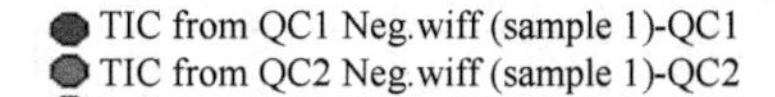

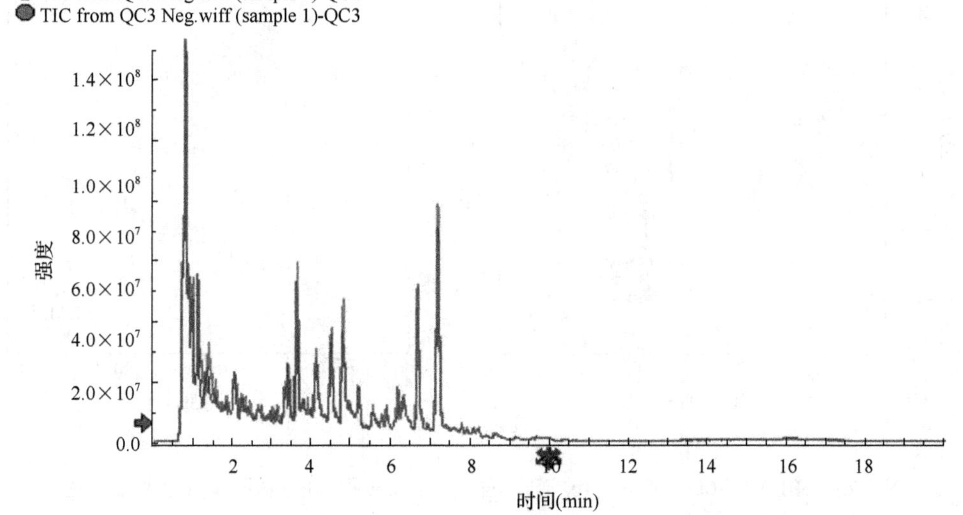

图 8-22 QC 样品 HILIC 负离子模式 TIC 重叠图谱(彩图请扫封底二维码)

Figure 8-22 Negative ion mode TIC data overlapping maps of QC samples HILIC(For color version，please sweep QR Code in the back cover)

应强度和保留时间基本重叠，说明在整个试验过程中由仪器误差引起的变异较小。

(2) 总体样本主成分分析

采用 XCMS 软件对代谢物离子峰进行提取，离子峰数目见表 8-8。将 10 个试验样本和 QC 样本提取得到的峰经自动伸缩后进行主成分分析(principal component analysis，PCA)，如图 8-23、图 8-24 所示，QC 样本(蓝色)紧密聚集在一起，并位于 CK 组和 AM 组的中间，表明本项目试验的重复性好。

表 8-8 离子峰数目

Table 8-8 Number of ion peak

样品分组	峰数目
HILIC 正离子	8 490
HILIC 负离子	10 570
HSST3 正离子	3 332
HSST3 负离子	10 651

图 8-23、图 8-24 为不同模式下样本的 PCA 得分图。

综上所述，本次试验的仪器分析系统稳定性较好，试验数据稳定可靠。在试验中获得的代谢谱差异能反映样本间自身的生物学差异。

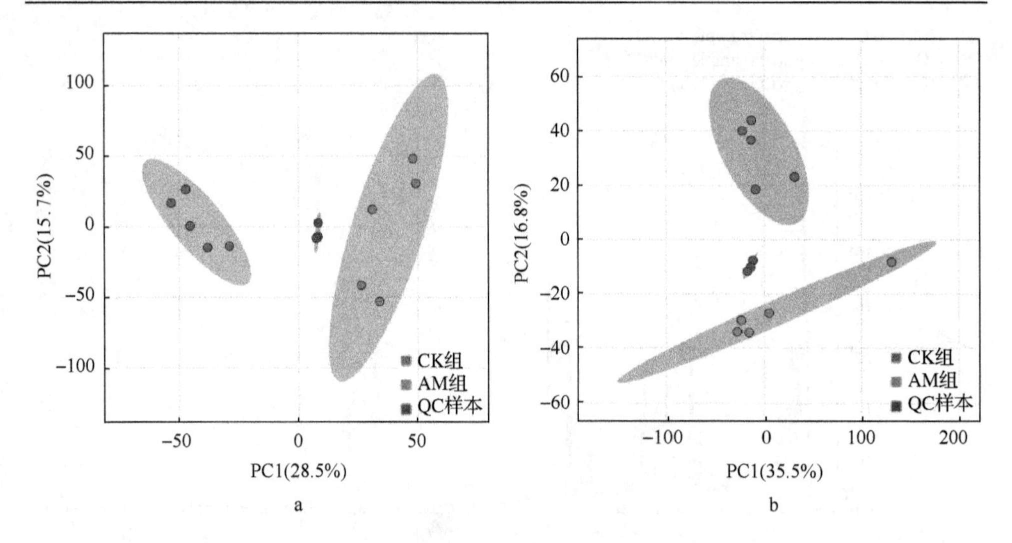

图 8-23　HILIC 正(a)、负离子(b)模式下样本的 PCA 得分图(彩图请扫封底二维码)

Figure 8-23　PCA scores plot of HILIC samples under positive (a), negative ion (b) mode (For color version，please sweep QR Code in the back cover)

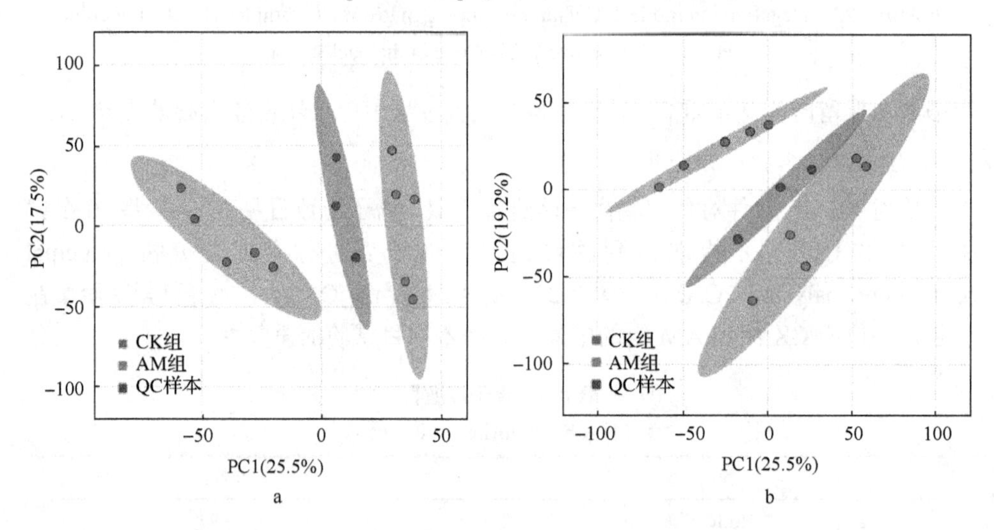

图 8-24　HSST3 正(a)、负离子(b)模式下样本的 PCA 得分图(彩图请扫封底二维码)

Figure 8-24　PCA score plot of HSST3 samples under positive (a)，negative ion (b) mode (For color version，please sweep QR Code in the back cover)

8.2.6.2　数据检查与归一化处理

数据的完整性和准确性是后续获得具有统计学和生物学意义的分析结果的必要条件。在确保试验设计合理性和试验数据准确性的基础上，首先要对数据的完整性进行检查，对缺失值进行删除或者补充，删除极值，并对数据进行样本间和代谢物间的归一化处理，以确保各样本之间和代谢物之间可平行比较。对代谢物的表达量进行对数转换并利用自动伸缩方法(平均值除以每个变量的标准差)进行归一化处理。

图 8-25 显示了 AM-CK 组样本 HILIC 正离子模式数据经归一化处理前后的分布情况，结果表明数据经归一化处理后基本呈正态分布。

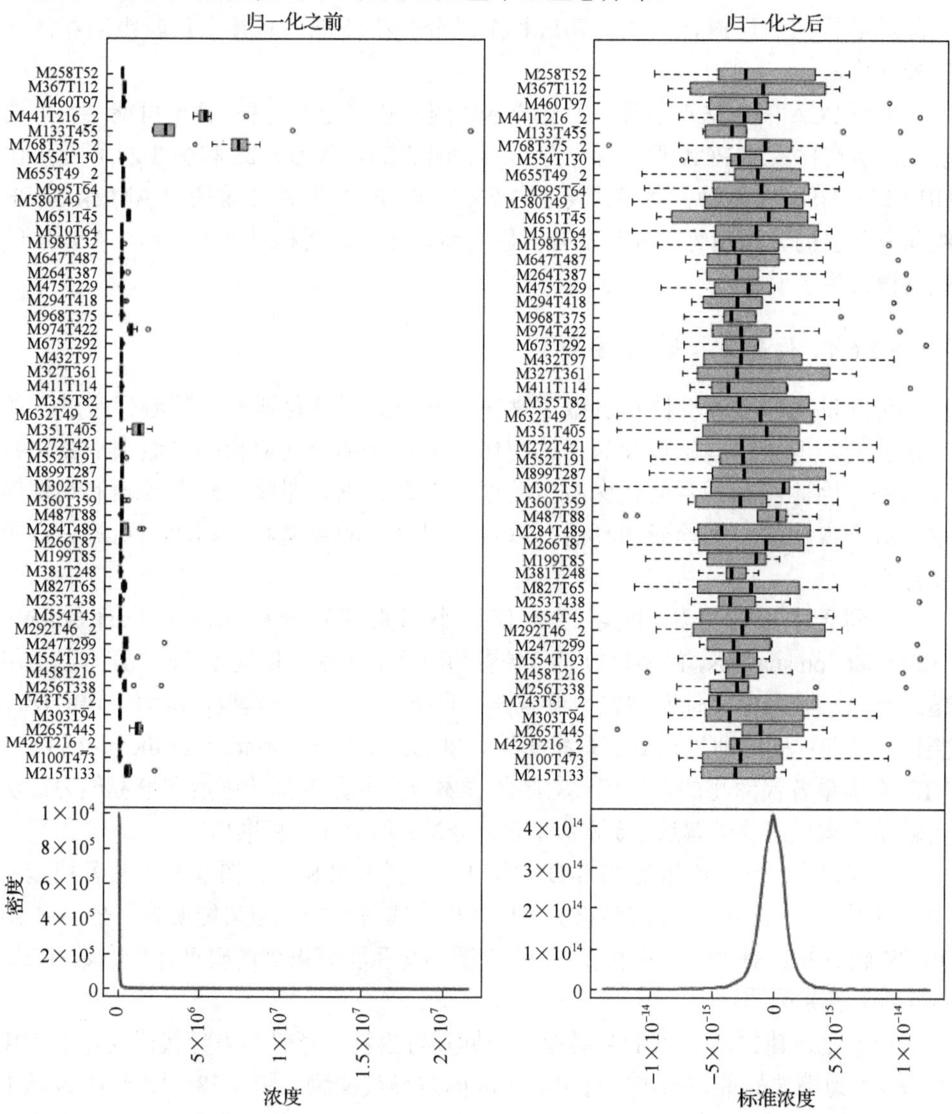

图 8-25 HILIC 正离子模式下 AM-CK 组数据归一化处理前后的分布图

Figure 8-25 Distribution map of AM-CK group data before and after normalization under HILIC ion mode

8.2.6.3 主成分分析

主成分分析(principal component analysis，PCA)是将原本鉴定到的所有代谢物重新线性组合，形成一组新的综合变量，同时根据所分析的问题从中选取几个(通常 2 或 3 个)综合变量，使它们尽可能多地反映原有变量的信息，从而达到降维的目的。同时，对代谢物进行主成分分析还能从总体上反映组间和组内的变异度。

采用 PCA 的方法观察各组所有样本之间的总体分布趋势，找出可能存在的离散点。所有样本的 PCA 得分图见图 8-23、图 8-24，从图 8-23 和图 8-24 可见，由 HILIC 和 HSST3 两种分离模式得到的数据，在 PC1 和 PC2 维图上 AM 组和 CK 组间有明显的分离趋势，并且没有明显的离散点，说明相对于 CK 组，AM 组的代谢谱发生了变化。

8.2.6.4 偏最小二乘判别分析

研究发现，很多动植物及微生物的生理和病理变化通常伴随着代谢过程的异常改变。但是这些生理和病理的变化通常只与部分代谢物的表达水平变化特异相关。因此，从海量的代谢组学数据中筛选标志代谢物并建立准确的判别模型，对于疾病的早期诊断和预后，以及生理过程的类型和时期的判别等具有重要意义。

不同于主成分分析(PCA)法，偏最小二乘判别分析(partial least squares discrimination analysis，PLS-DA)是一种有师监督的判别分析统计方法。该方法运用偏最小二乘回归建立代谢物表达量与样品类别之间的关系模型，从而实现对样品类别的预测；同时通过计算变量投影重要度(variable importance for the projection，VIP)来衡量各代谢物的表达模式对各组样本分类判别的影响强度和解释能力，从而辅助标志代谢物的筛选(通常以 VIP 得分＞1 作为筛选标准)。

分别建立 AM-CK 组的 PLS-DA 模型。模型见图 8-26、图 8-27，从各模型图中可以看出，由 HILIC 和 HSST3 两种分离模式得到的代谢谱能明显区分 AM 组和 CK 组。将所有 PLS-DA 模型经 10 次循环交互验证得到的模型评价参数(R2、Q2)列于表 8-9。

根据上述建立的 PLS-DA 模型，挖掘具有生物学意义的差异代谢物，以 VIP 得分＞1 为筛选标准，初步筛选出各组间的差异代谢物。图 8-28～图 8-31 显示了根据 HILIC 正离子模式、HILIC 负离子模式、HSST3 正离子模式、HSST3 负离子模式数据，PLS-DA 模型筛选出的前 15 个差异代谢物图。

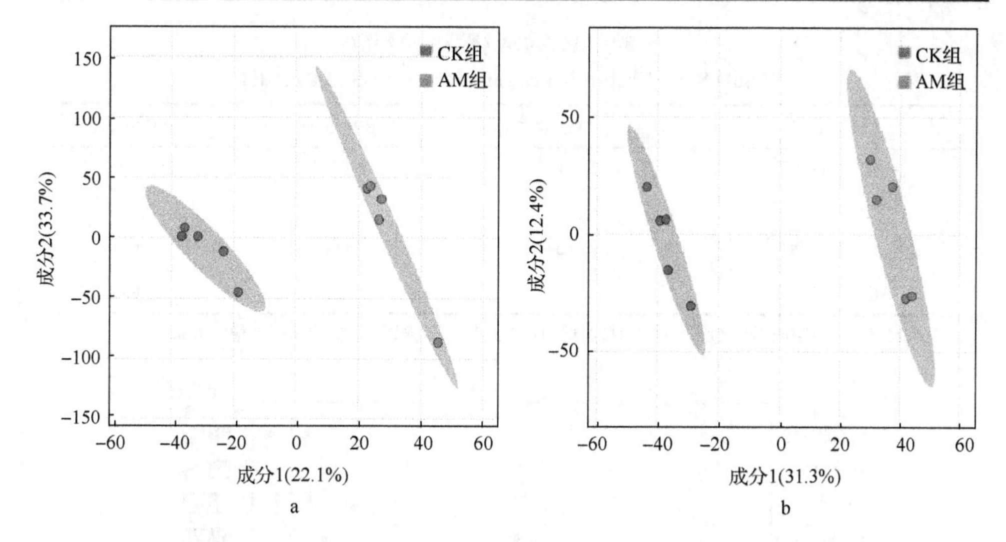

图 8-26　HILIC 正(a)、负离子(b)模式 PLS-DA 以 PC1 和 PC2 绘制的 2D 得分图(彩图请扫封底二维码)

Figure 8-26　HILIC positive (a), negative ion (b) mode PLS-DA 2D score plot drawn by PC1 and PC2(For color version，please sweep QR Code in the back cover)

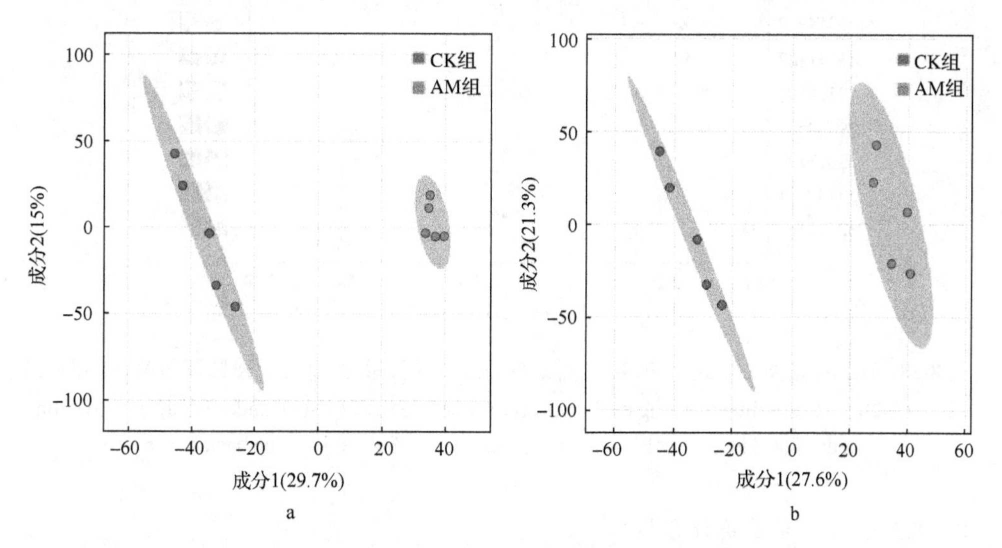

图 8-27　HSST3 正(a)、负离子(b)模式 PLS-DA 以 PC1 和 PC2 绘制的 2D 得分图(彩图请扫封底二维码)

Figure 8-27　HSST3 positive (a), negative ion (b) mode PLS-DA 2D score plot drawn by PC1 and PC2(For color version，please sweep QR Code in the back cover)

表 8-9 PLS-DA 模型评价参数

Table 8-9 Evaluation parameters of PLS-DA model

样品分组	PC 数	R2(cum)	Q2(cum)
HILIC 正离子	4	0.9999	0.6567
HILIC 负离子	5	1	0.8967
HSST3 正离子	4	0.9999	0.8829
HSST3 负离子	5	1	0.8562

注：R2 表示模型解释率；Q2 表示模型预测能力；R2 和 Q2 越接近 1，说明模型越稳定可靠

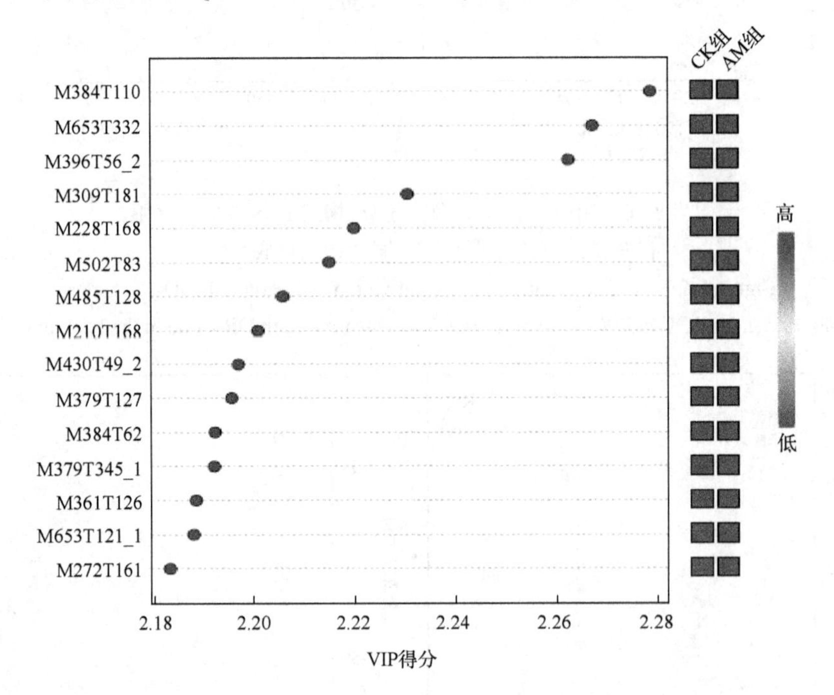

图 8-28 HILIC 正离子模式下 PLS-DA 筛选的候选差异代谢物(前 15)(彩图请扫封底二维码)

Figure 8-28 Metabolite screening candidates for differences of PLS-DA under HILIC positive ion mode (Top 15) (For color version，please sweep QR Code in the back cover)

8.2.6.5 单变量统计分析

单变量分析方法是最简单常用的实验数据分析方法。在进行两组样本间的差异代谢物分析时，常用的单变量分析方法包括差异倍数分析(fold change analysis，FC analysis)、T 检验，以及综合前两种分析方法的火山图(volcano plot)。单变量分析可以直观地显示两组样本间代谢物变化的显著性，从而帮助我们筛选潜在的标志代谢物(通常以 FC>2.0 且 P<0.05 作为筛选标准)。

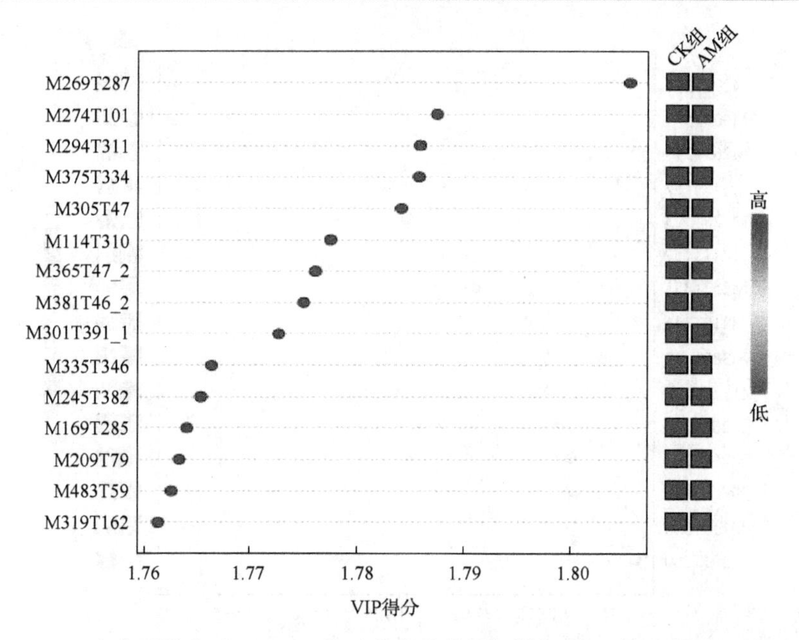

图 8-29 HILIC 负离子模式下 PLS-DA 筛选的候选差异代谢物(前 15)(彩图请扫封底二维码)

Figure 8-29 Metabolite screening candidates for differences of PLS-DA under HILIC negative ion mode (Top 15) (For color version, please sweep QR Code in the back cover)

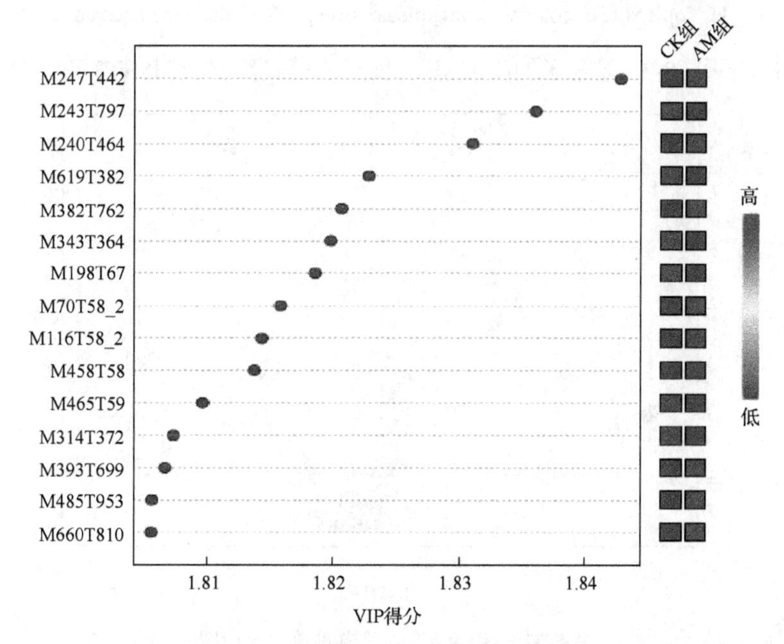

图 8-30 HSST3 正离子模式下 PLS-DA 筛选的候选差异代谢物(前 15)(彩图请扫封底二维码)

Figure 8-30 Metabolite screening candidates for differences of PLS-DA under HSST3 positive ion mode (Top 15) (For color version, please sweep QR Code in the back cover)

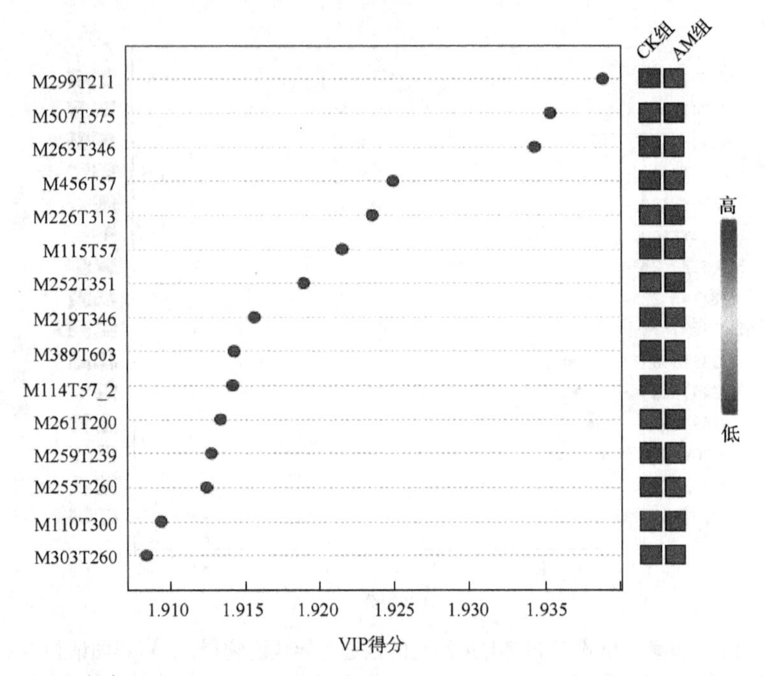

图 8-31　HSST3 负离子模式下 PLS-DA 筛选的候选差异代谢物（前 15）（彩图请扫封底二维码）

Figure 8-31　Metabolite screening candidates for differences of PLS-DA under HSST3 negative ion mode (Top 15) (For color version, please sweep QR Code in the back cover)

图 8-32～图 8-35 显示了 HILIC 正、负离子模式数据及 HSST3 正、负离子模

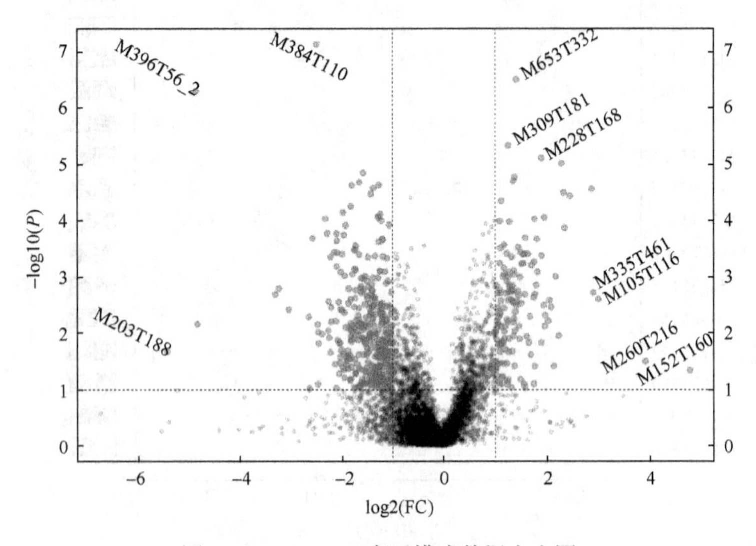

图 8-32　HILIC 正离子模式数据火山图

Figure 8-32　Volcanic plot of HILIC positive ion model data

玫红色点为显著性差异代谢物（FC>2.0，P<0.05）

The red spots were significant difference metabolites（FC>2，P<0.05）

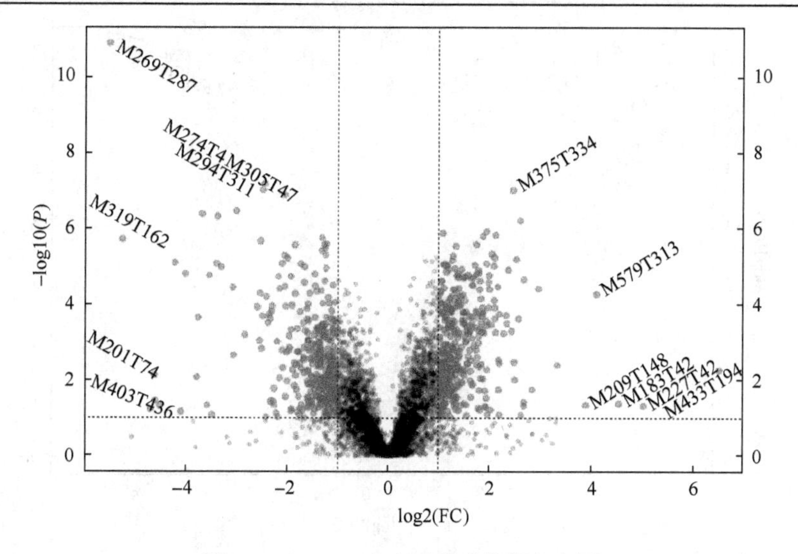

图 8-33 HILIC 负离子模式数据火山图

Figure 8-33 Volcanic plot of HILIC negative ion mode data

玫红色点为显著性差异代谢物(FC>2.0，P<0.05)

The red spots were significant difference metabolites (FC>2，P<0.05)

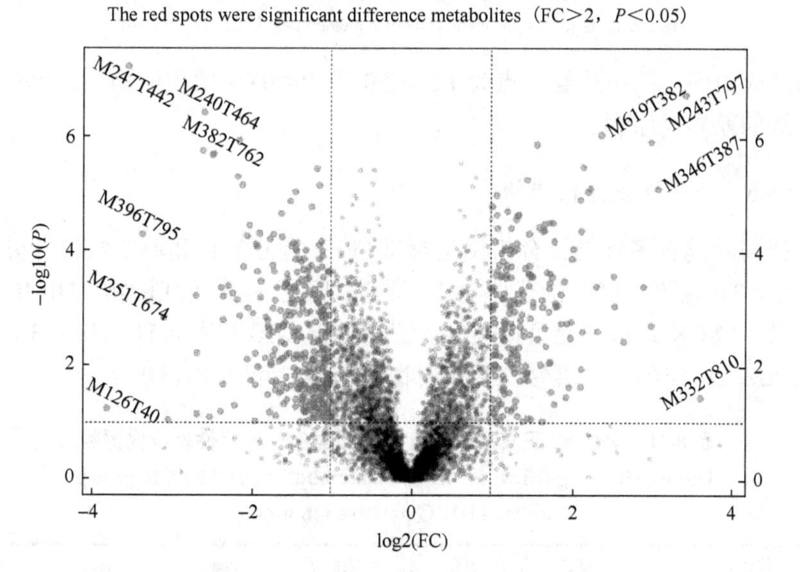

图 8-34 HSST3 正离子模式数据火山图

Figure 8-34 Volcanic plot of HSST3 positive ion model data

玫红色点为显著性差异代谢物(FC>2.0，P<0.05)

The red spots were significant difference metabolites (FC>2，P<0.05)

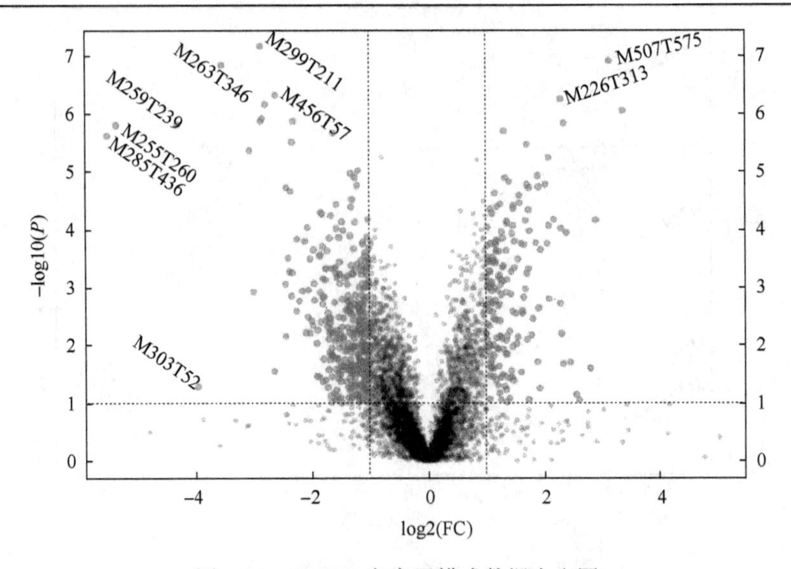

图 8-35　HSST3 负离子模式数据火山图

Figure 8-35　Volcanic plot of HSST3 negative ion mode data

玫红色点为显著性差异代谢物(FC>2.0，P<0.05)

The red spots were significant difference metabolites（FC>2，P<0.05）

式数据的火山图，图中玫红色点为 FC>2.0 且 P<0.05 的代谢物，即单变量统计分析筛选的差异代谢物。

8.2.6.6　显著性差异代谢物

选择同时具有多维统计分析筛选标准(VIP 得分>1)和单变量统计分析筛选标准(FC>2.0 且 P<0.05)的代谢物作为具有显著性差异的代谢物。HILIC 正、负离子模式 AM-CK 组部分显著性差异代谢物见表 8-10 和表 8-11，HSST3 正、负离子模式 AM-CK 组部分显著性差异代谢物见表 8-12 和表 8-13。

表 8-10　HILIC 正离子模式 AM-CK 组部分显著性差异代谢物

Table 8-10　Significant difference metabolites of AM-CK group under HILIC positive ion mode

代谢物	FC	P值	VIP	m/z	rt(s)	KEGG
苯乙烯	8.014 8	0.002 6	1.929 5	105.068 8	115.686 5	C07083
2-萘胺	4.5	0.000 9	2.010 5	144.079 7	121.44	C02227
N-乙酰-L-苯	3.931 6	0.004 9	1.857 5	208.095 8	66.893	C03519
1-苯乙胺	3.900 9	0.007 7	1.800 7	122.095 2	115.787	C02455
假腺苷	3.515 1	0.000 2	2.108	186.111 3	101.328	C12449
吲哚丙烯酸	3.420 1	0.038 605	1.516 7	188.069 6	202.543	C00331

续表

代谢物	FC	P值	VIP	m/z	rt(s)	KEGG
对辛胺	2.929 3	0.000 6	2.049 6	154.084 9	134.658	C04227
甘氨胆酸	2.498 3	0.000 4	2.066 5	466.313 9	115.485	C01921
石榴碱	2.384 9	0.006 5	1.822 5	142.121 3	180.645	C06182
3-羟基-2-甲基吡啶-4,5-二羟酸盐	2.269	0.003 6	1.891 1	198.038 7	286.75	C04604
自革内酯 A	2.005 1	0.041 2	1.502	189.123 1	404.972	C02727
水飞蓟素	0.451 6	0.018 3	1.664 7	483.127 3	81.1	C07610
7-氨基甲基-7-卡巴古胺	0.415 9	0.041 8	1.498 5	180.086 8	132.147	C16675
那可托林	0.370 8	0.004 3	1.871 7	400.138 3	61.254	C09593
酮洛芬葡萄糖醛酸	0.336 2	0.024 1	1.614 2	431.133 9	66.095	C03033
PGF2-乙醇胺	0.336 1	0.013 9	1.711 1	398.289 6	185.106	C13828
(S)-2,3,4,5-四氢吡啶-2-羧酸酯	0.326 4	0.001 1	2.005 7	128.069 4	129.972	C00450
3-脱氧肉毒碱	0.321 6	0.006 7	1.818 6	146.116 4	459.916 5	C05543
吡啶甲酸	0.300 1	0.002 4	1.933 6	124.038 2	137.863 5	C10164
*L-酵母氨酸	0.256 9	0.022 7	1.624 3	276.132 1	155.168	C00449
6''-O-丙二酰大豆甙	0.254 3	0.033 6	1.547 2	503.117 1	230.964	C16191
*D-脯氨酸	0.183 3	0.015 6	1.692 6	116.069 9	311.419	C00763
1-吡咯啉	0.180 6	0.007 1	1.81	70.064 2	311.622 5	C15668
全反式癸二酸二磷酸盐	0.105 7	0.001 6	1.970 1	859.575 2	239.112	C17432

*实验室自建数据库鉴定；其余为 HMDB 数据库鉴定

表 8-11 HILIC 负离子模式 AM-CK 组部分显著性差异代谢物

Table 8-11 Significant difference metabolites of AM-CK group under HILIC negative ion mode

代谢物	FC	P值	VIP	m/z	rt(s)	KEGG
柚皮苷	17.166	0.000 1	1.698 5	579.173 5	312.694	C09789
1,4-β-D-葡聚糖	5.945 6	0.000 2	1.647 7	535.150 8	484.373	C00760
雌二醇-17β-3-硫酸酯	3.734	0.000 6	1.608 2	351.129 1	195.345	C08357
七叶树素	2.967	0.003 7	1.482 3	339.073 2	506.641	C09264
肌苷	2.946 5	0.000 5	1.613 4	267.072 5	484.502	C00294
S-腺苷同型半胱氨酸	2.58	0.009 8	1.384 9	383.118 3	483.977	C00021
异氟胞苷 C1 葡聚糖	2.216 6	0.004 8	1.458 1	369.081 7	356.39	C08491
吡喃葡糖酸	2.133 1	0.000 1	1.739 1	128.034 9	380.806	C01879

续表

代谢物	FC	*P* 值	VIP	*m*/*z*	rt(s)	KEGG
橘皮苷	2.111 1	0.013 3	1.348 1	609.188 8	484.502	C09755
2-氨基葡糖酸半醛	2.080 8	0.026 9	1.248 9	140.034 7	147.399	C03824
*L-谷氨酸	2.079 5	0.000 1	1.681	146.045 4	502.028	C00025
2-酮基-6-乙酰氨基乙酸酯	2.075 7	0.003 3	1.490 3	186.076 4	422.553	C05548
乙内酰脲-5-丙酸	2.068 2	0.018 3	1.306	171.040 6	503.82	C05565
槟榔碱	2.052 8	0.000 1	1.681 9	154.086 6	137.48	C10129
脱氢抗坏血酸	2.047 1	0.022 6	1.275 6	173.008 8	506.083	C00425
N-乙酰-L-甲基硫堇	0.477 5	0.000 3	1.643 3	190.054 1	115.495	C02712
*2'-脱氧鸟苷-5'-单磷酸	0.471 7	0.000 6	1.607 5	328.043 605	203.911	C00362
吡啶羧酸	0.468 7	0.000 1	1.713	122.023 9	137.966	C10164
棒曲霉素	0.467 8	0.021 1	1.285 8	331.045 1	67.339 5	C10118
康甾醇	0.451 7	0.005 4	1.446 6	267.029 3	116.068	C10205
尿嘧啶	0.443 2	0.002 3	1.520 5	111.019 2	169.356	C00106
*顺-9-软脂酸	0.399 4	0.000 4	1.63	313.237 1	60.089	C08362
*黄嘌呤	0.395 9	0.016 7	1.318 1	151.025 5	180.866	C00385
*L-哌啶酸	0.377 9	0.000 4	1.625 3	128.071 3	246.893	C00408
*4-羟基肉桂酸	0.376 9	0.014 1	1.340 8	163.039 4	100.017	C00811
乳清酸	0.354 4	0.001 8	1.538 4	155.009 2	168.679	C00295
2-甲基乙酰苯醌	0.328 9	0.030 1	1.231 3	421.226 6	42.156 5	C07874
3-氧代十二酸	0.293 1	0.001 8	1.538 9	213.149 1	67.35	C02367
次黄嘌呤	0.286 3	0.001 8	1.539 2	135.030 9	126.226	C00262
(*S*)-丁二酰二氢硫辛酰胺	0.220 7	0.000 1	1.724 9	306.087 1	299.427	C01169
D-脯氨酸	0.124 2	0.000 1	1.777 4	114.055 9	310.242	C00763

*实验室自建数据库鉴定；其余为 HMDB 数据库鉴定

表 8-12　HSST3 正离子模式 AM-CK 组部分显著性差异代谢物

Table 8-12　Significant difference metabolites of AM-CK group under HSST3 positive ion mode

代谢物	FC	*P* 值	VIP	*m*/*z*	rt(s)	KEGG
吲哚	2.521 5	0.006 4	1.473 7	118.064 4	291.041 5	C00463
*酪胺	2.036 5	0.000 9	1.630 4	120.078 9	345.717	C00483
苯乙胺	3.184 5	0.002 2	1.570 8	122.097 1	272.972	C05332
2-羟基苯乙胺	2.100 4	0.0001	1.789	138.091 7	298.056	C02735
2-氨基萘	2.293 2	0.000 2	1.711 5	144.081 2	290.987	C02227

续表

代谢物	FC	P值	VIP	m/z	rt(s)	KEGG
1H-吲哚-3-甲醛	2.718 9	0.014 1	1.382	146.058 1	286.749	C08493
*L-精氨酸	2.351 7	0.000 7	1.643 6	175.117 5	47.676	C00062
(R)-猪毛菜酚	2.645 9	0.000 5	1.659 1	180.100 3	345.784	C09642
吲哚丙烯酸	3.072 4	0.009 6	1.429 5	188.069 2	286.749	C00331
酪氨酸甲酯	2.727 2	0.013 3	1.388 8	196.095 3	426.098	C03404
十氮杂环戊二酸	2.243 8	0.001 7	1.587 4	198.109 986	272.072	C08511
巴氨酸	3.214 1	0.004 5	1.509 1	205.095 2	290.987	C00525
N-乙酰基-L-苯丙氨酸	4.381 1	0.002 6	1.558 4	208.095 4	462.256	C03519
吩唑吡啶	4.990 2	0.002 5	1.559 5	214.105 1	261.991	C07429
γ-花椒碱	3.671	0.001 8	1.584 1	230.076 2	462.136	C10676
普鲁卡因酰胺	2.538 1	0.000 8	1.640 1	236.176 9	223.966 5	C07401
脱氧腺苷	2.083 9	0.004 6	1.506 3	252.107 1	223.184	C00559
雌二醇-17β 3-硫酸盐	3.550 6	0.000 9	1.632	353.141 9	329.216	C08357
苯丁酸赖脯酸	5.744 4	0.000 3	1.693 2	406.231 5	388.400	C00362
枸橘甙	2.353 5	0.000 1	1.728 5	595.199 3	406.575	C09830
*D-脯氨酸	0.180 1	0.000 1	1.814 5	116.068 7	58.179	C00763
*L-高脯氨酸	0.362 6	0.007 4	1.458	130.086 7	60.153	C00408
百里香酚	0.291 9	0.002 9	1.546 7	151.109 5	723.028	C09908
凝血酸	0.492 6	0.001 9	1.579 3	158.115 5	226.921	C12535
β-侧柏素	0.365 7	0.000 1	1.791 3	165.088 7	389.165	C09904
吡哆醛	0.340 6	0.000 2	1.697	168.063 1	319.541	C00250
柳丁氨醇	0.167 1	0.000 1	1.831 1	240.156 7	464.456	C11770
胭脂鸟氨酸	0.494 9	0.000 1	1.701	263.125 1	351.759	C01683
γ-亚麻酸	0.464 8	0.001 4	1.601 4	279.229 8	621.435	C06426
17-羟基亚麻酸	0.489 3	0.013 5	1.387 4	295.228 2	584.923	C16346
2-甲氧雌酮	0.437 9	0.001 7	1.589	301.176 9	816.632	C05299
12,13-DHOME	0.459 6	0.000 9	1.629 6	315.250 8	621.527	C14829
异泽兰黄素	0.391 9	0.000 9	1.624 9	345.093 7	615.298	C10040
PGF2-2 醇胺	0.414 6	0.001 9	1.580 3	398.286 1	457.276	C13828
芒柄花甙	0.282 7	0.007 3	1.460 4	431.133 4	411.096	C10509
水飞蓟素	0.444 2	0.023 1	1.311	483.125 5	465.626	C07610

续表

代谢物	FC	P 值	VIP	m/z	rt(s)	KEGG
6”-O-丙二酰大豆甙	0.319 5	0.029 7	1.271 5	503.115 2	371.529	C16191
六氢番茄红素	0.466 6	0.043 9	1.202 2	543.492 3	762.395	C05414
1-吡咯啉	0.164 9	0.000 1	1.815 9	70.064 2	58.240	C15668

*实验室自建数据库鉴定；其余为 HMDB 数据库鉴定

表 8-13　HSST3 负离子模式 AM-CK 组部分显著性差异代谢物

Table 8-13　Significant difference metabolites of AM-CK group under HSST3 positive ion mode

代谢物	FC	P 值	VIP	m/z	rt(s)	KEGG
苯乙氰	2.776 8	0.000 1	1.827 2	116.051 1	225.098	C16074
槟榔碱	2.103 7	0.000 6	1.746	154.088 2	227.657	C10129
吲哚醛	3.146 3	0.001 5	1.681 1	158.061 6	495.65	C00637
*L-色氨酸	2.586 2	0.014 6	1.449 2	203.084 2	260.636	C00078
苯基偶氮吡啶二胺	2.448 9	0.032 8	1.320 5	212.093 7	261.418	C07429
5-羟基-L-色氨酸	2.793 6	0.040 9	1.279 5	219.077 9	234.452	C01017
浅蓝菌素	5.266 6	0.000 1	1.817 1	222.114 5	536.157	C12058
雌二醇-17β 3-硫酸盐	3.726 4	0.019 7	1.405 4	351.131 3	249.786	C08357
2-对甲基苯乙酮	2.076	0.001 7	1.674 8	421.234 9	400.296	C07874
丙二酸半醛	2.037 3	0.008 3	1.522 4	87.009 3	278.959	C00222
*4-羟基肉桂酸	0.404 9	0.031 3	1.329	163.041 1	259.336	C00811
异阿魏酸	0.460 8	0.000 9	1.719 5	193.051 8	293.000	C10470
3-氧代十二酸	0.336 2	0.000 6	1.743 5	213.150 4	436.684	C02367
12-羟基十二酸	0.338 9	0.005 7	1.564 9	215.166 2	452.447	C08317
磺胺甲恶唑	0.319 4	0.014 1	1.454 4	252.043 3	368.791	C07315
十四烷二酸	0.406 8	0.000 1	1.858 2	257.176 4	548.626	Cl1002
香豆素醇	0.483 4	0.013 1	1.464 2	267.031 4	348.110	C10205
毒扁豆碱	0.191 2	0.000 3	1.774 7	274.157 5	370.453	C06535
*S-甲基-5’-硫代腺苷	0.357 8	0.024 3	1.372	278.068 5	206.101	C00170
异黄酮 B	0.311 5	0.000 1	1.809 2	283.062 1	452.895	C02920
视黄酸酯	0.227 1	0.001 1	1.699 9	301.217 3	784.349	C02075
花生四烯酸	0.218 9	0.001 8	1.670 1	303.234 1	824.742	C00219

续表

代谢物	FC	P 值	VIP	m/z	rt(s)	KEGG
美托洛尔	0.423 7	0.001 4	1.687 5	308.188 4	336.381	C07915
柽柳黄素	0.493 6	0.000 8	1.726 9	317.067 7	573.431	C10188
苍耳霉素	0.249 1	0.000 3	1.773 1	343.083 3	615.323	C14476
美鼠李皮素	0.481 7	0.000 5	1.749 4	407.208 4	315.854	C09071
普伐他汀	0.419 1	0.002 1	1.660 3	423.240 2	819.145	C01844
芒柄花苷	0.299 1	0.003 7	1.606 8	429.120 4	412.027	C10509
路易斯替尼苷	0.407 2	0.010 3	1.495 3	441.178 1	321.301	C10474
二甲胺四环素	0.164 48	0.000 1	1.925	456.173 7	56.539	C07225
非索非那定	0.444 82	0.005 6	1.565 7	500.279 1	617.576	C06999
6”-O-丙二酰大豆甙	0.281 5	0.003 9	1.6	501.105 1	397.885	C16191
替米沙坦	0.448 4	0.046 6	1.253 6	513.228 2	426.899	C07710
鼠李糖苷-3-芸香苷	0.497 1	0.000 4	1.768 6	637.181 4	368.274	C17441

*实验室自建数据库鉴定；其余为 HMDB 数据库鉴定

为了评价候选代谢物的合理性，同时更全面直观地显示样本之间的关系，以及代谢物在不同样本中的表达模式差异，我们利用定性的显著性差异代谢物的表达量对各组样本进行系统聚类(hierarchical clustering)，从而辅助我们准确地筛选标志代谢物，并对相关代谢过程的改变进行研究。

一般来说，当筛选的候选代谢物合理且准确时，同组样本能够通过聚类出现在同一簇(cluster)中。同时，聚在同一簇内的代谢物具有相似的表达模式，可能在代谢过程中处在较为接近的反应步骤中。图 8-36～图 8-39 显示了 HILIC 正、负离子模式及 HSST3 正、负离子模式 AM-CK 组显著性差异代谢物系统聚类结果。

8.2.6.7 差异代谢物 KEGG 代谢通路分析

将得到的差异代谢物提交到 KEGG 网站，进行相关通路分析，在 HILIC 正、负离子模式及 HSST3 正、负离子模式下选取对试验有显著影响的代谢通路，发现通路 map01100、map01110、map01060、map01120 中差异代谢物变化较多，这些通路可能对 AM 真菌促进土壤中阿特拉津降解起到重要作用。图 8-40～图 8-43 即为 map01100、map01110、map01060、map01120 KEGG 代谢通路分析图。

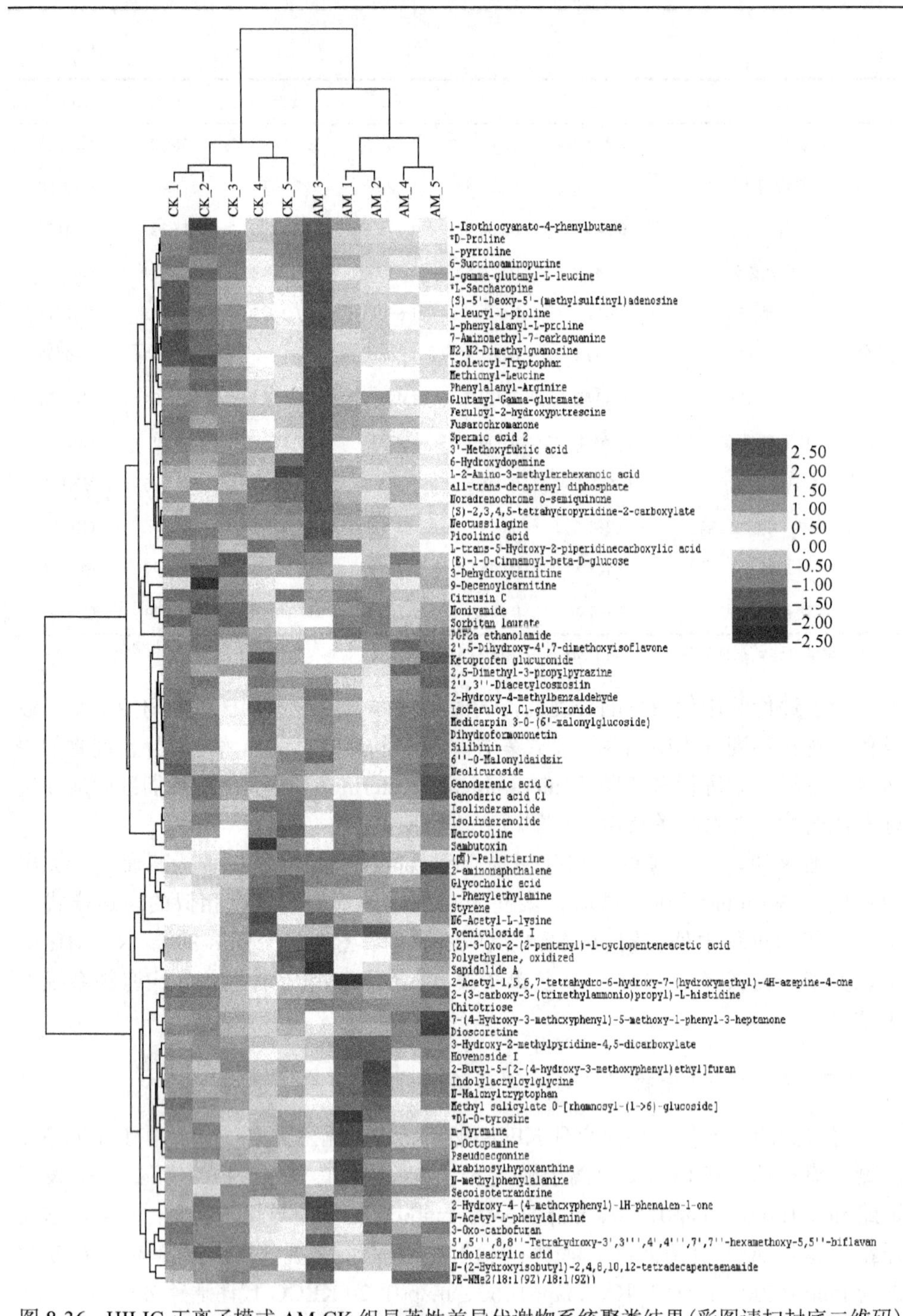

图 8-36　HILIC 正离子模式 AM-CK 组显著性差异代谢物系统聚类结果(彩图请扫封底二维码)

Figure 8-36　AM-CK significant differences metabolites hierarchical clustering results under HILIC positive ion mode (For color version, please sweep QR Code in the back cover)

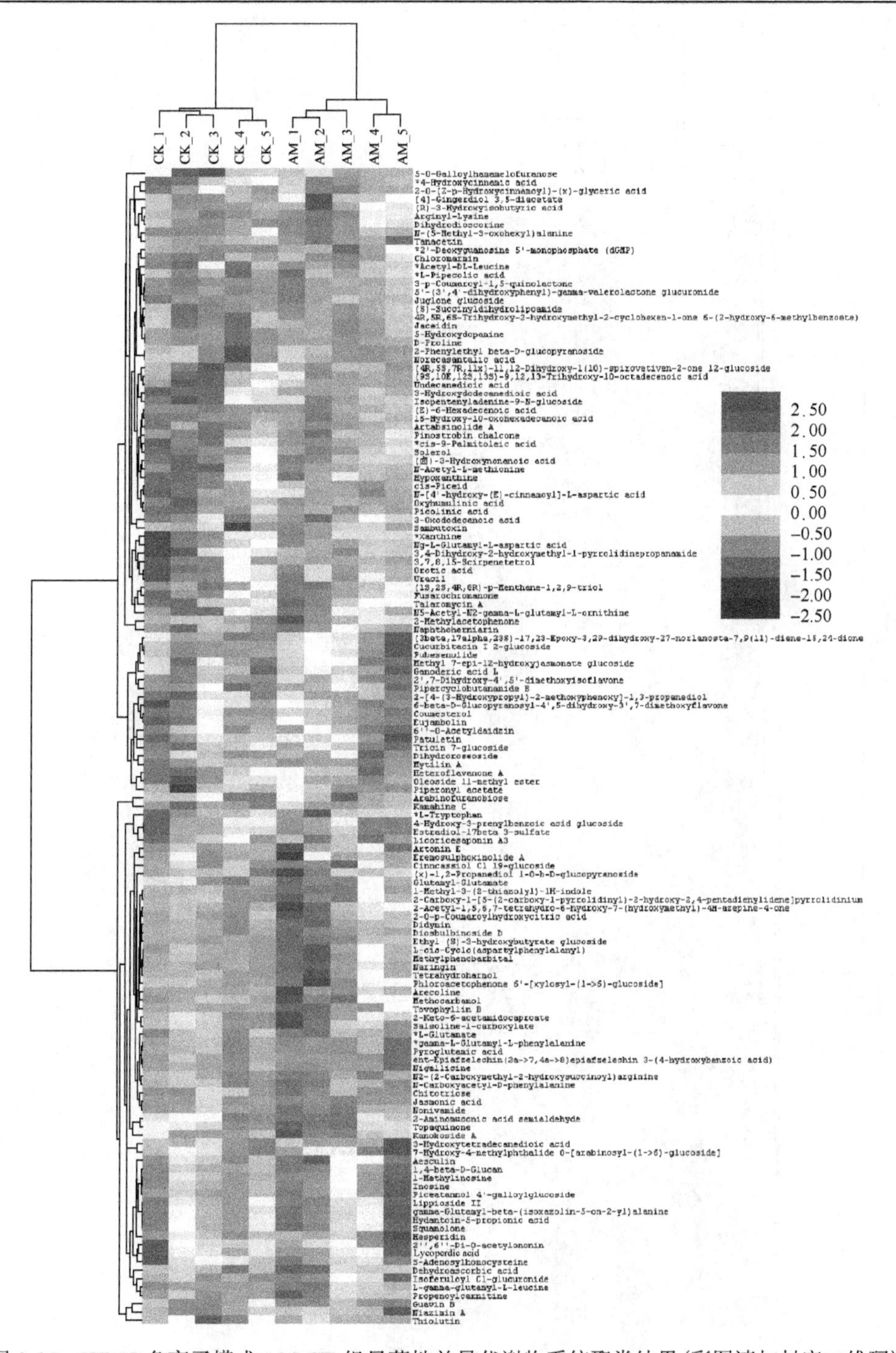

图 8-37 HILIC 负离子模式 AM-CK 组显著性差异代谢物系统聚类结果(彩图请扫封底二维码)

Figure 8-37 AM-CK significant differences metabolites hierarchical clustering results under HILIC negative ion mode (For color version, please sweep QR Code in the back cover)

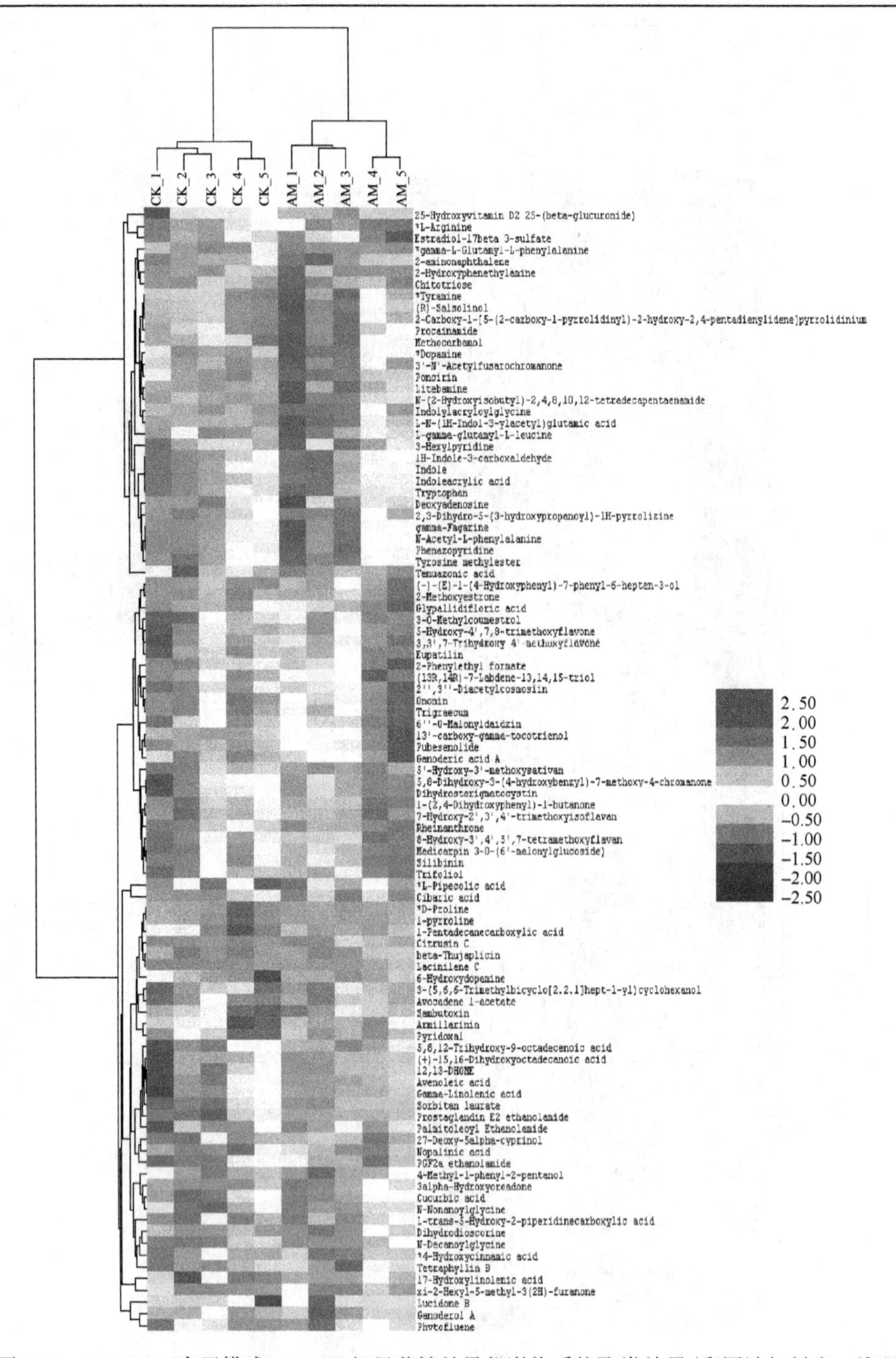

图 8-38　HSST3 正离子模式 AM-CK 组显著性差异代谢物系统聚类结果(彩图请扫封底二维码)

Figure 8-38　AM-CK significant differences metabolites hierarchical clustering results under HSST3 positive ion mode (For color version, please sweep QR Code in the back cover)

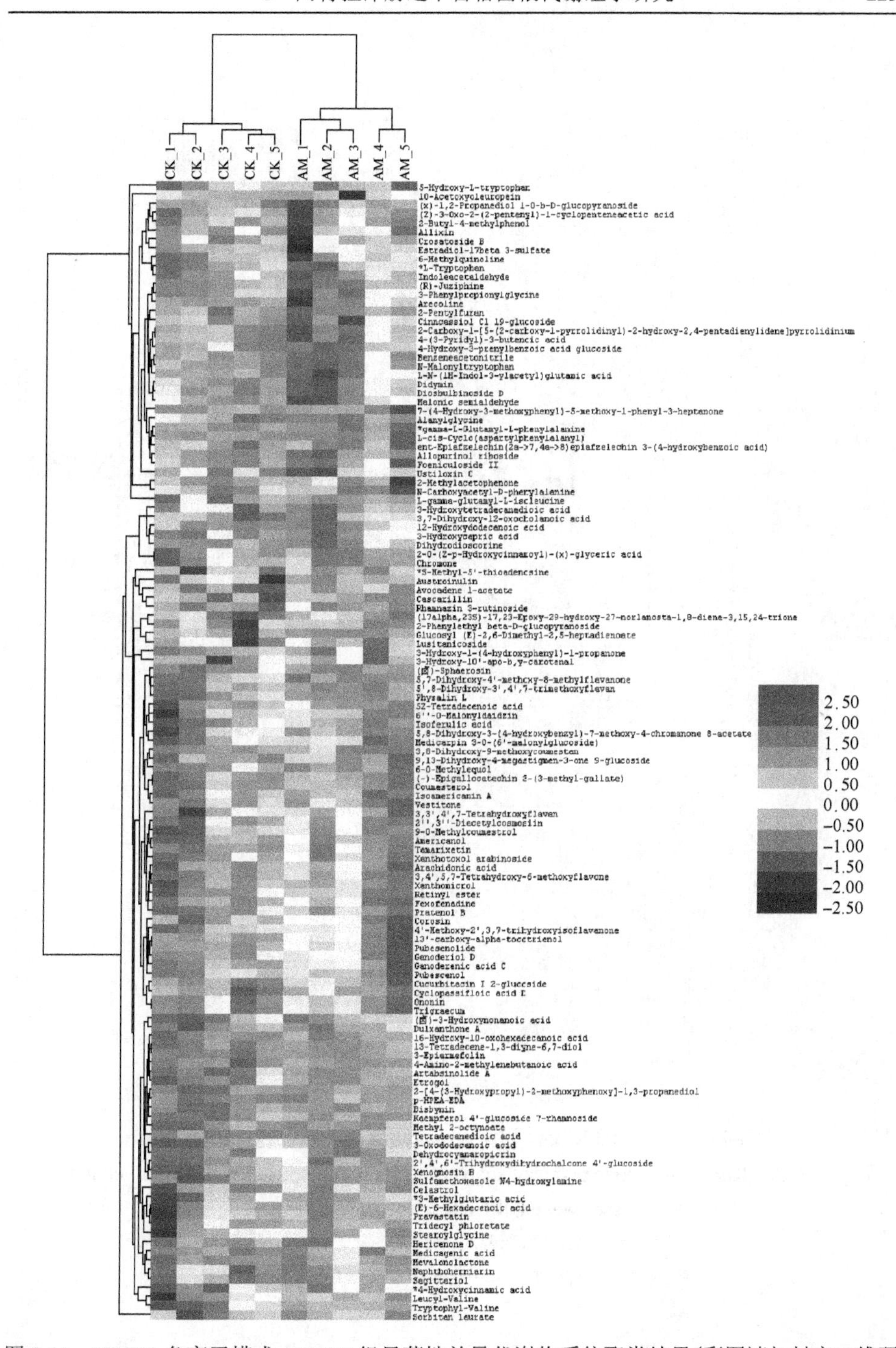

图 8-39　HSST3 负离子模式 AM-CK 组显著性差异代谢物系统聚类结果(彩图请扫封底二维码)

Figure 8-39　AM-CK significant differences metabolites hierarchical clustering results under HSST3 positive ion mode(For color version，please sweep QR Code in the back cover)

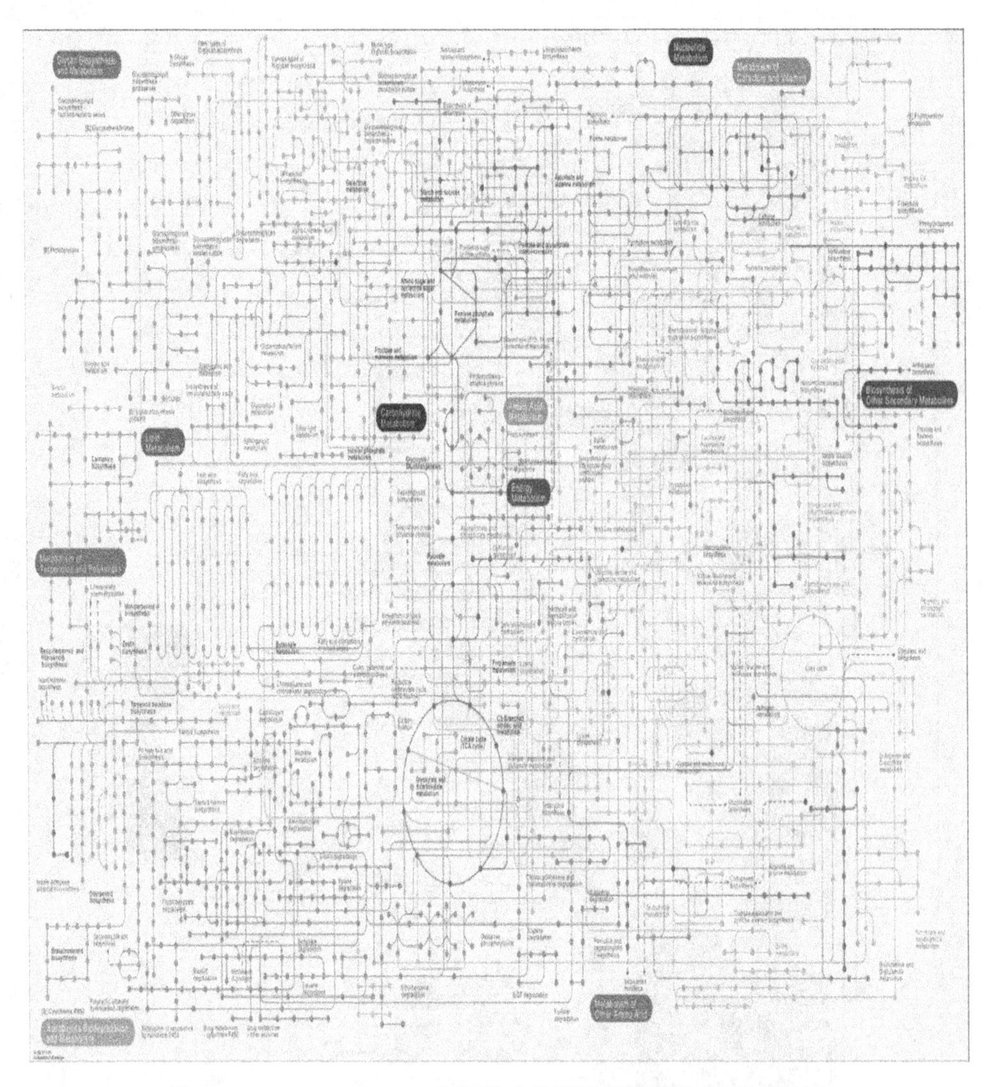

图 8-40　map01100 KEGG 代谢通路分析图(彩图请扫封底二维码)

Figure 8-40　KEGG metabolic pathway analysis diagram of map01100(For color version, please sweep QR Code in the back cover)

玫红色在 AM 组升高，绿色在 AM 组降低

Red increased in group AM, while green in group AM decreased

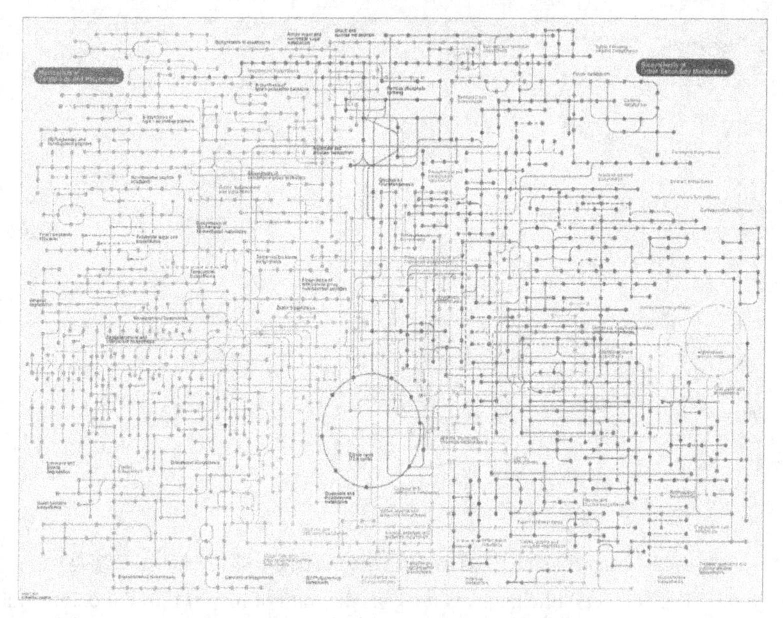

图 8-41 map01110 KEGG 代谢通路分析图(彩图请扫封底二维码)

Figure 8-41 KEGG metabolic pathway analysis diagram of map01110(For color version, please sweep QR Code in the back cover)

玫红色在 AM 组升高，绿色在 AM 组降低

Red increased in group AM, while green in group AM decreased

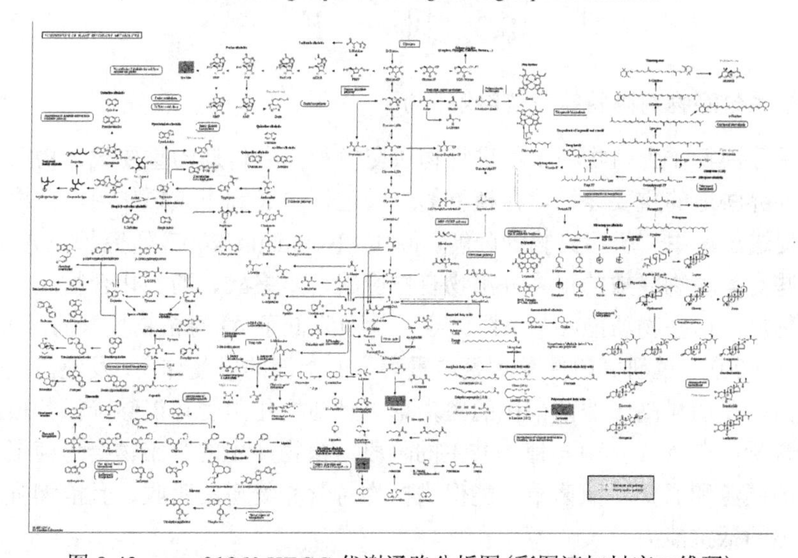

图 8-42 map01060 KEGG 代谢通路分析图(彩图请扫封底二维码)

Figure 8-42 KEGG metabolic pathway analysis diagram of map01060(For color version, please sweep QR Code in the back cover)

玫红色在 AM 组升高，绿色在 AM 组降低

Red increased in group AM, while green in group AM decreased

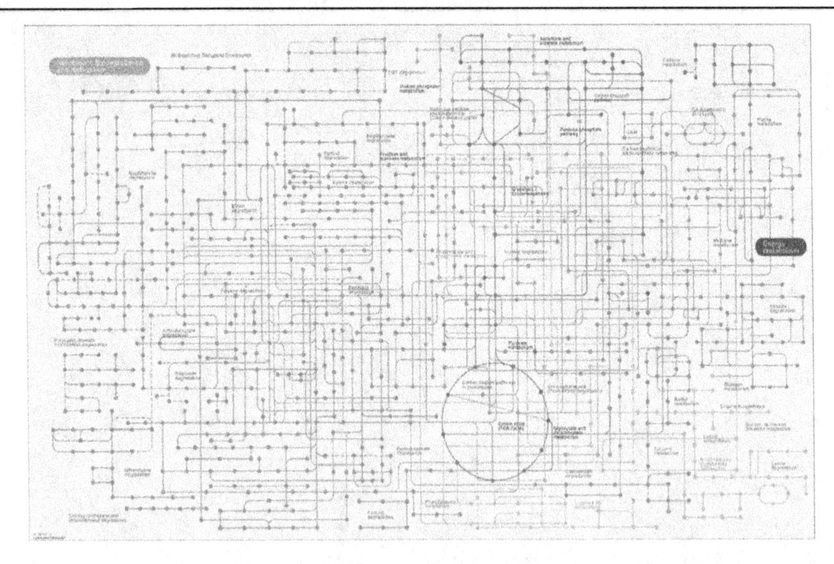

图 8-43　map01120 KEGG 代谢通路分析图(彩图请扫封底二维码)

Figure 8-43　KEGG metabolic pathway analysis diagram of map01120 (For color version, please sweep QR Code in the back cover)

玫红色在 AM 组升高，绿色在 AM 组降低

Red increased in group AM, while green in group AM decreased

8.3　讨　论

8.3.1　根系分泌物对阿特拉津的降解分析

根系分泌物作为植物与土壤进行物质交换和信息传递的重要载体物质，是植物响应外界胁迫的重要途径，在植物的生长过程中起到了重要作用，而根系分泌物也能促进土壤中有机污染物的降解。例如，Neumann (2007) 研究了在 Al 的胁迫下，一些高等植物释放的根系分泌物有柠檬酸、苹果酸、酚类化合物及蛋白质复合物等物质，这些物质能够与 Al^{n+}结合，从而降低了 Al 对植物根系的毒害作用。Binet 等 (2000) 通过研究黑麦草对蒽严重污染的土壤的修复作用，发现菌根化黑麦草的存活率要明显高于非菌根化的黑麦草，且菌根化黑麦草能够降低其根际土壤中蒽的含量。在 AM 真菌与植物共生的阶段，植物产生的分泌物会为菌根生长提供丰富的碳源和氮源，而菌根也能促进植物对营养物质的吸收，且能增强植物对不同胁迫的抵抗能力。

8.3.1.1　相同时期不同处理苜蓿根系分泌物中阿特拉津降解动态

本试验对苜蓿培养前期、中期、后期的根系分泌物进行了提取，并各自添加不同浓度的阿特拉津，分别于 3 个时间段取样并进行阿特拉津残留检测。首先，前期 AM 组，当根系分泌物中阿特拉津的浓度为 2 mg/L、8 mg/L 和 16 mg/L 时，随着培养时间的延长(即 8 h、16 h、24 h)，阿特拉津的浓度呈逐渐降低的趋势；CK 组，当根系分泌物中阿特拉津的浓度为 2 mg/L、8 mg/L 和 16 mg/L 时，随着培养时间的延长(即 8 h、16 h、24 h)，阿特拉津的浓度也逐渐下降，但是降低的幅度要比 AM 组小，且阿特拉津残留浓度要高于 AM 组。其次，中期和后期 AM 组与 CK 组的检测结果显示，在相同阿特拉津浓度、不同培养时间下和不同阿特拉津浓度、相同培养时间下，接种 AM 真菌的根系分泌物中阿特拉津的浓度都明显低于未接种 AM 真菌的根系分泌物中阿特拉津浓度。结果表明，苜蓿自身根系分泌物能够对阿特拉津产生降解效果，而接种 AM 真菌后，在菌根的作用下阿特拉津能更好地降解。

8.3.1.2 不同时期不同处理苜蓿根系分泌物中阿特拉津降解动态

本试验研究了接种 AM 真菌的处理组和未接种 AM 真菌的对照组在培养前期、中期、后期根系分泌物对阿特拉津的降解情况，发现不同时期根系分泌物对阿特拉津的降解效果不同。

未接种 AM 真菌的对照组，前、中、后期根系分泌物中阿特拉津浓度分别为 2 mg/L 时，培养 24 h 后发现中期分泌物中阿特拉津浓度最低，其次是后期、前期。而当阿特拉津浓度分别为 8 mg/L 和 16 mg/L 时，阿特拉津的降解情况如同浓度为 2 mg/L 时，即中期降解效果最好，其次为前期、后期。根系分泌物会对阿特拉津产生降解效果，但是随着苜蓿的生长，其分泌物可能在数量上或种类上发生变化，进而影响对阿特拉津的降解。本试验中阿特拉津在中期时降解率最高，此时苜蓿生长相对旺盛，营养供应较好，对阿特拉津的降解效果显著，而后期苜蓿生长缓慢，营养供应不如中期，相比而言对阿特拉津的降解效果不如中期显著。

接种 AM 真菌的处理组，阿特拉津的降解效果同未接种的变化趋势一致，不过在 AM 真菌的作用下，接种 AM 真菌的处理组在不同时期培养 24 h 后，阿特拉津的最终浓度要比未接种 AM 真菌的对照组低。结果表明，接种 AM 真菌后菌根会促进苜蓿对营养物质的吸收，而苜蓿产生的分泌物会为菌根提供碳源和能量，在共生过程中增强苜蓿对外界不同胁迫的抵抗性，因此，AM 真菌能够促进根系分泌物对阿特拉津的降解。

8.3.2 根系分泌物组分鉴定

根系分泌物在土壤结构形成及养分活化等方面具有重要作用，并且能够促进植物养分的吸收、缓解外界胁迫等，其中根际微生物是影响根系分泌物的重要因素。而 AM 真菌与植物建立良好的共生关系后，不仅会显著促进植物的生长、代谢等，还会引起根系分泌物组分的变化，其中真菌会将分泌物中的部分组分作为其生长的营养物质而加以利用。因此本试验研究了接种AM真菌与未接种AM真菌的苜蓿根系分泌物的差异，进而发现随着苜蓿的生长，不同时期的根系分泌物组分会有所差异，这是由于植物在生长过程中，根系需要从环境中吸收营养，同时也会分泌释放出大量物质，影响植物生长和生理过程的各种因素就会影响根系分泌物种类和数量的变化(王玉萍等，2005)。

8.3.2.1　不同处理苜蓿根系表皮上根系分泌物组分

本试验在苜蓿培养的各个时期，对CK组和AM组的根系分泌物组分进行了检测，检测出的物质包括烷类、醇类、酸类、酯类、胺类、烯类等，这些有机化合物都是常见的根系分泌物。但是不同组别之间所检测出的物质并不都是一样的，而且相同物质的含量也不相同，无论是前期还是中期，接种AM真菌的AM组中酚酸类物质的含量基本要比未接种AM真菌的CK组少。这证明接种AM真菌后，植物根系分泌物中酚酸类物质含量减少，有研究表明菌根植物根系分泌物中酚酸类代谢产物对植株的生长是有毒害作用的，会影响植物根系的正常生理代谢活动，进而影响植株的生长发育。另外，一些分泌物的产生和积累是受有关酶类调控的。菌根侵染后，植物体内酶活性增强，那么一些有利于植株生长的分泌物的含量就会增加，这也证明了前面介绍的接种AM真菌的植株比未接种AM真菌的植株长势要好。

通过GC-MS分析检测各个时期不同组别中根系分泌物的含量变化，发现在培养后期，AM组中β-谷甾醇、棕榈酸、反式-13-十八碳烯酸、草酸、β-氨基丙酸、邻苯二甲酸二辛酯及胺类物质的含量都高于CK组，这可能是因为在AM真菌与苜蓿共生的作用下，这些物质被共生体系吸收并分解利用，为植物生长提供其所需物质，并能为阿特拉津降解提供能量基础。其中黄酮类物质是豆科植物中常见的组分，并且能诱导植物根瘤菌的形成，而在AM组中，2,5-二羟基-4-甲氧基查尔酮的含量明显高于CK组，表明在AM真菌的作用下2,5-二羟基-4-甲氧基查尔酮含量增加，由于苜蓿是豆科植物，因此AM真菌能够诱导苜蓿根瘤的形成，促进苜蓿对氮、磷的吸收，满足植物生长需要。CK组中则含有羊毛甾醇、鲨烯等物质，它们是三萜类化合物，具有生物氧化还原作用且能提高能量的利用效率，这能为分泌物降解阿特拉津提供能量，因此，苜蓿在接种AM真菌后产生的根系分泌物对阿特拉津的降解效果要高于对照组。

8.3.2.2　不同处理苜蓿根际土壤中菌根根系分泌物组分特征

通过对土壤中菌根根系分泌物组分的鉴定，发现在苜蓿培养前期、中期、后期AM组中分泌物组分较为相似，CK组和AM组在各自不同时期的分泌物组分比较相似，但是AM组和CK组之间则有很大不同。例如，王玉萍等(2005)对不同生长时期的西洋参根系分泌物组分进行研究，发现西洋参生长初期、中期和花果期的根系分泌物组分很相似，但是也有部分组分发生变化，在生长初期和中期检测到的*N*-苯基萘胺，在花果期的检测中就不存在。

CK 组和 AM 组都检测到很多化感物质，如烷烃、直链醇、烯醇、酯类、酸类及其衍生物等(章建新等，2008)。其中黄酮类物质是豆科植物中常见的组分，并且能诱导植物根瘤菌的形成，但不同豆科植物分泌的黄酮类物质的诱导效应是不同的。有研究表明，在苜蓿种子及根系分泌物中存在对根瘤起抑制作用的物质，那么培养前期 AM 组中 3,7-二羟基黄酮的含量低于 CK 组，可能就是由于 AM 真菌抑制了它的形成。在对苜蓿培养前期分泌物进行检测后发现，AM 组中含有部分 CK 组没有的物质，即 3,4-二羟基杏仁酸、邻苯二甲酸二辛酯，而 CK 组中含有 AM 组没有的物质，即 5a-胆固醇。Xuan 等(2006)对稗草根系分泌物进行测定，发现其对水稻种子的萌发和生长具有明显的抑制作用，其中分离的 15 种植物毒性物质中含有己内酰胺。AM 组因接种 AM 真菌，能促进植物的生长及营养吸收，在菌根共生体系中己内酰胺可能会被吸收利用并分解，从而减少对植物的毒害作用。

8.3.3 不同处理苜蓿根际土壤中阿特拉津中间代谢产物

本试验利用 AM 真菌与苜蓿共生对土壤中阿特拉津降解的特性进行研究，通过 LC-MS/MS 方法检测土壤中阿特拉津的中间代谢产物，这些中间代谢产物主要包括羟基阿特拉津、*N*-异丙基氰尿酰胺、氰尿酸、双缩脲、脲基甲酸，属于细菌降解阿特拉津的代谢产物。

苜蓿接种 AM 真菌后会促进阿特拉津的降解，并且降解产物符合细菌代谢途径，其降解机制可能是接种 AM 真菌改变了苜蓿根际微生物的种群结构，提高了土壤中具有降解特性的微生物的活性。Heinonsalo 等(2000)研究认为，在有机污染土壤中，植物会将容易利用的有机碳源分泌到真菌-植物共生的菌根根际中，而细菌则会将这些分泌物作为共代谢的底物，增加细菌群对碳源的利用，促进土壤污染物的降解，而菌根也能为根际微生物提供生活空间和能源支持，促进有降解活性的微生物的快速繁殖。有研究证明，真菌在接触污染物一段时候后，会将污染物作为植物生长的碳源和能源，并产生具有降解作用的诱导酶，从而减少土壤中污染物的含量(Gramss et al.，1999)，这也为 AM 真菌促进土壤中阿特拉津的降解提供了依据。

8.3.4 苜蓿根内代谢物差异表达分析

本试验采用基于 HILIC 和 RPLC UPLC-Q-TOF MS 技术的代谢组学方法对 AM 组和 CK 组的苜蓿根样本进行了代谢物变化分析。将得到的差异代谢物提交到 KEGG 网站，进行相关通路分析，发现通路 map01100、map01110、map01060、 map01120 中差异代谢物变化较多。其中代谢通路 map01100 在 KEGG 中查询为 metabolic pathways，即代谢途径，此代谢途径中涉及的上调物质共 6 种，分别为 4-β-D-葡聚糖(4-beta-D-glucan)、*S*-腺苷基高半胱氨酸(*S*-adenosylhomocysteine)、肌苷(inosine)、2-氨基葡糖酸半醛(2-aminomuconic acid semialdehyde)、异铁酰 C1-葡糖苷酸(isoferuloyl C1-glucuronide)、L-谷氨酸(L-glutamate)；涉及的下调物质共 7 种，分别为次黄嘌呤(hypoxanthine)、乳清酸(orotic acid)、chloromarmin、L-哌啶酸(L-pipecolic acid)、尿嘧啶(uracil)、D-脯氨酸(D-proline)、4-羟基肉桂酸(4-hydroxycinnamic acid)。代谢通路 map01110 在 KEGG 中查询为 biosynthesis of secondary metabolites，即次生代谢产物生物合成途径，涉及的上调物质有 3 种，分别为 L-精氨酸(L-arginine)、酪胺(tyramine)、吲哚(indole)；涉及的下调物质有 2 种，分别为 L-哌啶酸(L-pipecolic acid)、六氢番茄红素(phytofluene)。代谢通路 map01060 在 KEGG 中查询为 biosynthesis of plant secondary metabolites，即植物次生代谢产物生物合成途径，涉及 2 种上调物质，分别为 L-谷氨酸(L-glutamate)、异铁酰 C1-葡糖苷酸(isoferuloyl C1-glucuronide)；涉及的下调物质共 2 种，分别为黄嘌呤(xanthine)、L-哌啶酸(L-pipecolic acid)。代谢通路 map01120 在 KEGG 中查询为 microbial metabolism in diverse environments，即在不同环境中的微生物代谢途径，共涉及 2 种上调物质，分别为丙二酸半醛(malonic semialdehyde)、苯乙腈(benzeneacetonitrile)。

这些代谢通路中物质会有相对上调和下调变化，这些变化物质主要包括 4-β-D-葡聚糖、*S*-腺苷基高半胱氨酸、肌苷、L-谷氨酸、次黄嘌呤、乳清酸、L-哌啶酸、尿嘧啶、D-脯氨酸、4-羟基肉桂酸、L-精氨酸、吲哚、黄嘌呤、丙二酸半醛、苯乙腈。而这些代谢物的变化会影响代谢通路，导致这些通路可能对 AM 真菌促进土壤中阿特拉津的降解起到重要作用。

8.4 本章小结

本研究对处理组与对照组中苜蓿培养前期、中期、后期的根系分泌物进行收集与提取，首次采用代谢组学方法研究其对阿特拉津的降解特性。每个时期的根系分泌物对浓度为 8 mg/L 的阿特拉津作用 24 h 后的降解率均为最高。其中处理组与对照组前期根系分泌物的降解率分别为 57.25%和 44.87%；中期根系分泌物的降解率分别为 58.38%和 45.88%；后期根系分泌物的降解率分别为 50.13%和 40.25%。接种 AM 真菌促进了苜蓿根系分泌物对阿特拉津的降解，且苜蓿培养中期的根系分泌物对阿特拉津的降解效果显著。与此同时，利用 GC-MS 技术对不同时期根系分泌物的组分及含量进行鉴定，其中烷类、醇类、酸类、氨基酸类、酯类、胺类、酮类、烯类等为根系分泌物的主要组分。处理组和对照组在根系分泌物的组分和含量上都存在差异，这些差异可能与 AM 真菌-苜蓿共生体提高阿特拉津降解效率具有相关性。

利用 LC-MS/MS 技术对土壤中阿特拉津降解的中间代谢产物进行鉴定，这些中间代谢产物分别为羟基阿特拉津、*N*-异丙基氰尿酰胺、氰尿酸、双缩脲和脲基甲酸。采用基于 HILIC 和 RPLC UPLC-Q-TOF MS 技术的代谢组学方法对 AM 组和 CK 组的苜蓿根样本进行了代谢物变化分析，将得到的差异代谢物提交到 KEGG 网站，进行相关通路分析，发现通路 map01100、map01110、map01060、map01120 中差异代谢物变化较多，这些代谢物的变化会影响植物的代谢通路，而这些代谢通路则对 AM 真菌促进土壤中阿特拉津的降解起到重要作用。AM 真菌-植物联合修复技术能够提高土壤中阿特拉津的降解率，为开发 AM 真菌修复农药污染土壤、保护生态环境提供理论基础和现实依据，对污染土壤修复、生态环境保护等具有重要意义。

参考文献

方志宁. 2009. 高效液相色谱法测定水体中阿特拉津的含量[J]. 化学工程与装备, (8): 148-150.

王玉萍, 赵杨景, 邵迪, 等. 2005. 西洋参根系分泌物的初步研究[J]. 中国中药杂志, 30(3): 229.

吴泉. 2013. 分析大豆根系分泌物并检测其化感作用[J]. 河南科技, (10): 166.

章建新, 薛丽华, 李金霞. 2008. 麦业丰化控对大豆鼓粒期非叶光合器官与粒重关系的影响[J]. 大豆科学, 27(1): 74-78.

赵瑞林, 蔡立群. 2013. 紫花苜蓿根系分泌物的鉴定及羟基苯甲酸的化感效应研究[J]. 中国农学通报, 29(35): 34-41.

Binet P, Portal J M, Leyval C. 2000. Fate of polycyclic aromatic hydrocarbons (PAH) in the rhizosphere and mycorrhizosphere of ryegrass[J]. Plant and Soil, 227(1-2): 207-213.

Gramss G, Voigt K D, Kirsche B. 1999. Degradation of poly-cyclic aromatic hydrocarbons with three to seven aromatic rings by fungi in sterile and unsterile soils[J]. Biodegradation, 10(1): 51-62.

Heinonsalo J, Haahtela K, Sen R, et al. 2000. Effects of pinus sylvestris root growth and mycorrhizosphere development on bacterial carbon source utilization and hydrocarbon oxidation in forest and petroleum-contaminated soils[J]. Can J Microbiol, 46(5): 451-464.

Neumann G. 2007. Root exudates and nutrient cycling[J]. Springer-Verlag, Heidelberg, 10: 123-157.

Xuan T D, Chung I M, Khanh T D, et al. 2006. Identification of phytotoxic substances from early growth of barnyard grass (*Echinochloa crusgalli*) root exudates[J]. Journal of Chemical Ecology, 32(4): 895-906.